Reality Bites

Siegner | Sulzmaier (Hrsg.)

Reality Bites

Best Practices & Erfolgsfaktoren im B2B-Marketing

Herausgegeben von

Thomas Siegner
Dr. Sonja Sulzmaier

1. Auflage

Haufe Gruppe
Freiburg · München

Bibliografische Information der Deutschen Nationalbibliothek

Die Deutsche Nationalbibliothek verzeichnet diese Publikation in der Deutschen Nationalbibliografie; detaillierte bibliografische Daten sind im Internet über http://dnb.dnb.de abrufbar.

PrintISBN: 978-3-648-05695-0   Bestell-Nr. 10404-0001
EPUBISBN: 978-3-648-05698-1   Bestell-Nr. 10404-0100
EPDFISBN: 978-3-648-05699-8   Bestell-Nr. 10404-0150

Siegner | Sulzmaier (Hrsg.)
Reality Bites – Best Practices & Erfolgsfaktoren im B2B-Marketing
1. Auflage 2014

© 2014 Haufe-Lexware GmbH & Co. KG, Freiburg
www.haufe.de
info@haufe.de
Produktmanagement: Jutta Thyssen

Lektorat: Helmut Haunreiter, 84533 Marktl am Inn
Satz: kühn & weyh Software GmbH, Satz und Medien, 79110 Freiburg
Umschlag: RED GmbH, 82152 Krailling
Druck: fgb · freiburger graphische betriebe, 79108 Freiburg

Inhaltsverzeichnis

Inhaltsverzeichnis

1 Einleitung

Wie es zu diesem Buch kam — der Marketing Benchmark Circle

Thomas Siegner, Dr. Sonja Sulzmaier

Marketingbücher gibt es wie Sand am Meer. Und ständig kommen viele neue dazu, obwohl in der Regel nicht viel Neues dazukommt. Darum haben wir lange überlegt, ob dieses Buch denn sein muss. Und wenn ja, für wen?

Die Idee zu diesem Buch entstand in einer Runde von IT-Marketing-Leitern, dem Marketing Benchmark Circle (MBC). Der MBC entstand vor elf Jahren aus einer eigentlich unrealistischen Idee. Die Idee: Marketing- und Kommunikationsverantwortliche der deutschen IT-Szene treffen sich, um kontinuierlich Best Practice auszutauschen. Unrealistisch war diese Idee deshalb, weil die professionelle Aufgabe jedes Einzelnen darin bestand, sich vom jeweils anderen deutlich abzugrenzen. Nun, es hat bis heute gut funktioniert. Der Austausch im Rahmen des MBC ist für alle Mitglieder über mehr als ein Jahrzehnt zentrale Quelle der Inspiration und Anstoß zur Weiterentwicklung der eigenen Arbeit geworden.

Im Marketing Benchmark Circle sind sowohl die großen internationalen Akteure als auch mittelständische Unternehmen vertreten. Die Diskussion im MBC war und ist für die IT-Szene repräsentativ und der Austausch von Best Practice bewegte sich stets entlang der Prioritäten des beruflichen Alltags. Dadurch war und ist die Themenwahl stets realistisch im wahrsten Sinne des Wortes, nämlich der Businessrealität entsprechend.

Im Rahmen dieses Buchs stellt der Marketing Benchmark Circle die Best Practice und die geballte Erfahrung der Mitglieder einem größeren Kreis zur Verfügung. Wir möchten damit Marketingverantwortliche erreichen und solche, die es noch werden wollen.

Alle Autoren haben ohne Ausnahme jeweils mehr als 15 Jahre Marketingerfahrung im IT- oder Beratungsumfeld und kennen die IT-Branche und das B2B-Marketing durch und durch.

In diesem Buch möchten wir nicht die 3, 4 oder 7P des Marketings erklären und niemandem Worthülsen und theoretische Konstrukte zumuten. Es geht auch nicht um auf Hochglanz polierte Erfolgsgeschichten. Vielmehr geht es um Empirie aus der alltäglichen Praxis engagierter Marketingverantwortlicher, die das Marketing und die Unternehmen, in denen sie arbeiten, voranbringen möchten. Im Marketing gibt es Hühner, die gackern und Hühner, die Eier legen. In diesem Buch geht es ums Eierlegen.

Das Marketing holt sich seine Existenzberechtigung aus der gelebten Praxis. Deshalb möchten wir frei von Theorie und Lehre die Themen darstellen, auf die es unserer Meinung nach ankommt und unsere Erfahrungen (mit)teilen. Wir möchten mit diesem Buch ermöglichen, dass nicht jeder Einzelne viele „Trial-and-Error-Schlaufen" durchlaufen muss, sondern einen kürzeren Weg nehmen kann.

Reality Bites — die Realität des B2B-Marketings ist hart. Jeder der Autoren erlebt immer wieder, dass er erklären muss, welchen Wertbeitrag das Marketing liefert. Die Akzeptanz für Marketingthemen muss häufig erarbeitet werden und Budgets sind hart erkämpft. Hier geht es nicht um hübsche Anzeigenkampagnen, Werbung und Kommunikation, sondern um den Beitrag des Marketings zum Unternehmenserfolg — also um die eigene Existenzberechtigung.

Die beiden Ideen „Empirie des Marketingalltags" und „Beitrag des Marketings zum Unternehmenserfolg" ziehen sich durch das gesamte Buch. Die Kapitel des Buchs zeigen in Summe die wesentlichen Themen des B2B-Marketings auf. Und in jedem einzelnen Kapitel stellen ein bis zwei Autoren die zentralen Punkte des jeweiligen Themas vor, auf die es ankommt.

In Kapitel 2 „Von EDV zu IT" wird Thomas Lünendonk die Entwicklung der IT-Branche beschreiben. Als einer der wichtigsten Analysten des deutschen IT-Markts und Herausgeber der gleichnamigen Lünendonk-Listen wird er aufzeigen, welche Entwicklung die IT in den letzten Jahrzehnten genommen hat und einen Ausblick auf die Zukunft geben. Das Marketing hat alle diese Entwicklungsschritte mitgemacht und musste sich jeweils in neue Rollen einfinden.

Regina Mehler und Meinrad Much geben im dritten Kapitel „Marketing und Mehrwert" Handlungsempfehlungen für die optimale Gestaltung der Schnittstelle zwischen Marketing und Vertrieb. Sie haben sich dabei primär am Bedarf des Vertriebs orientiert und aufgezeigt, wo der Mehrwert von Marketing für den Vertrieb liegt.

In Kapitel 4 „Marketing und Marke" erzählt Thomas Siegner, wie der Wertbeitrag des Marketings den Unternehmenswert steigern kann und wie man sich auch unter widrigen Bedingungen und ohne große Budgets die Erfolgsmechanismen der Markenführung zunutze machen kann.

Dr. Sonja Sulzmaier beschreibt im fünften Kapitel „Marketing und Macher" wesentliche Marketingaktivitäten an der Schnittstelle zu Unternehmensentwicklung und Strategie sowie Maßnahmen zum Unternehmenswachstum. Fast zwangsläufig muss damit das Marketing bei zentralen Entscheidungen zur Ausrichtung des Unternehmens mit am Tisch sitzen.

Marketingarbeit wird häufig nur dann erfolgreich sein, wenn die Mitarbeiter die Marke nach außen tragen. Erfolgsrezepte zur Integration der Mitarbeiter beschreiben Thomas Siegner, Thomas Becker und Dr. Sonja Sulzmaier in Kapitel 6 „Marketing und Mitarbeiter".

In Kapitel 7 „Marketing und Medien" werden von Christian Stengl und Carola Grimminger erfolgreiche Beispiele für das medienübergreifende Management von Marketinginhalten gegeben. Denn nur wer Social Media, digitale und klassische Inhalte überzeugend und konsistent verbindet, hat den vollen Erfolg.

Ein Thema, das alle bewegt, ist „Marketing und Moneten". Markus Altvater vom BITKOM, dem Bundesverband der IT- und Kommunikationsbranche, wird in Kapitel 8 aufzeigen, wie sich die Budgetstrukturen in den letzten Jahren verändert haben, was jeweils dahinter steht und welche Entwicklung die Budgetstrukturen voraussichtlich nehmen werden.

In Marketing und Messen fließt ein wesentlicher Anteil des Budgets. Monika Friedrich zeigt im gleichnamigen Kapitel 9 Erfolgsfaktoren auf und gibt Blaupausen für die tägliche Arbeit.

Endlich ein Begriff den alle kennen: Marketingmix. Im gleichnamigen zehnten Kapitel von Birgit Eckmüller wird es aber nicht um die 3 , 4 oder 7 P gehen, sondern darum, wie man ein vorhandenes Budget sinnvoll auf integrierte Marketingaktivitäten verteilt.

Das Kapitel 11 „Marketing und Markt" ist dem Thema Globalisierung gewidmet. In diesem Kapitel beschreibt Corinna Voges, was Globalisierung für das Marketing heißt und wie man sie fördern kann.

Frank Braun wird im Kapitel „Marketing und Mittelstand" beschreiben, was neben einem begrenzten Budget die Herausforderungen für das Marketing in mittelständischen Unternehmen sind und wie man diese adressieren kann.

Im 13. Kapitel „Marketing und Moral" wird beschrieben, was Corporate Responsibility (CR) bedeutet und was die Stakeholder heute von den Unternehmen erwarten. Welche Rolle das Marketing im Rahmen der CR einnimmt, zeigt Sabine Reuss.

Im Mittelpunkt des Kapitels 14 steht die Macht der Worte, Bilder und des Narrativen. Die Einprägsamkeit und der Wiedererkennungswert mancher Geschichten können einen Markteinstieg bzw. den Bekanntheitsgrad eines Unternehmens nach oben katapultieren oder auch verheerende Auswirkungen haben. Beispiele für solche Geschichten sind in diesem Kapitel gesammelt.

Viel Freude und Erkenntnis beim Lesen wünscht der Marketing Benchmark Circle.

2 Von EDV zu IT, vom Rechenzentrum zur Cloud

B2B-Marketing im Wandel der Märkte, Technologien und Servicestrukturen

Gastbeitrag: Thomas Lünendonk

Mit etwas mehr als 50 Wirtschaftsjahren zählt die Informations- und Kommunikationstechnik (IT bzw. ITK) zu den jüngeren Marktsektoren Deutschlands. Während sich jedoch die klassischen Produktionsindustrien und Industrieprozesse über mehr als 200 Jahre langsam neuen Marktgegebenheiten und technischen Möglichkeiten anpassen konnten, erlebt die Informationstechnik in nur einem halben Jahrhundert gewaltige Veränderungen, die sich nicht nur auf die eigenen Strukturen, sondern auch auf die klassischen Industrie- und Wirtschaftszweige massiv auswirken.

Die Dynamik der Informations- und Kommunikationstechnik fordert von allen Beteiligten auf Kunden- und Anbieterseite höchste Professionalität. Das gilt auch für das Marketing. Aus einer frühen Marktsituation kommend, die nicht selten durch die „Zuteilung von Produkten und Services" geprägt war, muss es sich immer stärker, schneller und individueller auf die Bedürfnisse der Zielkunden ausrichten. Darüber hinaus sorgt der rasche Technologiewandel für zusätzliche Dynamik. Lineare und disruptive Entwicklungen stellen innerhalb kürzester Zeit etablierte Geschäftsmodelle infrage und fordern die reaktionsschnelle Ausrichtung der Unternehmen auf neue Chancen und Risiken — und das nicht nur regional, sondern weltweit. Um zu verstehen, was hier bislang geleistet wurde und künftig geleistet werden muss, bietet sich ein Blick in die junge IT-Geschichte Deutschlands an.

2.1   Wie alles begann ...

Die Geschichte der kommerziellen Nutzung der elektronischen Datenverarbeitung (EDV, DV) begann in Deutschland um 1960. Bis 1970 bestimmten die Zahlungen an die Hardware-Hersteller das Marktvolumen, da diese neben den Geräten auch die proprietären Betriebssysteme und — zumeist individuelle — Anwendungssoftware lieferten. Erst nachdem die IBM ab Januar 1970 Software und Dienstleistungen separat in Rechnung stellte, war der Weg frei für eine unabhängige Software- und Dienstleistungsbranche. Die Folge dieses sogenannten Unbundling, dem sich auch die übrigen Hardwarelieferanten anschlossen, waren zunächst zahlreiche neue Gründungen von Dienstleistungsunternehmen.

Damit traten zunehmend unabhängige Beratungs- und Dienstleistungsanbieter für Informationstechnik am deutschen Markt auf. Sie übernahmen neben der Infrastrukturberatung vor allem Kundenprojekte für Softwareentwicklung bis hin zu schlüsselfertigen Systemen. Programmierbüros, spezialisierte Unternehmensberater und auch deutsche Tochterunternehmen englischer und amerikanischer DV-Dienstleister traten zusätzlich zu den Hardwareherstellern als Anbieter in Erscheinung. Sie übernahmen sukzessive die Erstellung der bislang von den Hardwareherstellern und den nur sehr großen Anwendungsunternehmen selbst programmierten maßgeschneiderten Softwarelösungen.

Da sich aus Kostengründen nur sehr große Unternehmen und wissenschaftliche Institutionen eigene Computerinstallationen leisten konnten, entstand in den 1960er- und 1970er-Jahren eine weitere DV-Dienstleistungssparte: die Service-Rechenzentren (RZ). Sie stellten Kunden, die selbst noch keine Computeranlage besaßen, Rechenkapazitäten zur Verfügung und führten, zunächst in Stapel-Verarbeitung (Batch), Lohn- und Gehaltsabrechnungen oder die Buchführung für ihre Auftraggeber durch. Diese Service-Rechenzentren wurden einerseits von den Hardwarelieferanten betrieben, andererseits auch von freien Dienstleistungsunternehmen. Eine wichtige Rolle spielten auf diesem Gebiet auch die Gemeinschaftsrechenzentren von Gebietskörperschaften, Genossenschaftsbanken, Sparkassen und Berufsgenossenschaften, wie beispielsweise die Datenverarbeitungsorganisation des steuerberatenden Berufs (Datev).

2.2 Das Auftauchen der Standardlösungen und PCs

Etwa ein Jahrzehnt nach der Gründung der ersten unabhängigen Individual-Softwareunternehmen traten die ersten Software-Produktunternehmen auf den Plan. Deren Softwareprodukte waren nicht mehr für einen einzelnen Anwender bestimmt, sondern als Standardlösung für einen größeren Kundenkreis gedacht. Erste Erfolge mit standardisierten Softwareprodukten erzielten auf dem Gebiet der Datenbanksoftware Anbieter wie Cullinane (IDMS), Software AG (Adabas), Cincom, CA und Oracle. Der Durchbruch für Standardanwendungsprodukte für die Wirtschaft kam jedoch erst in den 1980er-Jahren durch SAP, Baan, Oracle und Peoplesoft. Die Dynamik dieser Entwicklung illustriert am besten die Tatsache, dass das heute milliardenschwere Unternehmen SAP in der ersten Hälfte der 1980er-Jahre noch zu klein war, um in einer Lünendonk®-Liste für Softwareanbieter berücksichtigt zu werden.

Eine neue Ära für die Standardsoftware-Branche brach mit dem Aufkommen der Personal Computer (PC) an. Zunächst auf dem Gebiet der Betriebssysteme (Microsoft, Apple), aber bald auch mit Softwareanwendungen, vor allem für Textverarbeitung und Tabellenkalkulation für den Massenmarkt. Neue Unternehmen wie Adobe, Corel, Lotus und Novell ergänzten Zug um Zug das Standardsoftware-Angebot.

2.3 IT bleibt auch mit Standards eine Servicebranche

Aber auch nachdem sich der Schwerpunkt der Softwarebranche von der ursprünglichen Individualsoftware-Entwicklung auf die Produktion von Standardsoftware-Paketen verlagert hat, bleibt die IT eine Dienstleistungsbranche. Man kann Software als vergegenständlichte, im Voraus geleistete geistige Arbeit definieren, da die Programmautoren ein Programm für eine Tätigkeit erarbeiten, bevor diese überhaupt anfällt und so für den Nutzer die geistige Arbeit im Voraus geleistet haben.

Bei den IT-Services lassen sich zwei Kategorien unterscheiden: zum einen die Professional Services, die beratende, schulende, realisierende und integrierende Aufgaben übernehmen. Zum anderen die Processing Services, die nach einer Blütezeit bis Mitte der 1970-Jahre als Provider von Rechenkapazitäten scheinbar bedeutungslos geworden waren, bis sie Anfang der 1990er-Jahre unter dem Oberbegriff Outsourcing eine neue Blüte erlebten, die in zahlreichen Varianten bis heute anhält.

Nimmt man den Begriff Outsourcing wörtlich, dann umfasst er alle Tätigkeiten, die ein Unternehmen selbst erbringen könnte, aber — aus unterschiedlichen Gründen — nach außen auf externe Dienstleister verlagert. Hier muss stets eine Make-or-buy-Entscheidung getroffen werden. In der Informationstechnik gehören dazu also eigentlich alle Aufgaben, mit Ausnahme der Herstellung von Hardware und Standardsoftware. Im engeren Sinn wurde Outsourcing jedoch zunächst als Leistung rund um die technischen Installationen verstanden.

2.4   Managed Services, BPO und Service Level Agreements ...

Im IT-Outsourcing hat sich inzwischen eine Reihe von Varianten entwickelt, mit denen sich der radikale Verzicht auf eine eigene Informationstechnik-Installation vermeiden lässt. Diese Verträge werden unter dem Begriff Managed Services zusammengefasst. Der IT-Dienstleister will seinen Kunden damit einen Mittelweg zwischen den Kostenvorteilen von Facilities-Management-Modellen und der Beibehaltung der Kontrollhoheit eröffnen. Im Rahmen der Managed Services übernimmt der Dienstleister einzelne Tätigkeiten oder Prozesse auf der Basis vereinbarter Service Level Agreements. Je nach Art der Leistung sowie dem Grad der Verantwortung beinhalten Managed Services das Remote Monitoring bis hin zum kompletten IT-Service-Management von einer zentralen Netzwerk- und Systemmanagement-Plattform aus. Die Kontrolle über die eigene Infrastruktur bleibt im Haus des Kunden, ein Übergang von Assets und Personal findet nicht statt.

Eine Variante, die durch die moderne Kommunikationstechnik möglich wurde, ist der Vertrag mit einem Application Service Provider (ASP), der eine Anwendung, zum Beispiel ein ERP-System (Enterprise Resource Planning), zum Informationsaustausch über ein Netz anbietet. Der ASP kümmert sich um die gesamte Administration und Aktualisierung. Außerdem obliegen ihm die Benutzerbetreuung und andere Dienstleistungen um die Anwendung herum.

Einen großen Schritt nach vorne stellt das Business Process Outsourcing (BPO) dar. Es bezeichnet das Auslagern ganzer Geschäftsprozesse und unterscheidet sich damit von anderen Outsourcing-Formen dadurch, dass ein Teil der Ablauforganisation ausgelagert wird. In der Regel wird mit dem Geschäftsprozess auch das zugrundeliegende IT-System outgesourct. BPO findet bisher hauptsächlich in den Bereichen Finanz- und Rechnungswesen, Personalwesen, Beschaffung, Callcenter statt.

2.5   … und ab in die Wolken: Cloud Computing

Die jüngste Stufe des Outsourcing bildet das Cloud Computing. Die IT-Leistungen werden realtime als Service, zum Beispiel über das Internet, bereitgestellt und nach Nutzung abgerechnet. Cloud Computing gestattet dem Nutzer eine individuelle, bedarfsgerechte Skalierung und eine nutzergerechte Abrechnung ohne Fixkostenbelastung. Die Breite der angebotenen Dienstleistungen umfasst das gesamte Spektrum der Informationstechnik. Man unterscheidet üblicherweise zwischen Software as a Service (SaaS), Platform as a Service (PaaS) und Infrastructure as a Service (IaaS). Bei den Netzwerken kann es sich um Public Clouds, firmeninterne Private Clouds oder kombinierte Hybrid Clouds handeln.

Grundsätzlich haben im Informations- und Kommunikationstechnikmarkt neben Hardware und Software die Dienstleistungen ständig an Bedeutung gewonnen. Dazu zählen neben Beratung und Systemintegration vor allem die IT-Services im engeren Sinne, wie Outsourcing, Application Management, Facilities Management sowie Equipment Services und Maintenance.

2.6   Neue Marktstrukturen, neue Anbieterprofile

Die Abgrenzung zwischen den IT-Dienstleistungs-, Software-und Unternehmensberatungsmärkten wird zunehmend schwieriger. Während einerseits Managementberater auch IT-Know-how anbieten, weist andererseits die Leistungspalette der IT-Berater auch unternehmensorganisatorische und strategische Themen auf. Eine weitere Überschneidung ergibt sich dadurch, dass Standardsoftware-Unternehmen ins Integrations- und Beratungsgeschäft drängen. Dazu kommt, dass große IT-Beratungs-und Systemintegrationsunternehmen ihre Aktivitäten auf Outsourcing- und Application-Services-Aufträge ausdehnen.

Auf die Veränderungen des Nachfrageverhaltens an den IT-Beratungs- und Servicesmärkten reagiert eine Reihe von großen Anbietern seit mehr als einem Jahrzehnt mit neuen Leistungsprofilen. Inzwischen treten Unternehmen auf, die sich als Business Innovation/Transformation Partner (BITP) verstehen und als Gesamtdienstleister einen Mix aus Management- und IT-Beratung, Realisierung, Outsourcing und Business-Process-Management aus einer Hand anbieten. Sie nennen sich BITP, weil sie eine langfristige Partnerschaft, eine unternehmerische Mitverantwortung und eine nachdrückliche Unterstützung für Kundenunternehmen durch Innovations- und Transformationsleistungen (also Änderungs- und Umwandlungsleistungen) anstreben. Die Erfüllung der BITP-Leistungen setzt eine bestimmte Größenordnung voraus, deshalb bringen nur große Anbieter die dafür notwendigen Voraussetzungen mit.

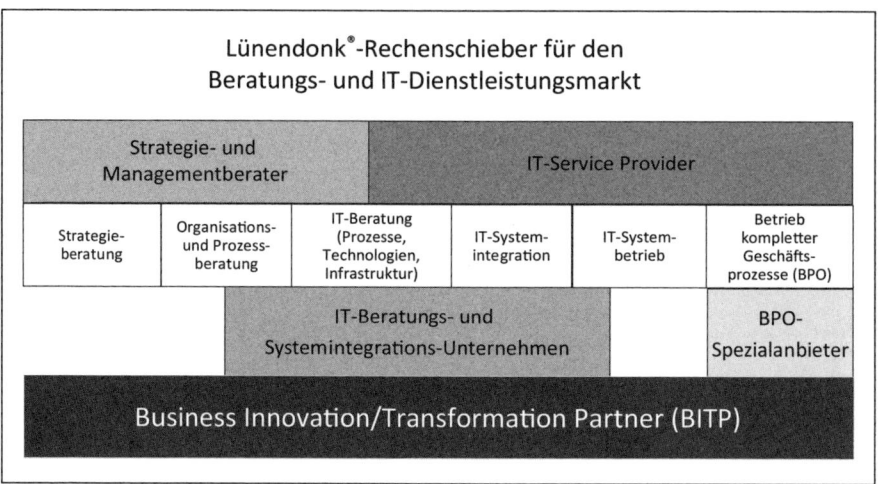

Abb. 1: Lünendonk Rechenschieber[1]

2.7 Vom Produkt zum Service ...

Ungeachtet der unterschiedlichen Varianten ist bei der Nutzung der Informationstechnik ein eindeutiger Trend vom Produkt zum Service unübersehbar. Das zeigt
auch die Struktur der dafür aufgebrachten Ausgaben im historischen Vergleich:
Während das Verhältnis von Hardwarekosten und Ausgaben für DV-Dienstleistungen
um 1970 noch bei 80 Prozent zu 20 Prozent gelegen hatte, führte das Wachstum vor
allem der IT-Dienstleistungen, aber auch der Standardsoftware-Verkäufe bis 1980 bereits zu einem Verhältnis von 65 Prozent für Hardware zu 35 Prozent für Dienstleistungen und Software, wobei davon bereits rund sieben Prozent für Standardsoftware-Verkäufe ausgegeben wurden. Gegenwärtig entfallen nur noch 28 Prozent des
IT-Marktvolumens in Deutschland auf Hardware, 48 Prozent auf IT-Dienstleistungen
und 24 Prozent auf Standardsoftware. Während also in der ersten Phase bis etwa
1980 klar Hardwareverkäufe und DV-Dienstleistungen dominierten, stiegen die Stan-
dardsoftware-Umsätze — vor allem durch Client-Server-Computing und Personal
Computing — zulasten der Individualsoftware-Entwicklung und der RZ-Leistungen
kräftig an. Erst das Aufkommen der verschiedenen Outsourcing-Varianten in den
1990er-Jahren steigert den Anteil der IT-Services am gesamten IT-Markt erneut, während sich Software auf dem anteiligen Niveau hält und die Hardware gleichzeitig,
nicht zuletzt aufgrund des Preisverfalls, immer weiter an Gewicht verliert.

---

[1] Quelle: Lünendonk GmbH.

Die Struktur des Informationstechnikmarkts in Deutschland 1970 bis 2013					
Anteile am Gesamtmarkt in Prozent					
	1970	1980	1990	2000	2013
Hardware	80 %	65 %	58 %	46 %	28 %
Services*)	20 %	25 %	15 %	30 %	48 %
Standardsoftware		10 %	27 %	24 %	24 %
Insgesamt	100 %	100 %	100 %	100 %	100 %
*) IT-Beratung, Individual-Software, IT-Wartung, RZ-Leistungen, Training, Outsourcing					

Abb. 2: Die Struktur des Informationstechnikmarkts 1970 bis 2013[2]

2.8 Die Kunden werden immer kompetenter …

Doch nicht nur die Service- und Angebotsformen sowie die Umsatzstrukturen des Markts haben sich gewandelt — auch die Menschen. Die Durchdringung der Unternehmen und Organisationen mit Informationstechnik steigert bei den Kundenunternehmen und Anwendern die Erfahrung im Hinblick auf den Nutzen der Technologie und das Wissens um ihre Möglichkeiten. Besonders die Dezentralisierung der Informationsverarbeitungssysteme seit den 1980er-Jahren hat zu einer „Säkularisierung der Datenverarbeitung" und zur Emanzipation der Nutzer gegenüber den IT-Experten im eigenen Unternehmen sowie bei den Lieferanten und externen Beratern geführt.

2.9 … und immer besser qualifiziert

In die gleiche Richtung wirkt die von den Lieferanten gewollte und betriebene Qualifizierung der Kunden. Sie ist unerlässlich, um die komplexen Systeme und Lösungsangebote überhaupt zu verstehen und deren Nutzen bewerten und wertschätzen zu können. Hinzu kommt, dass die IT-Fachleute auf der Kundenseite durch Ausbildung und teilweise auch frühere Tätigkeiten bei IT-Firmen und Unternehmensberatungen fachlich ebenbürtig geworden sind. Auch die Anwender außerhalb der IT-Fachbereiche sind durch den zunehmenden persönlichen und

---

[2] Quellen: Diebold, Bitkom, eigene Berechnungen und Schätzungen.

privaten Umgang mit informations- und kommunikationstechnischen Geräten und Systemen fachlich vorgeprägt und dem Laienzustand längst entwachsen. Das erhöht einerseits das Verständnis für die Technologie, erschwert andererseits gelegentlich die Argumentation der Anbieter beim Verkaufen, weil das frühere Know-how-Monopol abgeschwächt oder sogar gebrochen ist.

2.10 Steigende Komplexität und Abhängigkeit von IT

Die höhere Kompetenz der Anwender ist auch zwingend erforderlich, denn die Komplexität der IT-Anwendungssysteme steigt in dem Maße, in dem sie Wirtschaft und Gesellschaft durchdringen, ständig. Dazu trägt vor allem auch die inzwischen übliche Integration der einzelnen Lösungen in unternehmens- bzw. organisationsweite Gesamtsysteme bei. Anfangs noch isolierte, dezentrale Anwendungssysteme zeigen sich heute als hochleistungsfähige Netzstruktur. Veränderungen sind nur noch im Einklang mit allen integrierten Abteilungen möglich. Immer schneller geht dabei die Integration sogar über das eigene Unternehmen hinaus und schließt Zuliefer- und Abnehmerorganisationen mit ein.

Die Abhängigkeit der Anwendungsorganisationen vom reibungslosen Funktionieren der informations- und kommunikationstechnischen Systeme ist heute existenziell. Hohe Ansprüche an die Qualität der Lösungen und an die Servicebereitschaft sind die Konsequenz. Bei der Auswahl des Systemlieferanten oder des Dienstleisters spielt deshalb die Glaubhaftigkeit des Gesamtpakets aus Beratung, Installation, Schulung der Anwender, Ausfallsicherheit und Service eine entscheidende Rolle, bei der auch die wirtschaftliche und finanzielle Bonität des Lieferanten ins Kalkül gezogen wird.

2.11 IT heute: Strategisches Instrument der Unternehmensführung

Aufgrund der Bedeutung der Informations- und Kommunikationstechnik nicht nur für einzelne Anwendungsbereiche, sondern für das Gesamtunternehmen in Form von integrierten Systemen und aufgrund des Wandels vom technischen Hilfsmittel am Arbeitsplatz zum strategischen Instrument der Unternehmensführung hat sich konsequenterweise die Verantwortungssituation verändert. Während anfangs der ORG/DV-Leiter (Leiter Organisation und Datenverarbeitung), später der CIO

(Chief Information Officer) und eventuell die Leiter der betroffenen Anwenderabteilungen für die diesbezüglichen Entscheidungen zuständig waren, steht der IT-Anbieter heute einem Buying-Center gegenüber, dem neben der Fachabteilung, dem Anwender-Management und dem IT-Manager auch Controller und Einkäufer angehören.

Die Anbieter von IT-Dienstleistungen und -Lösungen sind inzwischen mit einem modernen Beschaffungsmanagement konfrontiert, das der Breite und Tiefe der zur Diskussion stehenden Lösung Rechnung trägt und meist auch eine Wettbewerbspräsentation einschließt. Als Folge tritt der Anbieter zunehmend mit einem adäquaten Team, einem Selling Center, bei den entscheidenden Verhandlungen auf; es besteht in der Regel aus General Management, Key-Account Management, Technischem Berater und Branchenexperte.

In dieser Situation werden auch die neuen und wachsenden Anforderungen an das Marketing offenkundig. Die Botschaften sind nicht mehr homogen auf eine Entscheiderzielgruppe auszurichten, sondern müssen in Sprache und Inhalte die unterschiedlichen Verständnis- und Interessenslagen berücksichtigen.

2.12   Anbieterstrukturen im Wandel

Die tiefgestaffelte Größenstruktur der deutschen Wirtschaft sowie die multizentrische regionale Volkswirtschaftsstruktur haben in den letzten 50 Jahren auch in der IT-Dienstleistungs- und Softwarebranche zahlreiche kleine und mittelgroße Anbieter entstehen lassen. Der Übergang von der Individualsoftware zur Standardsoftware und vom Produktvertrieb zur Dienstleistung hat vielen dieser Anbieter existenzielle Schwierigkeiten bereitet. Große, oft auch internationale Anbieter haben — nicht zuletzt aufgrund ihrer globalen Ressourcen-Netzwerke (Stichworte Nearshoring, Offshoring) — weite Bereiche des IT-Geschäfts aufgrund günstigerer Preise und Konditionen übernommen und die kleineren deutschen Anbieter in Nischen abgedrängt oder übernommen.

Schwierigkeiten bereitet den großen, oft multinational operierenden Standardsoftware-Anbietern und IT-Dienstleistern hingegen die Ausdehnung ihres Geschäftes auf die in Deutschland dominierenden mittelgroßen und kleinen Kundenunternehmen, die mit der Komplexität der auf Großunternehmen ausgerichteten Lösungen oft überfordert sind oder deren Leistungstiefe gar nicht benötigen. Kooperationen mit branchenorientierten Beratungsunternehmen sind häufig ein Ausweg aus diesem Dilemma.

2.13   Ein junger Markt wächst zum Riesen heran

In den Jahren 1970 bis 2013 ist der Markt für Informationstechnik, d. h. Hardware-
und Softwareverkäufe, IT-Beratung und sonstige IT-Dienstleistungen von rund
1,5 Milliarden Euro (damals etwa 3 Milliarden DM) auf rund 75 Milliarden Euro gewachsen. Dabei verlief das Wachstum in den ersten 20 Jahren geradezu stürmisch
und lag im jährlichen Durchschnitt deutlich im zweistelligen Steigerungsbereich. Es
übertraf dabei das Wachstum des nominalen Bruttoinlandsprodukts jeweils um das
Zwei- bis Dreifache.

Seit den 1990er-Jahren reduzierte sich das Wachstum des IT-Markts deutlich, was
einerseits auf die rückläufigen Hardwarepreise, aber vor allem auch auf partielle
Marktsättigungen zurückzuführen ist. Die durchschnittlichen jährlichen Wachs-
tumsraten bewegen sich seit etwa 1990 im einstelligen Bereich und liegen teilweise
sogar unter den Zuwächsen des nominalen Bruttoinlandsprodukts.

**Entwicklung des Informationstechnikmarkts und des nominalen Brutto-
inlandproduktes in Deutschland**

Durchschnittliches jährliches Wachstum in Prozent

	1970 bis 1975	1976 bis 1980	1981 bis 1985	1986 bis 1990	1991 bis 1995	1996 bis 2000	2001 bis 2005	2006 bis 2010	2011 bis 2013
Informations-technikmarkt	25,0 %	13,0 %	15,0 %	13,0 %	5,5 %	8,3 %	-0,2 %	1,4 %	2,7 %
Bruttoinlands-produkt Nominal	8,9 %	7,4 %	4,5 %	5,9 %	5,5 %	2,1 %	1,7 %	2,4 %	3,2 %

Abb. 3: Entwicklung des Informationstechnikmarkts und des nominalen Bruttoinlandsprodukts in
Deutschland[3]

Anfangs spürte vor allem die Hardwarebranche die Abflachung der Nachfrage, inzwischen muss sich die gesamte IT-Branche mit dem Gedanken vertraut machen,
dass aus dem jahrzehntelangen Verkäufermarkt ein Käufermarkt geworden ist.
Für viele erfolgsverwöhnte Hardware- und Software-Anbieter hat dieser Wechsel
schmerzhafte Veränderungen mit sich gebracht. Die lange Zeit technologiegesteu-
erter Geschäftsstrategien vieler Anbieter musste dem marktorientierten Denken
Platz machen. Das Thema Marketing war für viele Anbieter in diesem Markt lange
Jahre eher ein Statussymbol als ein strategisches Instrument gewesen.

---

[3]   Quellen: Statistisches Bundesamt, Diebold, EITO, BITKOM, eigene Schätzungen.

2.14   Neue Player – mehr Wettbewerb!

Verbunden mit der Abflachung der Nachfrage nahm der Wettbewerb durch neue Mitstreiter am Markt zu. Da waren zunächst einmal die bisherigen Hersteller von IT-Hardware, die ihre Aktivitäten auf das Beratungs- und Implementierungsgeschäft ausweiteten. Dazu kam, dass die klassischen Managementberater neben Strategieberatung immer stärker in die Realisierung von Projekten, einschließlich der informations- und kommunikationstechnischen Aspekte drängten. Die großen Wirtschaftsprüfungsgesellschaften, die sich vor einem Jahrzehnt nicht ganz freiwillig aus dem IT-Beratungs- und Implementierungsgeschäft zurückgezogen hatten, kehren nun wieder mit Macht in diesen Markt zurück. Auch große Telekommunikationsunternehmen, die auf der Schnittstelle von Informations- und Telekommunikationstechnik agieren, machen sich als potente Wettbewerber am Markt bemerkbar. Die hohe Standardisierung, die inzwischen in der Informationstechnik vorherrscht, ermöglicht internationalen Leistungsanbietern aus allen Teilen der Welt, mit zum Teil besonders günstigen Kostenstrukturen auch auf dem deutschen Markt tätig zu werden.

In manchen Branchen und Anwendungsbereichen wird auch eine besondere Form des Outsourcing als Wettbewerbsoption spürbar: Die Auslagerung von IT-Aktivitäten durch Ausgliederung der jeweiligen Betriebseinheiten in eine Tochtergesellschaft, deren Kapitalanteile zu 100 Prozent im Konzerneigentum verbleiben. Der Vorteil gegenüber herkömmlichen internen Service- oder Profit-Centern ist, dass formelle vertragliche Beziehungen hergestellt werden müssen. Wenn durch Beteiligung konzernunabhängiger Dritter, beispielsweise IT-Anbietern, das Gewicht der Entscheidungen verlagert wird, spricht man auch von Shared Services. Dieses Vorgehen ist meist mit dem Ziel verbunden, auch außerhalb des betreffenden Konzerns Deckungsbeiträge zu erwirtschaften.

Nicht selten führt diese Entwicklung früher oder später zur Übernahme der Tochtergesellschaft durch einen großen IT-Dienstleister, der unter seinem Dach mehrere solcher Unternehmen zu einem neuen Großunternehmen bündelt. Die Wettbewerbskonstellationen des IT-Markts sind durch vielfältige Anbieterhistorien geprägt. Vergleicht man die Lünendonk®-Listen zum IT-Markt aus den 1980er-Jahren mit den heutigen, so sind die meisten Anbieternamen der damals führenden Unternehmen verschwunden. Gleichwohl sind sie zumeist weiter am Markt präsent, allerdings als integrierter Bestandteil großer IT-Dienstleistungskonzerne wie beispielsweise T-Systems.

2.15 Consumerization als neue Herausforderung

Ein neuer Aspekt des Informationstechnikmarkts, der erneut eine Neuorientierung der Marketing- und Vertriebsstrategien erzwingt, ist der Markt für Personal Devices. Dazu gehören inzwischen Tablet-Computer, Smartphones und ähnliche Endgeräte, die im Schnittbereich von privater und beruflicher Nutzung eingesetzt werden. Das Schlagwort lautet hier „BYOD", also „Bring Your Own Device", und bedeutet, dass Menschen auf einem (eigenen) System (Tablet oder Smartphone) sowohl privat als auch beruflich agieren und kommunizieren.

Für die Hersteller von Standardsoftware bedeutet dies zum Beispiel, dass geprüft werden muss, welche Anwendungen auch auf diesen Geräten lauffähig sein sollten. Und sie sind damit konfrontiert, dass „App-verwöhnte" Anwender keine große Lust haben, allzu komplizierte Bedienungsroutinen bei Businesssoftware ertragen zu müssen. Für die IT-Berater stellen sich damit zwei wesentliche Fragen: Wie lässt sich die Komplexität betrieblicher Anwendungen unter modernen „App-orientierten" Oberflächen organisieren? Wie kann einerseits die Business-Anbindung der mobilen Geräte erfolgen und wie die berufliche und private Sicherheit gewährleistet werden? Die Vertriebswege für diesen veränderten Informations- und Kommunikationstechnikmarkt zwischen privatem und beruflichem Bereich erfordern völlig neue Überlegungen und Strategien.

Nicht zuletzt fordert das gesamte Themenspektrum Big Data und Business Analytics sowie Social und Business Media die Anwender- und Anbieterunternehmen in erneut ungeheurem Maße. Die Berücksichtigung immer größerer aktueller und historischer Daten für Investitions- und Steuerungsentscheidungen sowie die einerseits erwünschte, andererseits durchaus auch schwer zu kontrollierende Transparenz stellen eine Stufe der Informations- und Kommunikationstechnik dar, von der sich viele Unternehmen überfordert fühlen. Hier muss es dem Marketing in den kommenden Jahren gelingen, in einem volatilen Umfeld behutsam Verständnis und Interesse zu entwickeln und die neuen Systeme gleichermaßen zu vermarkten wie selbst intelligent zu nutzen.

2.16 Das neue Marketing im IT-Markt

Das neue Marketing im IT-Markt stellt die vierte Stufe des Marketings in Deutschland nach dem Zweiten Weltkrieg dar.

Stufe 1 war die Begleitung der Situation, in der mehr Nachfrage als Angebot herrschte (Verkäufermarkt).

Stufe 2 war die Situation, dass sich Angebot und Nachfrage anglichen und mehr Wettbewerb entstand (ausgeglichener Verkäufer-Käufer-Markt).

Stufe 3 war die aktive Darstellung von Nutzen und Lösungen, um potenziellen Interessenten neue Wege aufzuzeigen. Die 1980er- und 90er-Jahre waren vom Schlagwort „Solutions" bewegt. Das Pendel neigte sich nun schon deutlich in Richtung Käufermarkt.

Die **Stufe 4**, das neue Marketing, ist heute ein eindeutiger Käufermarkt. Hier stehen die Anbieter vor der Herausforderung, potenziellen Kunden nicht nur Lösungen für Probleme, sondern messbare und nachweisbare Wertschöpfungsfelder und -faktoren darstellen zu müssen.

Und dies gelingt ihnen nur, wenn sie nicht sich und ihr Leistungsangebot beim Kunden präsentieren, sondern den Kunden und seine Welt bei sich repräsentieren. Das gelegentlich inhaltsleere Mantra „Bei uns steht der Kunde im Mittelpunkt" muss nun mit konkretem Leben gefüllt werden.

2.17 Weg aus der Produkt- und Serviceperspektive!

Voraussetzung dafür ist jedoch, dass sich die Anbieterunternehmen in ihren Köpfen von ihren Produkten und Services lösen können und zunächst tatsächlich in die Schuhe und Perspektive der Kunden schlüpfen. Welche Ziele haben die Kunden? Welche Herausforderungen müssen sie bewältigen? Welchen Risiken sind sie ausgesetzt? Und was hat tatsächlich Priorität für sie? Was passiert im Markt der Kunden? Was ist für das Unternehmen und seine Kunden — also beispielsweise eine Bank und ihre Kunden — relevant? Was bedeutet das für die Unternehmens- und Marketingstrategie? Was bedeutet das für einzelne Abteilungen und die Menschen im Unternehmen?

Je einfacher die Fragen klingen, desto schneller geraten IT-Service- und Beratungs-unternehmen auf den Irrweg, leichte und schnelle Antworten zu finden und sich von ihren Wünschen, was sie den Kunden gerne verkaufen würden, leiten zu lassen. Damit verfallen Unternehmen aber in die alte Haltung des „Ich habe eine Lösung und hoffe, Sie haben das Problem." Das ist nicht mehr das Marketing des neuen Jahrhunderts! Das neue Marketing nimmt im Denken konsequent den Platz des Kunden ein und macht seine Strategien zur Basis des eigenen Angebots.

2.18   Das eigene Angebot als gemeinsame Medizin

Dafür können moderne Marktanalyse- und CRM-Systeme genutzt werden. Big Data und Analytics sind gleichermaßen IT-Marktangebote wie Tools für das eigene Marketing. Man nimmt also die Medizin, die man anbietet, erfolgreich selbst ein! Es können die Potenziale der sozialen Netzwerke in unterschiedlichster Weise ge-nutzt werden, zum Beispiel mit Foren für den Dialog oder einem Crowdsourcing für die Ideenentwicklung mit unzähligen Kreativen und potenziellen Kunden.

Unverzichtbar bleibt aber auch im neuen Marketing das Gespräch mit dem Kunden. Nur im Dialog können Annahmen, Vermutungen und Meinungen verprobt werden, können gemeinsam neue Bilder entwickelt werden. Das sind dann keine Visionen, sondern klare Zielbeschreibungen, auf die sich beide Seiten verlassen können. Denn auch im neuen B2B-Marketing zahlt der Kunde schlussendlich für das Ergeb-nis und nicht für die Instrumente.

3 Marketing und Mehrwert

Zur Neverending Story der Abgrenzung zwischen Marketing und Vertrieb

Regina Mehler, Meinrad Much

3.1 Einführung

Wer kennt sie nicht, die fast schon von Geringschätzung geprägte Beziehung zwischen den „wirklich wertvollen" Mitarbeitern — Verkäufer, Spezialisten — eines Unternehmens und den Marketers? Oft werden Informationen abwertend als Marketingunterlagen bezeichnet, wenn Vertriebsmitarbeiter ausdrücken wollen, dass sie an deren Informationsgehalt zweifeln. Stellen Sie sich vor, ein Verkäufer oder Techniker steht vor einer Gruppe von Kunden und sagt: „Übrigens, das ist keine Marketingfolie: Im Gegenteil, das sind nachprüfbare Fakten." Ein weiteres Beispiel für den geringen Stellenwert, den das Marketing oft hat, ist, wenn die Marketingfunktion darauf reduziert wird, nette Veranstaltungen mit wohlschmeckenden Häppchen zu organisieren.

Weil die Autoren fest davon überzeugt sind, dass Marketingaktivitäten einen nicht zu unterschätzenden Mehrwert für die Umsatzgenerierung bieten, beleuchten wir in diesem Kapitel die Beziehung zwischen Marketing und Vertrieb und insbesondere, wie Marketing dazu beitragen kann, dass Vertrieb nachhaltig gelingt.

Als allererstes stellt sich daher die Frage, welche Bedürfnisse der Vertrieb eigentlich hat. Im Vordergrund stehen natürlich erfolgreiche Abschlüsse, die allerdings durch verschiedene Faktoren beeinflusst werden. Je komplexer das Marktumfeld, desto bedeutender ist eine professionelle Unterstützung durch die Marketingfunktion. Diese Unterstützung beginnt bei den Kenntnissen über die Produkte und den Lösungen, die das Unternehmen anbietet. Marktkenntnisse geben dem Vertrieb einen Überblick zur Gegenwart und zur Zukunft: Damit sind zum Beispiel Berichte zum aktuellen Mitbewerb sowie Aussagen zu zukünftigen Trends gemeint, aber natürlich auch dazu, was Kunden im Hier und Jetzt bewegt. All das hilft dem Vertrieb unter anderem bei der unangenehmen Aufgabe der „Kaltakquise", die so gut wie keiner mag. Wenn sich im idealen Fall daraus ein guter Erstkontakt ergeben hat, helfen Marketingaktivitäten ebenso bei der langfristigen Beziehungspflege. All das mündet — wie bei jeder guten Geschichte — in ein Happy End: die Unterschrift unter einen Vertrag. Die folgenden Abschnitte beschäftigen sich daher mit den Marketingaspekten, die die Bedürfnisse des aufgeschlossenen Vertrieblers ideal unterstützen. Dabei ist jeder Abschnitt so aufgebaut, dass zuerst das Bedürfnis genannt wird und dann die aus unserer Sicht dafür relevanteste Marketingaktivität.

3.2 Produkt- und Lösungswissen durch Digitales Marketing kommunizieren

Kein Unternehmen kann es sich heute leisten, das Thema „Digitales Marketing" zu ignorieren. In einer Welt, in der sowohl einzelne Individuen inzwischen häufiger über digitale Medien (SMS, Smartphone-Apps, Soziale Netzwerke etc.) miteinander kommunizieren als über analoge (direktes Gespräch oder Telefonat, handgeschriebene oder ausgedruckte Briefe), ist es tatsächlich als geschäftsschädigend anzusehen, wenn Firmen nach wie vor ihr Marketing zum Großteil über Papiermedien betreiben.

Wie im einfachen Marketing-Modell AIDA — zurückzuführen auf Elmo Lewis anno 1898 — dargestellt, ist die erste Aufgabe von Marketing, Bewußtsein für ein Unternehmen und seine Produkte zu schaffen. Digitales Marketing ist die ideale Plattform, um dieser Aufgabe gerecht zu werden. Vordringlich ist es, für die Bewältigung dieser Aufgabe adäquate Kommunikationskanäle zu schaffen, um — ganz simpel — Informationen über die Firma zu verbreiten. Blogs, Wikis, Foren, Videobeiträge, WebCasts und alle weiteren digitalen Informationscontainer, die ein Unternehmen nutzt, sind eine äußerst ökonomische Methode, um sowohl den Vertriebsmitarbeiter als auch die Kunden mit dem nötigen Wissen über Produkte, Dienstleistungen und sogar gesamte Lösungen eines Betriebs zu versorgen.

Im Intranet kann der Marketingbereich mit speziell aufbereiteten Informationen die Mitarbeiter und hier insbesondere den Vertrieb ansprechen, im Internet werden Informationen so bearbeitet, dass Kunden den größtmöglichen Nutzen daraus ziehen können. Dazu gehören zum Beispiel auch Hinweise auf weiche Faktoren wie Unternehmenskultur, Nachhaltigkeit des Unternehmens oder soziales Engagement. Gleichzeitig muss durch Digitales Marketing eine gesteuerte Kommunikation stattfinden. Sie bildet die Basis für entsprechende Aktivitäten auch bei den Vertriebsmitarbeitern. So wird eine moderne Marketingabteilung ihre Mitarbeiter und die Mitarbeiter des Vertriebes dazu anregen, beispielsweise einen Twitteraccount einzurichten. Damit können sie einen brandaktuellen Eindruck von Veranstaltungen, von Messen, aber auch von der eigenen Meinung zu unternehmensrelevanten Ereignissen geben. Darüber hinaus können sich nun auch Kunden mithilfe dieser technischen Möglichkeiten als Markenbotschafter für das Unternehmen betätigen.

Auch die Kommunikation über einen Blog muss — zumindest initial — gesteuert werden. Nur wenn jemand darauf achtet, dass Blogeinträge, in denen auf jedwede Art das Unternehmen angesprochen wird, auch kommentiert werden, entsteht ein Dauerinteresse. Die Kunst ist es allerdings, den Blog als paritätisches Kommunikationstool zu nutzen, d. h. einen gleichmäßig verteilten Austausch mit den Lesern zu erwirken.

Gerade der Vertrieb profitiert besonders in Zeiten von immer komplexeren Lösungsportfolios von der Möglichkeit, über WebCasts das eigene Unternehmen und seine Produkte sehr genau und gezielt kennenzulernen. Durch die Nutzung dieser Kommunikationskanäle kommt es generell zu einer deutlichen Verkürzung der Kommunikationszeiten zwischen allen am Vertriebsprozess Beteiligten. Kunden können sich schnell über Produkte informieren, sich aber auch fast in Echtzeit mit Interessenten über das Produkt austauschen. Dadurch findet eine rasante Meinungsbildung statt. Ein auf althergebrachte Weise agierendes Unternehmen wird dabei in Zukunft immer stärker das Nachsehen haben. Vertriebsmitarbeiter können bzw. müssen sogar diese erhöhte Flexibilität im Umgang mit der Digitalität entwickeln, um dem Kunden immer einen Schritt voraus zu sein — was das Produktwissen, aber auch das Wissen um die Bewertung der Unternehmensprodukte anbelangt. Digitales Marketing ist hier der Schlüssel zum Erfolg, denn die Marketingabteilung produziert die entsprechenden Inhalte für diese immer stärker genutzten Kommunikationskanäle. Digitales Marketing nützt zunächst dem Unternehmen an sich: Mittelständische Firmen können in einer globalisierten Welt mit diesem Hilfsmittel die Reichweite ihrer unternehmerischen Inhalte dramatisch erhöhen — Großunternehmen schaffen dadurch eine einheitliche Markenpräsenz.

Beispiel

Die Aufgabenstellung an den Marketingbereich der Fraunhofer-Gesellschaft war, via Social Media bekannt zu machen, wofür diese Forschungseinrichtung steht. So weit, so gut. Die Marketingbeauftragte ging die Aufgabe voller Elan an und entwickelte eine Strategie und Themenschwerpunkte. Sie sprach Wissenschafts-autoren an, die zum Thema etwas zu sagen hatten. Sobald es zur Umsetzung kam, bekamen immer andere Endtermine eine höhere Priorität beim Fraunhofer-Institut als die Social-Media-Aktivität. Vielleicht lag es auch daran, dass die Projektverant-wortlichen unsicher darüber waren, wie man zu schreiben beginnen sollte. Durch einige anschauliche Beispiele konnte die Marketingbeauftragte die Schreibenden dann doch motivieren und langsam begann die Autorenschaft, regelmäßig auf der Social-Media-Plattform zu publizieren. Als einige Autoren darüber aktives Feed-back bekamen und ein Austausch mit neuen, interessanten Menschen entstand, erkannten plötzlich die Wissenschaftler die Chance, diesen „Kanal" als zusätzliche Publikationsplattform zu nutzen und fragten an, wie schnell sie wieder dort ver-öffentlichen könnten.

3.3 Marktkenntnisse durch Beobachtung von sozialen Netzen gewinnen

Die eigene Sicht auf das Unternehmen ist wichtig. Wer aber richtig guten Vertrieb machen will, muss zusätzlich umfassend über die anderen Anbieter Bescheid wis-sen, die im gleichen Markt agieren wie man selbst. Ebenso wichtig ist es zu verste-hen, wie bestehende, aber auch potenzielle, sprich zukünftige Kunden ticken. Wer den Markt und die Marktteilnehmer am besten kennt, steigert seine Erfolgschan-cen dramatisch. Es gibt einige Aktivitäten des Marketings, die hierbei unterstützen. Damit ist die klassische Marktforschung gemeint, die sich zum Beispiel auf Befra-gungen von Fokusgruppen konzentriert, retrospektive Analysen von Verkaufszah-len durchführt und Feldforschung praktiziert.

Eine moderne Marktforschungsmaßnahme, die in diesem Zusammenhang immer größere Relevanz erlangt, ist das sogenannte „Social-Media-Monitoring". Wikipe-dia (Stand 24.05.2014) sagt dazu: „Social-Media-Monitoring ist die systematische Beobachtung und Analyse von Social-Media-Beiträgen und Dialogen in Diskussi-onsforen, Webblogs, Mikro-Blogging und Social Communitys wie Facebook oder MySpace. Es dient dazu, einen schnellen Über- und Einblick in Themen und Mei-nungen aus dem Social Web zu erlangen. Im Unterschied zur einmaligen bzw. in regelmäßigen Abständen durchgeführten Social-Media-Analyse wird Social-Media-Monitoring kontinuierlich durchgeführt."

Großes Potenzial liegt darin, die über Social-Media-Monitoring stetig gesammelten Daten in Sinnzusammenhang mit anderen Erhebungen zu setzen. Dazu werden zum Beispiel Daten gesammelt, die als Basis für die erwähnten Stimmungsanalysen dienen. Dabei spielt die Häufigkeit des Verwendens von Begriffen eine wesentliche Rolle. Will man erkunden, wie beliebt das eigene Unternehmen ist, wird man Begriffe, die mit einer positiven Konnotation belegt sind, sammeln. Bringt man nun die Ergebnisse dieser Stimmungsanalyse in Zusammenhang mit anderen, für das Unternehmen relevanten Erhebungen, kann sich der Horizont der Unternehmensaktivitäten erweitern.

Der Nutzen für den Vertrieb besteht einerseits darin, diese relativ neue Marktforschungsmaßnahme zu nutzen, um Räume für bislang nicht betrachtete Geschäftschancen zu öffnen. Auf der anderen Seite kann sie Unheil vom Unternehmen abwenden: Die Beobachtung des digitalen Kommunikationsgeschehens mit der Einrichtung entsprechender Alerts kann verhindern, dass ein sogenannter Shitstorm ungebremst über ein Unternehmen hereinbricht.

Beispiel

Ein Artikel auf stern.de vom 27.11.2012 ist überschrieben mit „Wenn der Schwarm Schnäppchen jagt". Erzählt wird die Geschichte des Otto-Versands, der eine sogenannte „Gutscheinpanne" hinlegte. „Der Konzern hatte am Wochenende versehentlich Gutscheine in Umlauf gebracht, die zum Gratisshoppen einluden. Die Gutscheine hatten einen Wert von 88 bis 400 Euro und zwei entscheidende Fehler: Der Mindestbestellwert lag in Höhe der Gutscheine und sie konnten immer wieder eingelöst werden. In Windeseile verbreiteten sich die Zahlenkombinationen über Twitter und Facebook im Netz und lösten einen vermeintlichen Gratisshoppinghype aus."

Otto konnte und wollte diesen Gratisshoppinghype aus verständlichen Gründen nicht bedienen, hatte aber zwei Probleme: Zunächst hatte Otto nicht schnell genug erkannt, dass eine Ausnahmesituation vorliegt und, was noch viel schwerwiegender war, Otto hatte keine etablierten digitalen Kommunikationskanäle, um diesen Fehler gegenüber seinen Kunden sofort so eingestehen zu können, dass kein Imageschaden entstehen würde.

Dieses Beispiel ist der Welt des B2C entlehnt und die Schlußfolgerung daraus ist klar: Mit effizientem Social-Media-Monitoring wäre das Ausmaß des Schadens nicht so groß gewesen. Mithilfe eines entsprechenden Alerts ist es möglich, sehr schnell auf die Häufung von — in diesem Fall Schnäppchenjäger — Einträgen zu reagieren. Zudem lassen sich aus der Vergangenheit Muster ableiten, die möglicherweise sogar dazu führen, gleiche oder ähnliche Fälle proaktiv auszusteuern.

Marketing und Mehrwert

In der B2B-Welt sind ähnliche Szenarien denkbar, aber die proaktiven Interventionsmöglichkeiten sind größer. Dadurch, dass die Vertriebszyklen deutlich länger sind als im B2C-Umfeld, ist die Chance, duch Social-Media-Monitoring einen Imageschaden vom Unternehmen abzuwenden, sehr groß. Weitere mögliche Einsatzgebiete, die natürlich auch den Vertrieb betreffen, kann man in einem Interview mit Anjou Müller-Pering nachlesen.[1]

Messbarkeit/Grafiken

Die maschinell gesammelten und vorausgewählten Informationen müssen mithilfe eines manchmal daran verzweifelnden Menschen erst zu einem wirklich sinnvollen Analyseergebnis werden.

Zudem ist eine Menge Zeit nötig, um im Social-Media-Bereich selbst aktiv zu sein.

Abb. 1: Social Media braucht Zeit[2]

---

[1] Quelle: http://www.forschungsweb.com/social-media-monitoring-tool-interview-serie-nr-1/, abgerufen am 01.06.2014.

[2] Quelle: http://www.kreativbuero.de/2011/04/zeitaufwand-social-media-marketing/, abgerufen am 01.06.2014.

3.4 Beziehungspflege durch Relationship-Marketing intensivieren

Ein Vertriebsmitarbeiter ist darauf angewiesen, dass er bei seinem Kunden zu den Menschen, mit denen er Geschäfte machen will, eine gute persönliche Beziehung hat. In vielen Fällen besteht der Verkäufer daher auf einer gewissen Exklusivität der Verbindung zu „seinem" Kunden. Die Möglichkeiten, die das Relationship-Marketing zusätzlich zu dieser 1:1-Beziehung bietet, werden oft entweder unterschätzt oder sogar negiert. Dabei geht es in diesem Bereich des Marketings um den zukunftsorientierten Aufbau von tragfähigen Beziehungen zu heutigen, aber auch zu zukünftigen Entscheidungsträgern. Damit sind nicht nur ambitionierte Nachwuchskräfte gemeint, sondern auch Entscheider aus anderen Fachbereichen, die unter Umständen heute noch keine maßgebliche Rolle im Kaufprozess spielen. Das kann sich aber schnell ändern.

In Ländern wie Russland, Italien und Spanien baut man im Vertrieb als allererstes eine persönliche Beziehung zum Kunden auf. Und das kann dauern, denn Beziehungsmanagement mit Kunden ist nicht mit der Versendung einer Weihnachtskarte oder einem gemeinsamen Abendessen abgehakt. Ist diese „Hürde" aber genommen, dann wird die Zusammenarbeit um vieles erleichtert. Der Kunde hat Vertrauen gewonnen. Das bedeutet, Angebote werden schneller abgesegnet, Rückfragen zügig beantwortet und sobald der Kunde ein positives „Kauferlebnis" hat — da beispielsweise das Produkt hält, was versprochen wurde —, wird der Vertriebsmanager auch gerne weiterempfohlen. Selbst wenn es Probleme geben sollte, verzeiht der Kunde eher, wenn er eine gute Beziehung zum Vertriebler hat und eskaliert nicht sofort an die nächsthöhere Ebene. Das Potenzial, das sich aus gut gehegten Kundenbeziehungen schöpfen lässt, ist schier unermesslich.

Deshalb ist es um so erstaunlicher, dass viele Unternehmen dafür vorhandene Budgets (Community-Treffen, Usergroup-Events, Honorare für herausragende Redner etc.) als erstes streichen, wenn die Budgets insgesamt knapp werden. Dabei bieten Beziehungsverstärker außergewöhnliche Chancen, um beispielsweise persönliche Kontakte zu intensivieren. Mehrtägige Konferenzen, auf denen Vertriebsmitarbeiter mit ihren Kunden sowohl Tagungszeiten als auch organisierte Freizeitaktivitäten verbringen, sind nur ein Beispiel dafür.

Im Investitionsgüterbereich ist eine wichtige Zielgruppe (neben den Fachbereichen) im Verkaufszyklus die Vorstands- oder Geschäftsführungsebene. Da auf dieser Ebene in der Regel die Budgetverantwortlichen sitzen, sollten sie über den Sinn einer Investition im Bild sein. Um dies zu gewährleisten, empfiehlt es sich zudem, über das Relationship-Marketing in Executive- oder C-Level-Beziehungen zu investieren. Dadurch kann nicht nur über die eigenen Produktangebote und -lösungen informiert, sondern auch eine nachhaltige Kundenbeziehung aufgebaut werden. Die Relevanz von Relationship-Marketing für das Zusammenspiel zwischen Marketing und Vertrieb liegt auf der Hand: Der Vertriebsmitarbeiter kann sich kompetent positionieren und die Kundenverbindung pflegen, ja sogar verstärken. Die nachfolgend beschriebenen Beziehungsverstärker machen dem Vertriebsmanager das Leben für diese Aufgabe so leicht wie möglich. Beziehungsverstärker gibt es reichlich. Deshalb zeigt die nachfolgende Auflistung nur eine Auswahl an Möglichkeiten:

- Kundenmagazine/Newsletter
- Usergroups
- Community-Treffen
- Messeauftritte
- Kamingespräche
- Kundenzufriedenheitsstudien (inkl. Bewertung Sales, vgl. das folgende Beispiel)
- Geschäftsführer-/Vorstandsbesuche beim Kunden
- Case Studies
- Referenzen
- Videos
- Interviews
- Merchandising-Artikel
- Produktinformationen mit ansprechender Haptik

All diese Maßnahmen sind wichtig und müssen je nach Kundensituation spezifisch angewandt werden. Wenn ein Unternehmen sich zum Beispiel entscheidet, eine Kundenveranstaltung anzukündigen, dann muss es sich zu 100 Prozent verpflichten und gleich ein Netzwerk mithilfe seiner Kunden aufbauen. Zufriedene Kunden bringen auch gute Kontakte mit, wenn sie danach gefragt werden. Ein Unternehmen tut gut daran, seine Kunden ins Rampenlicht zu stellen und sie selbst sprechen zu lassen. In der Regel gilt, je mehr sich das Unternehmen mit Selbstdarstellungen zurückhält, umso mehr Anfragen bekommt es im Nachgang. Wie wir alle wissen, ist es wesentlich teurer, einen Neukunden zu gewinnen, als in Bestandskunden zu investieren und dort „Cross-Selling" zu betreiben. Es zahlt sich also aus, wenn eine Unternehmung die Kontakte pflegt, die sie mit großer Energie aufgebaut hat und wenn diese Beziehungen niemals als selbstverständlich angesehen werden.

Beispiel

Bei Siebel Marketing hatte man entschieden, eine Strategie zu entwickeln und sich eine Maßnahme zur Verstärkung von Kundenbeziehungen auf höchster Entscheiderebene zu überlegen. Die Überlegung war, den für das Unternehmen wichtigsten CIOs auf europäischer Ebene ein Programm anzubieten, das derartig einmalig in Anspruch und Ansprache ist, dass es selbst für ein sehr verwöhntes Klientel spannend genug ist, um daran teilzunehmen. Gesagt, getan: Es wurde eine einwöchige USA-Reise mit dem Titel „IT Visionary Architecture Tour 2020" geplant. Die Idee war, einen Ausblick über IT-Entwicklungen mit etwa zwei Jahrzehnten Vorlauf zu geben. Das reizte die IT-Verantwortlichen. Denn zu wissen, dass eine Entwicklung mehr in die eine und weniger in die andere Richtung geht, kann mögliche Fehlentscheidungen bei Investitionen erheblich beeinflussen. Alle Teilnehmer mussten im Vorfeld Geheimhaltungsvereinbarungen unterschreiben, sprich, sie durften nicht weitergeben, was sie in den Labors bei Unternehmen wie Microsoft, Siebel, HP und Intel präsentiert bekamen. Von dieser Idee waren alle begeistert, denn selbst ein CIO eines großen Automobilherstellers meinte, er könnte in einer Woche keine hochkarätige Agenda dieser Art zusammenstellen. Die Krönung war, dass man in den beteiligten Unternehmen auf die Unternehmenslenker traf: Tom Siebel, Carly Fiorina, Bill Gates. Die Beziehungen, die zwischen Anbietern und Kunden in dieser Woche entstanden, halten bis heute. Es wurden bilaterale Arbeitsgruppen etabliert und deren Ergebnisse wurden zwischen den Unternehmen ausgetauscht: Man hatte nämlich auf dieser Reise festgestellt, dass man an ähnlichen Themen arbeitete und konnte sich so gegenseitig inspirieren.

3.5 Zwei Wege führen zu Erstinteressenten

Es ist eine wichtige Voraussetzung für die kontinuierliche Erzeugung von Geschäftschancen, Erstinteressenten zu gewinnen. Ohne Aktivitäten, die sicherstellen, dass immer genug „Nachschub" an Interessenten da ist, wird der Umsatzstrom über kurz oder lang versiegen. Denn bei Unternehmen besteht immer aufgrund unterschiedlicher Umstände die Gefahr, Kunden zu verlieren. Daher ist der Vertrieb der Hauptnutznießer von Marktingaktionen, die darauf abzielen, unmittelbar und mittelbar Erstinteressenten zu begeistern. Im Bereich der Erstinteressentengewinnung geht es darum, dass das Marketing für den Vertrieb und das jeweilige Unternehmen Geschäftspotenziale identifiziert und vorqualifiziert. Die beiden nachfolgend dargestellten Kategorien von Marketingaktivitäten sind dafür am wirkungsvollsten.

3.5.1 Erstinteresse unmittelbar durch Markenpräsenz gewinnen

Der Aufbau einer Marke erfolgt zum geringsten Teil über klassische Werbung, vielmehr hat Marketing die Aufgabe, den Prozess des Markenaufbaus zu orchestrieren, damit ein kohärentes Bild vom Unternehmen entsteht. Eine starke Marke steht für ein Werteversprechen, für Marktdominanz und für etablierte, ausgereifte Produkte bzw. Dienstleistungen. Vertriebsmitarbeiter werden schnell damit konfrontiert, Kontakt mit jemandem aufnehmen zu müssen, mit dem sie noch nie zuvor gesprochen haben. Die Herausforderung besteht darin, Menschen, die sehr häufig mit Kontaktversuchen aller Art bombardiert werden, so anzusprechen, dass sie sich nicht belästigt fühlen. Gleichzeitig ist aber das Ziel einer solchen Kontaktaufnahme nicht nur belangloses, freundliches Geplauder. Vielmehr geht es um knallhartes Geschäft. Eine starke Marke hilft dem Vertrieb genau dabei: Seine Mitarbeiter können schneller mit potenziellen Kunden ins Gespräch kommen. Denn es gilt: Je weniger sich Unternehmen und deren Entscheider im B2B-Umfeld in einem bestimmten Thema, zu dem in naher Zukunft eine Investition ansteht, auskennen, desto eher entscheiden sie sich für ein Unternehmen mit einer starken Marke. Sie steht für Investitionssicherheit und Marktpräsenz, auch noch in mehreren Jahren und ggf. in mehreren Ländern. So hat der Vertriebsmitarbeiter, der in einem Unternehmen mit starker Markenprägung arbeitet, gute Chancen, nicht auf Ablehnung zu stoßen, sondern zumindest angehört zu werden — selbst wenn derzeit kein Geld da ist für das Produkt oder die Dienstleistung, die der Mitarbeiter repräsentiert. Idealerweise erzeugt eine starke Marke eine Sogwirkung: Interessenten fühlen sich von ihr angezogen und gehen sogar aus eigenem Antrieb auf Unternehmen mit einer starken Marke zu. Um diese Wirkung erzielen zu können, muss eine starke Marke ständig gepflegt werden. Marketing- und Kommunikationsmaßnahmen sind daher immer auch stark auf die kontinuierliche Markenprägung ausgerichtet.

Beispiel

Ein schönes Beispiel ist die Begebenheit, die einer Vertriebsmitarbeiterin eines IT-Unternehmens während ihres Anrufs beim Multitechnologiekonzern 3M — einem Konzern, der regelmäßig für seine Innovationsstärke gelobt und prämiert wird — widerfahren ist. Bei dem Versuch, den Ansprechpartner für Innovation im Unternehmen zu erreichen, landete die Kollegin zunächst in der Telefonzentrale. Auf die Frage, wer dort im Hause für Innovation zuständig sei, stutzte die Dame am Empfang kurz und sagte dann ganz überzeugt und auch überzeugend: „Wir sind hier alle für Innovation zuständig!" Besser und treffender kann man sich nicht wünschen, dass Mitarbeiter als Markenbotschafter agieren. Man kann sicherlich auch davon ausgehen, dass dies so nicht zufällig geschah, sondern der Erfolg einer nachhaltigen Markenstrategie ist. Für die Dame, die die Telefonakquise durchführen sollte, war allerdings nicht sehr viel erreicht, wenn sie ihr Innovationsanliegen gleich bei der Telefonzentrale liegenlassen musste. Hier half ihr dann ihr eigenes Markenbewußtsein, das sie an die Frau brachte.

Mitarbeiter sind die besten Markenbotschafter, wenn sie von der Marke überzeugt sind. Das bedeutet, dass sie die Marke verstehen und mit Begeisterung weiter tragen können.

Ein weiteres Beispiel soll das illustrieren: Als das Rebranding der Software AG anstand, war klar, dass man ohne eine sehr frühe Einbindung der Mitarbeiter in den Entwicklungsprozess für die neue Marke keinen guten Neuauftritt würde hinlegen können. Deshalb wurde in verschiedenen Präsentationsangeboten den Mitarbeitern immer wieder erläutert, welches Ziel man mit dem Rebranding verfolgt und welche Faktoren dafür notwendig sind. Mitarbeiter wurden unter anderem danach befragt, wie sie die aktuelle Marke bewerten und wie sie sie beschreiben würden. Im nächsten Schritt fragte man ihre Visionen hinsichtlich der künftigen Marke ab — bis hin zur Positionierung und zum Erscheinungsbild.

All diese Feedbacks flossen in den Entwicklungsprozess mit ein. Wenige Wochen vor der offiziellen weltweiten Wiedereinführung wurde den Mitarbeitern die neue Positionierung, die Corporate Identity (CI) und somit auch das Erscheinungsbild und der visuelle Auftritt der neuen Marke erläutert. Durch die frühe Einbindung und Mitarbeit resultierte das finale Rebranding aus einem gemeinsam entwickelten Prozess und viele Kollegen erzählten begeistert am selben Tag noch und lange darüber hinaus, warum das Rebranding notwendig war, welches Ziel man damit verfolgte und warum die Software AG sich jetzt genau so präsentierte, wie sie es ab diesem Zeitpunkt tat. Bessere Markenbotschafter kann man nicht finden und schon gar nicht mit Budgets bezahlen. Sie werden bei einem unvermittelten Erstkontakt ohne große Mühe Zugang zu den gewünschten Personen finden.

Messbarkeit/Grafiken

Folgende Grafik illustriert die verschiedenen Aspekte, die bei der Markenstärkung eine Rolle spielen.

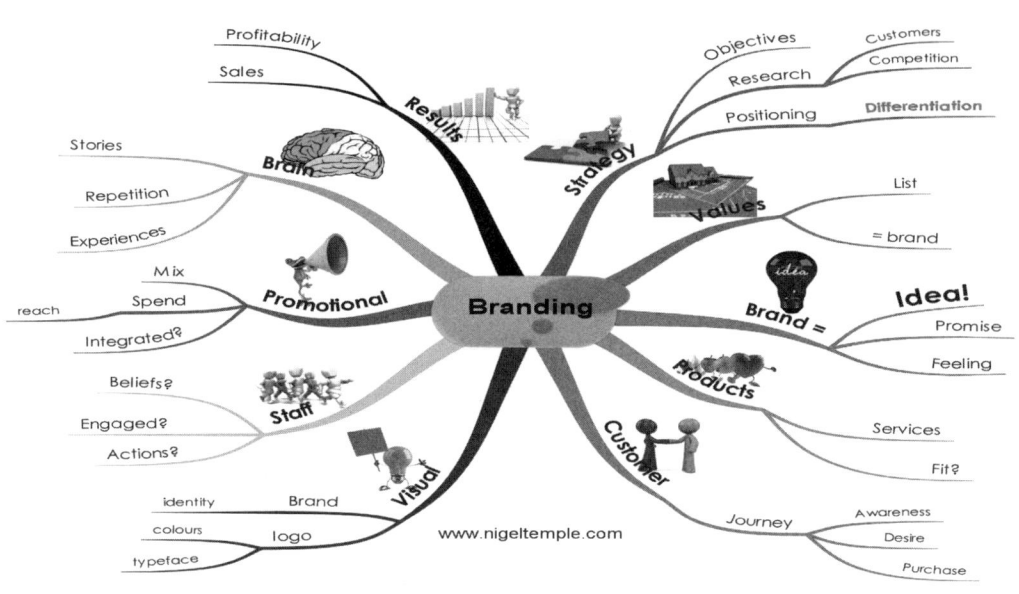

Abb. 2: Aspekte, die bei der Markenstärkung eine Rolle spielen[3]

3.5.2 Erstinteresse mittelbar durch Kampagnen erzeugen und durch Leadmanagement weiterentwickeln

Erstinteressenten mittels Kampagnen gewinnen

Sobald das Marketing eine Strategie vorgedacht hat, sollten die Eindrücke aus dem konkreten Vertriebsumfeld reflektiert und mit der Strategie abgeglichen werden. Das bedingt, dass beide Bereiche als ein Team arbeiten. Wird diese Abstimmung gelebt, dann können sich beide Bereiche gegenseitig wertvolle Einblicke in das Kundenumfeld zur Verfügung stellen. Es empfiehlt sich sehr, den Vertrieb bereits in der Planungsphase in die Marketingstrategie einzubeziehen, und zwar sowohl auf der strategischen als auch auf der taktischen Ebene. Nach dieser Zusammenarbeit werden auf der taktischen Ebene Kampagnen verabschiedet, die der Vertrieb nicht nur toleriert, sondern auch überzeugend im Markt vertritt. Der Vorteil davon, dass Marketing und Vertrieb so durch eine gemeinschaftlich entwickelte Kampagne zum potenziellen Kunden in einer Sprache kommunizieren, liegt auf der Hand: Die gleiche

---

[3] Quelle: http://www.nigeltemple.com/2013/04/27/brand-strategy/, abgerufen am 01.06.2014; Autor: Nigel Temple.

Botschaft, mehrfach erzählt, manifestiert sich schneller und leichter, wird weitererzählt und ist glaubwürdiger. Eine Kampagne zählen wir zur mittelbaren Interessentengewinnung, da das Interesse für die Produkte und Dienstleistungen bei den potenziellen Kunden zunächst nicht in einem persönlichen Kontakt geweckt wird.

Die Neukundengewinnung ist sieben Mal aufwändiger als bei einem Bestandskunden neue Themen zu adressieren. Gerade deshalb muss sich Marketing sehr genau und lieber einmal mehr überlegen, wie die Strategie zur Neuakquise aussieht. Basierend auf Marktforschungsdaten und internen Markt- und Kundenstudien wird die Segmentierung möglicher Kunden vorgenommen. Durch die inhaltliche Positionierung der Kampagne wird die Kundenansprache über verschiedene Kanäle hinweg definiert. Jetzt empfiehlt es sich, den Vertrieb über die Aktion, den Inhalt, die Laufzeit etc. der Kampagne zu informieren.

Durch den Einsatz neuer digitaler Marketingmethoden und entsprechender Softwaretools lässt sich heute messen, welchen Einfluss welche Information beim Kunden erzeugt — oder eben nicht. Wenn man also den Kunden über einen gewissen Zeitraum hinweg mit weitergehenden Informationen versorgt, dann lässt sich einiges an Erkenntnissen sammeln, die dabei helfen, den Kunden und sein konkretes Interesse besser zu verstehen. Und diese Informationen kann Marketing dem Vertriebsmitarbeiter als Kundenhistorie an die Hand geben. Daraus kann der Vertriebler lesen, welche Informationen beispielsweise im Web angesehen wurden oder an welchen Veranstaltungen der Kunde teilnahm bzw. an welchen Themenschwerpunkten der Kunde interessiert war. Dazu gehört auch, welche Art von Direktmarketingaktionen vom Kunden entgegengenommen wurden. Solche Erkenntnisse wie diese können Verkaufszyklen massiv beschleunigen.

Beziehung zu Erstinteressenten weiterentwickeln: Leadmanagement

In vielen Unternehmen gibt es eine tayloristische Arbeitsteilung zwischen den einzelnen Unternehmensfunktionen, in diesem Kapitel ist insbesondere die Schnittstelle zwischen Marketing und Vertrieb interessant.

Der positive Aspekt einer solchen Aufgabenteilung besteht darin, dass alle Beteiligten sich dahingehend einig sind, welches „Produkt" gefertigt werden soll, d. h., man ist sich einig, was erreicht werden soll und jeder Bereich hat sein klar abgestecktes Territorium. Es ist Bestandteil der Marketingaufgaben, Geschäftschancen zu generieren. Damit hat es das Stadium der „Coffee-and-Donuts-Funktion" hinter sich gelassen und bietet dem Vertrieb bzw. dem Unternehmen mehr als nur eine Eventplattform, auf der sich der Vertrieb präsentiert.

Ein kritischer Erfolgsfaktor bei der Erstinteressentengewinnung ist sicherlich die Frage, ab wann eine Geschäftschance (Lead) in die Verantwortung des Vertriebs gegeben werden sollte. Was ist der ideale Zeitpunkt dafür? In diesem Zusammenhang sei auf eine aktuelle Studie von MarketingSherpa verwiesen, die feststellt: „61 % of B2B Marketers send all leads directly to sales; however only 27 % of those leads will be qualified (Source: MarketingSherpa)" und „[...] 79 % of Marketing Leads never convert into sales. Lack of lead nurturing is the common cause of this poor performance (Source: MarketingSherpa)". Was bedeutet das für das Zusammenspiel der Funktionen bzw. für die Optimierung einer Geschäftsanbahnung?

Die erste relativ simple Erkenntnis ist, dass 73 Prozent aller unqualifizierten Leads, die direkt an den Vertrieb gehen, sich nicht zu einem Geschäft entwickeln. Das bedeutet, dass 73 von 100 Euro investiertem Marketinggeld verloren sind. Die Einschätzung von Henry Ford war sogar noch optimistischer, als er behauptete „50 % meines Werbebudgets ist hinausgeworfenes Geld. Niemand kann mir allerdings sagen, welche 50 % das sind". Daher besteht die zielführendste Vorgehensweise darin, dass von der Marketingfunktion bereits eine Qualifizierung der Geschäftschancen vorgenommen wird, und zwar anhand von klar definierten Entscheidungskriterien.

Bei IBM werden die sogenannten BANT-Kriterien (Budget-Authority-Need-Timeline) verwendet. So werden anhand der vier folgenden Kriterien Geschäftschancen auf ihre Erfolgswahrscheinlichkeit hin abgeprüft. Erst wenn diese vier Fragen beantwortet sind, werden die Geschäftschancen an den Vertrieb weitergegeben. Um die größtmögliche Verpflichtung vom Vertrieb zu erzielen — damit die aufwändigen Nurturing-Aktivitäten nicht umsonst waren — schließt dieser zum Beispiel eine schriftlich fixierte Vereinbarung (DOU — Document of Understanding), mit der er sich bereit erklärt, entlang klar definierter Kriterien diese Geschäftschancen weiter zu bearbeiten.

- Was ist das verfügbare/geplante Budget? (Budget)
- Wer ist der Entscheider? (Authority)
- Welche Kundenherausforderung soll gelöst werden? (Need)
- Wann soll der Kauf stattfinden? (Timeline)

Beispiel

Die zeitliche Dimension bei der Bearbeitung von Geschäftschancen spielt eine wesentliche Rolle: Wer nicht zügig die Anfragen von Erstinteressenten abarbeitet, verliert Umsatzpotenzial. Folgendes Beispiel illustriert, wie ein werthaltiger Umgang mit Kontakten von Erstinteressenten aussehen kann:

- Innerhalb von zwei Tagen werden alle Geschäftschancen durch den Vertrieb nachqualifiziert. Das bedeutet, jede einzelne Geschäftschance wird vom Vertriebler nochmals auf die oben genannten BANT-Kriterien geprüft bzw. auch schon genauer spezifiziert. So entstehen gute Möglichkeiten, einen angenehmen persönlichen Kontakt mit einem Erstinteressenten zu bekommen. Der Erstinteressent hat ja im Rahmen der Kampagne selbst die Informationen zu seiner Person zur Verfügung gestellt und lehnt den Kontakt daher sehr wahrscheinlich nicht ab.
- Innerhalb von einer Woche wird die weitere Vorgehensweise definiert und ein Kundentermin vereinbart. Perspektivisch ist es darüber hinaus auch wichtig, dass Geschäftschancen, die nicht kurzfristig zu einem Abschluss führen werden, wieder in die Marketingverantwortung zurückgegeben werden, damit dort erneut das Nurturing erfolgt. Nurturing ist ein wesentlicher Faktor für den nachhaltigen Einfluss durch Marketing auf den Vertriebserfolg. Dass eine Unternehmung „with mature lead generation and management practices [...] a 9.3 % higher sales quoata achievement rate (Source: CSO Insights)" hat, ist eine Statistik, die unseren Eindruck aus dem „richtigen Leben" untermauert.

Ein weiteres Beispiel dafür, wie durch Marketingaktivitäten Erstinteressenten mittelbar als Kunden gewonnen werden können, sind Referenzen. Kaufentscheidungen werden immer unter Unsicherheit getroffen. Niemand weiß zum Zeitpunkt der Unterschrift genau, ob das Produkt oder die Dienstleistung alle Anforderungen exakt erfüllt: Wird das Problem wirklich gelöst? Stellt sich der Return on Investment (ROI) tatsächlich innerhalb der geplanten Zeit ein? Ist die Lösung nachhaltig?

Referenzen helfen, diese Unsicherheitsgefühle zu verringern, wenn nicht sogar, sie vollständig zu beseitigen. Sie bauen Vertrauen auf, da Referenzen wahre Geschichten erzählen, in denen sich der Kunde wiederfindet — vorausgesetzt, es wurden für den Kunden relevante Referenzen gefunden. Der industrielle und regionale Bezug spielt eine wesentliche Rolle, auch muss man darauf achten, dass die Unternehmensstorys hinsichtlich Größe und Struktur richtig ausgewählt wurden. Ist das gegeben, kann man anhand von Referenzen anschaulich Szenarien für Kunden entwickeln, in denen gezeigt wird, welchen Nutzen sie aus einer Zusammenarbeit mit einem Unternehmen gewinnen können. Besondere Qualität gewinnt eine Referenz, wenn die Beteiligten direkt miteinander über das Produkt oder die Dienstleistung in Kontakt kommen können. Meinungsbildung durch überzeugte Referenzkunden ist Gold wert.

Voraussetzung für das Funktionieren dieser Marketingmittel ist die reibungsfreie Zusammenarbeit zwischen Vertrieb und Marketing. Der Vertriebler muss erkennen, dass er — wenn ein Abschluss zustande gekommen ist — diese neue Vertragssituation nicht unbeobachtet lässt. Vielmehr ist ein regelmäßiger Austausch mit Mitarbeitern des Marketings wünschenswert, damit dort alles getan werden kann, um mit unterstützenden Maßnahmen aus dem erfolgreichen Vertriebsfall eine gelungene Referenzstory zu machen. Marketing und Vertrieb profitieren davon, wenn sich beide Bereiche Ziele setzen. Ein Ziel könnte heißen: Im Unternehmen verpflichten sich Marketing und Vertrieb, zu jeder Branche, die durch das Unternehmen bedient wird, eine Referenz zu erzeugen. Alternativ könnte man auch festlegen, wie viele Referenzen, unabhängig von weiteren inhaltlichen Spezifikationen, insgesamt innerhalb eines bestimmten Zeitraums erstellt werden sollen.

Messbarkeit/Grafiken

Die folgende Grafik unterstreicht die Bedeutung, die Kundenempfehlungen auf den Kaufprozess haben.

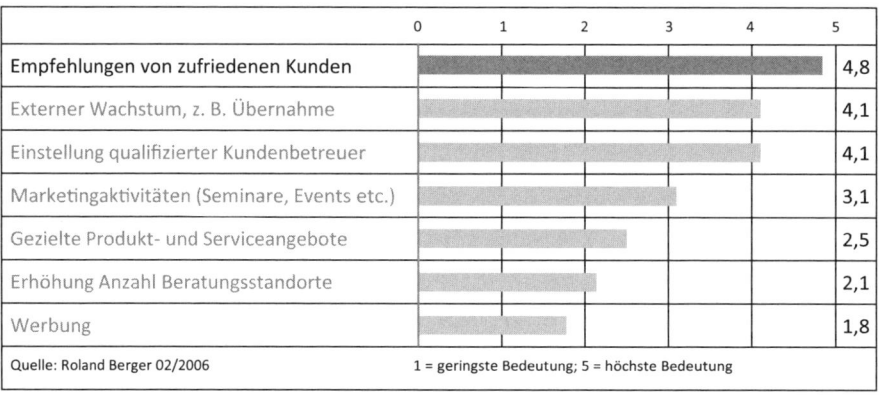

	0	1	2	3	4	5	
Empfehlungen von zufriedenen Kunden							4,8
Externer Wachstum, z. B. Übernahme							4,1
Einstellung qualifizierter Kundenbetreuer							4,1
Marketingaktivitäten (Seminare, Events etc.)							3,1
Gezielte Produkt- und Serviceangebote							2,5
Erhöhung Anzahl Beratungsstandorte							2,1
Werbung							1,8
Quelle: Roland Berger 02/2006		1 = geringste Bedeutung; 5 = höchste Bedeutung					

Abb. 3: Ranking-Faktoren-Übersicht 2013

Die beiden nachfolgenden Grafiken zeigen, wie eine Kampagne strukturiert und vergleichbar dargestellt werden kann. Sie dient auch als Diskussionsgrundlage mit dem Vertrieb für die gemeinsame Verabschiedung einer Kampagne.

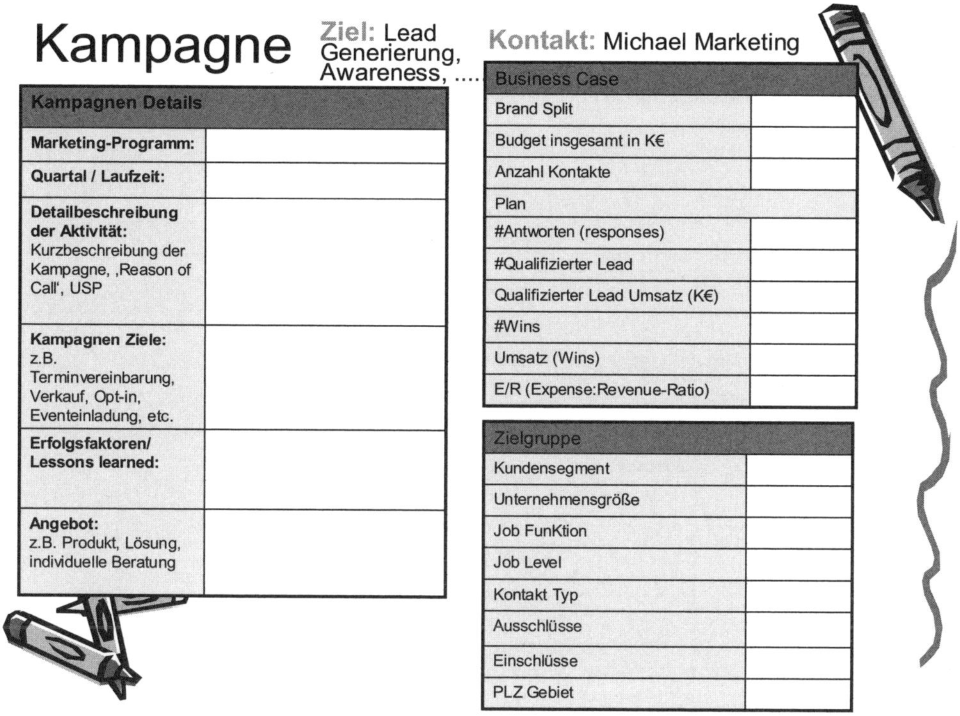

Kampagne

Ziel: Lead Generierung, Awareness, ...   **Kontakt:** Michael Marketing

Kampagnen Details	
Marketing-Programm:	
Quartal / Laufzeit:	
Detailbeschreibung der Aktivität: Kurzbeschreibung der Kampagne, ‚Reason of Call', USP	
Kampagnen Ziele: z.B. Terminvereinbarung, Verkauf, Opt-in, Eventeinladung, etc.	
Erfolgsfaktoren/ Lessons learned:	
Angebot: z.B. Produkt, Lösung, individuelle Beratung	

Business Case	
Brand Split	
Budget insgesamt in K€	
Anzahl Kontakte	
Plan	
#Antworten (responses)	
#Qualifizierter Lead	
Qualifizierter Lead Umsatz (K€)	
#Wins	
Umsatz (Wins)	
E/R (Expense:Revenue-Ratio)	

Zielgruppe	
Kundensegment	
Unternehmensgröße	
Job FunKtion	
Job Level	
Kontakt Typ	
Ausschlüsse	
Einschlüsse	
PLZ Gebiet	

Abb. 4: Strukturierung einer Kampagne

Beispiel: Business Case

Business Case	
Brand Split	Kassensysteme & Wartung
Budget insgesamt in K€	10K€
Anzahl Kontakte	400
Plan	
#Antworten (responses)	100
#Qualifizierter Lead	25
Qualifizierter Lead Umsatz (K€)	1.000K€
#Wins	5
Umsatz (Wins)	200K€
E/R (Expense:Revenue-Ratio)	5%

Zielgruppe	
Kundensegment	Banken
Unternehmensgröße	<500 Mitarbeiter
Job FunKtion	Marketing
Job Level	CMO
Kontakt Typ	E-Mail
Ausschlüsse	Kunden in aktiven Verhandlungen
Einschlüsse	Abonnenten des Banken-Newsletters
PLZ Gebiet	5xxx, 7xxx – 9xxxx

Abb. 5: Vergleichbare Darstellung einer Kampagne

Die Darstellung „Lead-Generierungs-Trichter" verdeutlicht die Notwendigkeit zur intensiven Abstimmung zwischen Vertrieb und Marketing entlang des Verkaufszyklus.

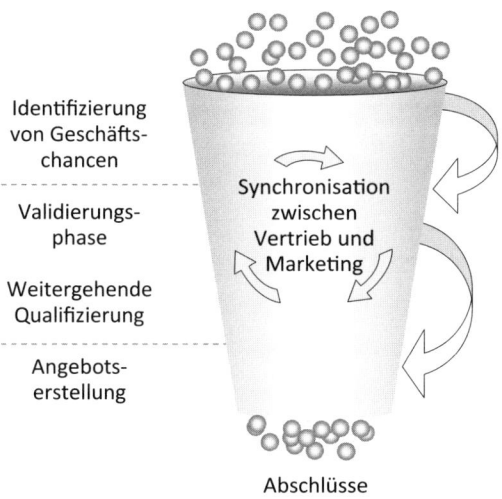

Identifizierung
von Geschäfts-
chancen

Validierungs-
phase

Weitergehende
Qualifizierung

Angebots-
erstellung

Synchronisation
zwischen
Vertrieb und
Marketing

Abschlüsse

Abb. 6: Lead-Generierungs-Trichter

3.6 Ein Wort zum Schluss

In diesem Kapitel liegt das besondere Augenmerk darauf, wie Marketing einen Mehrwert für den Vertrieb und seine Aktivitäten bietet. Grundsätzlich gilt aus unserer Sicht: Marketing muss sich selbst vermarkten und das kontinuierlich und nachhaltig: „Sag was Du planst — mache es und rede darüber — beschreibe den Erfolg und kommuniziere diesen. Mehrfach — und nicht nur in den Vertrieb."

Die Quintessenz aus der Erfahrung der Autoren ist jedoch, dass dort, wo eine intensive Zusammenarbeit zwischen Vertrieb und Marketing bereits auf intuitive Weise gut funktioniert, großartige Synergien entstehen können. Marketers führen in diesen Unternehmen kompetente Recherchearbeit durch, entwickeln zukunftsorientierte Strategien und punkten mit professionell organisierten Events und vielen anderen Maßnahmen. Der aufgeschlossene Vertrieb schöpft dieses Potenzial voll aus.

Vertriebler wiederum spiegeln in einer solchen, aus unserer Sicht optimalen Zusammenarbeit an das Marketing zurück, welche Maßnahmen wie beim Kunden ankamen, aber auch, wie nutzbar sie für den Vertrieb im Hinblick auf die Generierung von Geschäftschancen waren. Im Idealfall nimmt der Vertriebler den Marketer mit zu Einzelkundengesprächen, um den Eindruck, man konzentriere sich ausschließlich auf reine Umsatzgenerierung, zu mildern. Der Marketer dient hier als entspannter Teampartner für informelle Kundentermine.

Ist denn dieser Mehrwert nun wirklich konkret meßbar? „Es kommt darauf an", würde ein Jurist vermutlich sagen. „[...] Nicht alles was wir messen können, zählt — nicht alles was zählt, können wir messen [...]", sagte schon Albert Einstein. Wir glauben, dass Messen und Wiegen von Marketingaktivitäten eine Selbstverständlichkeit werden muss. Ohne auswertbares Datenmaterial fehlt in der heutigen, sich schnell verändernden Welt jegliche Entscheidungsgrundlage. Welche Schlüsse man allerdings aus diesen Daten insbesondere hinsichtlich des Mehrwerts von Marketing zieht, bleibt letztlich immer eine subjektive Einschätzung.

Messbarkeit/Grafiken

Wie kann man die Marketing-Performance messen? Die folgende Tabelle zeigt beispielhaft, was sich wie in der Praxis als gut messbar bewährt hat:

Key Performance Indicators (KPI)

Kernmesszahlen	„Währung"
Anzahl generierter Kontakte (Leads)	#
Wert generierter Kontakte	€
Marketingkosten pro Kontakt	€
„Schlagzahl" (Anzahl der Kontakte pro Kunde kategorisiert nach Art des Kundenkontaktes (z.B. Klick auf Web-Seite, Telefon, e-Mail, Brief, Besuch, ..)	#
Umwandlungsrate (Conversion-Rate) – Kontakte in realisierten Umsatz	%
Deckungsbeitrag nach Produktgruppen / -linien	€
Kundenzufriedenheit (anhand eines individuellen Kriterienkatalogs)	1-5
Reklamationsquote	% oder €
Stornoquote	% oder €
Individuelle Kennzahl die den wichtigsten aktuellen Engpaß ermittel	zu definieren

Abb. 7: Marketing-Performance messen

4 Marketing und Marke

Durch Marketing den Unternehmenswert steigern

Thomas Siegner

In einem Buch über Marketing darf ein Kapitel über die Marke nicht fehlen. Ein Thema, dessen Relevanz nicht nur unter Marketingleuten unbestritten ist. Aber damit auch ein Thema, zu dem schon alles gesagt ist — oder? In den einzelnen Beiträgen zu diesem Buch schimmert das Thema Marke einmal mehr, einmal weniger durch. Aber es ist erkennbar nicht das Thema, mit dem sich die Autoren dieses Bands zuerst oder überwiegend beschäftigen. Ein deutlicher Hinweis auf die Markenambivalenz in der IT.

4.1 Die Markenambivalenz der deutschen IT-Branche

Marke — das ist in der IT eine ambivalente Angelegenheit. Zumal in Deutschland. Auf den ersten Blick scheint die Sache eindeutig: Unter den zehn wertvollsten Marken der Welt sind sechs Marken aus der IT-Branche. Die ewig wertvollste Marke Coca-Cola wird im Markenranking von Interbrand durch Apple und Google deutlich deklassiert, während IBM dicht zu Coca-Cola aufgerückt ist. Die Marke Apple ist bei Interbrand mittlerweile mehr als doppelt so viel wert wie die Marke Coca-Cola. In dem aktuellen Ranking des Interbrand-Konkurrenten Millward Brown wird Coca-Cola nun auch von IBM und Microsoft überholt und auf Platz sechs verwiesen. In allen Markenrankings ist das Tempo, mit dem IT-Marken wie Apple, Google, aber auch Samsung an Wert gewonnen haben und in die Spitze marschiert sind, atemberaubend.

BRANDZ™ Top 100 Most Valuable Global Brands 2013

	Category	Brand	Brand value 2013 $M	Brand contribution	Brand value % change 2013 vs 2012	Rank change
1	Technology		185,071	4	1%	0
2	Technology	Google	113,669	3	5%	1
3	Technology	IBM	112,536	3	-3%	-1
4	Fast Food		90,256	4	-5%	0
5	Soft Drinks	Coca-Cola	78,415	5	6%	1
6	Telecoms	at&t	75,507	3	10%	2
7	Technology	Microsoft	69,814	3	-9%	-2
8	Tobacco	Marlboro	69,383	3	-6%	-1
9	Credit Card	VISA	56,060	4	46%	6
10	Telecoms		55,368	3	18%	0
11	Conglomerate		55,357	2	21%	0
12	Telecoms	verizon	53,004	3	8%	-3

Abb. 1: Markenranking 2013[1]

Dieses Markenranking scheint den Schluss nahezulegen, die IT-Branche sei eine besonders markenaffine Branche. Unbestreitbar ist, dass IT-Marken sehr viel wert sind. Unbestreitbar ist aber ebenso, dass im Alltag des deutschen IT-Marketings das Thema Marke so gut wie nichts wert ist. Die deutsche Wirtschaftskultur ist dominiert von einer Ingenieurskultur. Die IT-Branche ihrerseits ist in ihrem Charakter eine Expertenbranche. Da kommt dann beides zusammen. Nicht grundlos wird der größte deutsche Technologiekonzern, Siemens, häufig als Beispiel dafür zitiert, wie man Sachen sehr gut entwickelt, aber sehr schlecht vermarktet. Und nicht grundlos hat das größte deutsche Softwareunternehmen, die SAP, ihr Corporate Marketing in die USA verlegt.

---

[1]   Quelle: http://www.interbrand.com.

BRANDZ™ Top 100 Most Valuable Global Brands 2014

	Brand	Category	Brand value 2014 $M	Brand contribution	Brand value % change 2014 vs 2013	Rank change
1	Google	Technology	158,843	3	40%	1
2	(Apple)	Technology	147,880	4	-20%	-1
3	IBM	Technology	107,541	4	-4%	0
4	Microsoft	Technology	90,185	4	29%	3
5	(McDonald's)	Fast Food	85,706	4	-5%	-1
6	Coca-Cola	Soft Drinks	80,683	4	3%	-1
7	VISA	Credit Card	79,197	4	41%	2
8	at&t	Telecoms	77,883	3	3%	-2
9	Marlboro	Tobacco	67,341	3	-3%	-1
10	amazon.com	Retail	64,255	3	41%	4
11	verizon	Telecoms	63,460	3	20%	1
12	GE	Conglomerate	56,685	2	2%	-1

Abb. 2: Markenranking 2014[2]

Technische Experten stehen den kommunikationsorientierten Betrachtungen von Markenführung und Berechnungen von Markenwert besonders skeptisch gegenüber. Allein die große Differenz bei den Ergebnissen der Markenwertberechnung zwischen Interbrand und Millward Brown stimmt jeden, der nur glaubt, was er auch berechnen kann, sehr kritisch. Wie kann ein und dieselbe Marke Apple im Jahr 2013 von Interbrand mit einem Wert von 98 Milliarden und von Millward Brown mit 185 Milliarden Dollar „berechnet" werden? Ähnliche Differenzen findet man bei der Bewertung der anderen IT-Marken. Da kann doch mit dem Algorithmus irgendwas nicht stimmen.

Tatsächlich sind die großen Differenzen bei der „Berechnung" von Markenwerten ein klarer Hinweis darauf, dass bei Markenbewertung nicht einfach nur gerechnet wird. Weiche Faktoren, die im wahrsten Sinne des Wortes unberechenbar sind, spielen eine große Rolle. Auch was man nicht berechnen kann, kann man bewerten.

---

[2] Quelle: http://www.millwardbrown.com.

Mit ganz wenigen Ausnahmen — die „super" Ausnahme ist natürlich Apple — arbeiten die Marketingleute in der deutschen IT nicht wirklich in einem Umfeld, das als markenaffin bezeichnet werden kann. Oder anders formuliert: Wer nach einem Marketingstudium die Markenführung als Sujet persönlicher Leidenschaft entdeckt hat, wird nicht unbedingt die IT-Branche als das Umfeld entdecken, in dem sich diese Leidenschaft am besten entfalten kann. Diese Aussage gilt verstärkt für das B2B-Marketing in der IT.

4.2 Plädoyer für ein markenzentriertes Marketing

„Markenzentriertes Marketing"? Das scheint ein Pleonasmus zu sein. Was sonst, wenn nicht die Marke, soll denn im Zentrum von Marketing stehen? Der Vertrieb zum Beispiel! Im wirklichen Leben eines Marketing Managers ist oft der Vertrieb, wenn nicht das Zentrum, so doch aber die Kraft, von der man getrieben wird. Der Vertrieb bestimmt in starkem Maße das Handeln im Marketing. Das hängt nicht zuletzt damit zusammen, dass die Hauptfunktion der Niederlassung oder Landesorganisation eines globalen Konzerns „Sales and Service" ist. „Branding? Das macht Corporate", ist ein oft gehörter berechtigter Hinweis aus den Niederungen des Marketingalltags der deutschen Niederlassung eines amerikanischen Unternehmens. Da die Niederlassungen überwiegend am Vertriebserfolg gemessen werden, wird auch das lokale Marketing in diese Metrik hineingezwängt.

Hinzu kommt, dass in der Alltagssprache Marketing leicht mit Werbung gleichgesetzt wird. „Ist das Marketing oder ist das wirklich so?", ist ein oft gehörter Satz. Tatsächlich geht es hier gar nicht um Marketing — gemeint ist Werbung bzw. der Unterschied zwischen Werbung und Wirklichkeit. Aber auch die Fachsprache kann unscharf sein: Telemarketing oder Direktmarketing haben zwar das Wort „Marketing" im Begriff, in Wirklichkeit aber sind es Vertriebskanäle. Es ist nicht einfach, die Schnittstelle zwischen Marketing und Vertrieb immer sauber zu definieren, denn zum Prozess der Vermarktung gehören Marketing und Vertrieb gleichermaßen. Das ist eine unbestreitbare Seite von Marketing: Es muss ein Mehrwert für den Vertrieb geliefert werden. Aber es ist nur eine Seite von Marketing. Es ist nicht der Kern. Der Kern ist immer die Marke.

Aus der Perspektive erfolgreicher Unternehmensführung betrachtet, ist das markenzentriert Marketing eine von diesen drei gleich wichtigen Säulen:

- Unternehmensstrategie
- Unternehmenskultur
- Unternehmensmarke

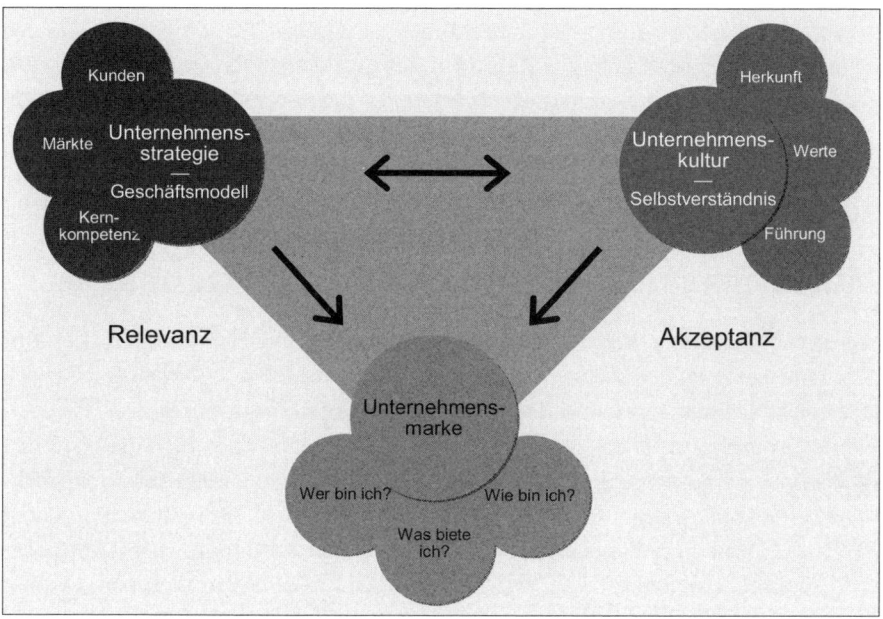

Abb. 3: Die Unternehmensmarke als „dritte Säule" erfolgreicher Unternehmensführung[3]

Die Unternehmensstrategie definiert, was mit welchen Kernkompetenzen und mit welchem Geschäftsmodell in welchen Märkten bei welchen Kunden erreicht werden soll. „Wir wollen in drei Jahren den Umsatz verdoppeln", oder so ähnlich ist eine oft gegebene Antwort auf die Frage nach dem strategischen Ziel. Das Erreichen einer bestimmten Umsatzgröße oder eines bestimmte Marktanteils ist aber keine Strategie, sondern das Resultat einer Strategie. Die richtig verstandene, wohldefinierte, dokumentierte und kommunizierte Unternehmensstrategie gibt der Marke Relevanz.

Unternehmensstrategie und Unternehmensmarke sind nichts wert ohne die dazu passende Unternehmenskultur. Die Unternehmenskultur ist keineswegs, wie oft behauptet, eine rein interne Angelegenheit. In der Unternehmenskultur wird die Unternehmensmarke erlebbar. Dies gilt ganz besonders für reine Dienstleistungsunternehmen.

Erst im Kontext einer klaren Unternehmensstrategie und einer gelebten Unternehmenskultur kann die Unternehmensmarke ihre volle Wirkung entfalten. Dabei ist der balancierte Dreiklang dieser Elemente kein Zustand, der irgendwann einmal erreicht wird, sondern ein permanenter Prozess, bei dem sich jede dieser Säulen der beiden anderen stets vergewissern muss.

---

[3]   Quelle: TRUFFLE BAY Management Consulting.

Aber auch wenn die gegebene Unternehmenssituation weit weg sein mag von diesem Idealbild, auch wenn man in einem Umfeld arbeitet, in dem die Unternehmensstrategie diffus ist und die Unternehmenskultur darbt, sind Marketing Manager gut beraten, für ihren Job eine Markenbrille aufzusetzen. Schon das professionelle Briefing einer Agentur setzt die Beantwortung der Fragen voraus, die sich in jedem Markenkreationsprozess stellen. Es lohnt sich also auf jeden Fall, diesen Prozess genauer zu betrachten.

4.3   Marke machen – Merkbarkeit und Erlebbarkeit

Starke Marken sind einfach. Etwas einfach zu machen ist oft kompliziert. Der Prozess der Markenkreation sucht ein einfaches Ergebnis, ist selber aber kompliziert. Unverzichtbar, oft zitiert und darum gelernt sind die Kriterien „relevant — glaubwürdig — differenzierend". Die eigentliche Kunst in der Realisierung dieser Kriterien ist die Balance. Relevanz und Differenzierung beschreiben einen Zielkonflikt. Extreme Differenzierung geht zulasten der Relevanz und vice versa. Glaubwürdigkeit ist leicht zu fordern, aber schwer zu erreichen, wenn sie relevant und differenzierend sein soll. Glaubwürdigkeit verbietet eigentlich die Verwendung von Superlativen. Trotzdem findet man auf vielen Homepages, Flyern und in Firmenpräsentationen die Positionierung als „Als führender Anbieter von ...".

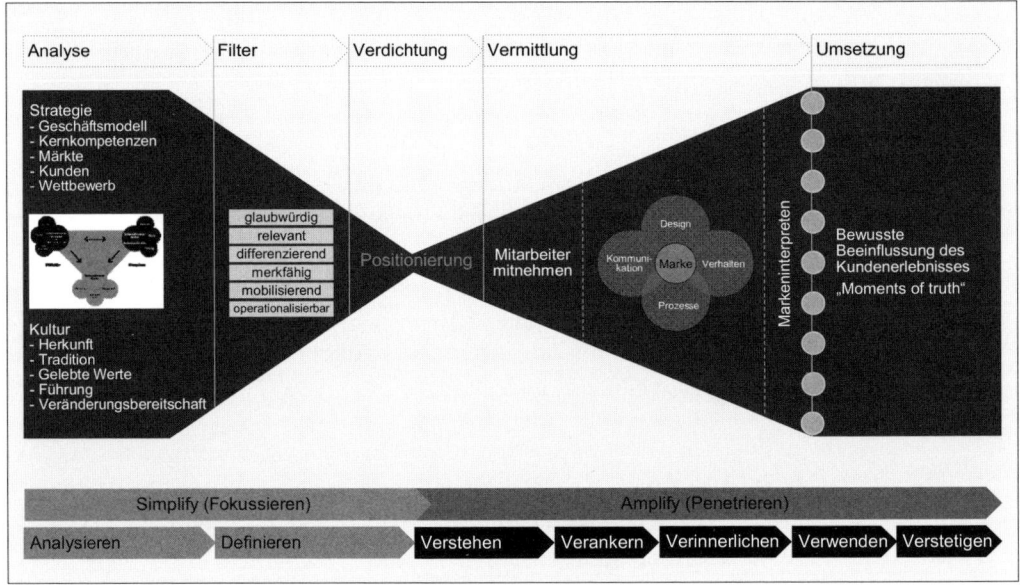

Abb. 4: Der Markenprozess in der Übersicht – von der Positionierungsentwicklung zum Kundenerlebnis[4]

---

4   Quelle: TRUFFLE BAY Management Consulting.

Man ist gut beraten, in den Prozess der Markenkreation Schlüsselpersonen aus unterschiedlichen Unternehmensbereichen einzubeziehen, ohne dabei mit allen den kleinsten gemeinsamen Nenner suchen zu wollen. Die Verdichtung vieler Ansichten und Sichtweisen auf eine Markenpositionierung ist ein Prozess, in dem klare Entscheidungen getroffen werden müssen. Sind die wesentlichen Elemente der Markenpositionierung definiert — Markenkern, Markenwerte, Claim —, so kommt es nun darauf an, sie im Unternehmen zu bewerben. Dies gilt umso mehr, wenn sich aus einer neuen Markenpositionierung Änderungen im Design, in der Kommunikation, in der Nomenklatur und last but not least im Mitarbeiterverhalten ergeben sollen.

Differenzierung wird bei IT-Serviceunternehmen oft in der Kompetenz gesucht. Es funktioniert aber nicht, sich durch Kompetenz vom Wettbewerb unterscheiden zu wollen, denn hätte der Wettbewerber nicht eine vergleichbare Kompetenz, wäre er kein Wettbewerber. Kompetenz ist grundlegend, aber nicht entscheidend. Das Grundlegende vom Entscheidenden abzugrenzen, um Differenzierung zu erreichen, ist keine leichte Übung, aber eine unvermeidbare.

Zu den erwähnten Kriterien Relevanz, Glaubwürdigkeit und Differenzierung kommen auf einer anderen Ebene Merkbarkeit und Erlebbarkeit. Diese sind von besonderer Bedeutung bei IT-Serviceunternehmen, für die das vielzitierte Markenerlebnis in der Interaktion der Mitarbeiter mit dem Kunden besteht. Ob das Unternehmen und seine Mitarbeiter das so sehen oder auch nicht: Der Mitarbeiter beim Kunden ist Markenbotschafter.

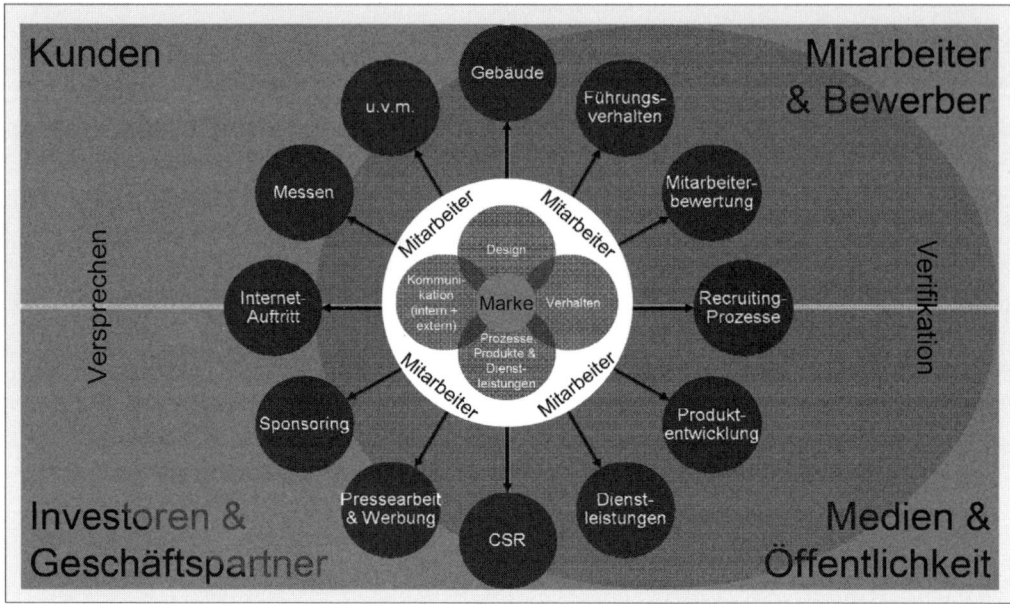

Abb. 5: Über die Markenkontrapunkte lassen sich so das Markenversprechen und die Markenwerte einlösen[5]

„Branding is a promise kept" — diese ebenso kurze wie knackige Definition misst das Markenversprechen unmittelbar an seiner Einlösung. Mit der Definition der Marke ist ja nicht einmal die halbe Wegstrecke zurückgelegt. Je nach Geschäftsfeld und Unternehmenstypus ergeben sich unterschiedliche Markenerlebnispunkte bzw. sind die verschiedenen Markenerlebnispunkte unterschiedlich relevant und unterschiedlich zu gestalten. Aber bewusst gestalten muss man sie auf jeden Fall. Diese Gestaltung der Markenerlebnispunkte darf nicht neben der eigentlichen Unternehmenstätigkeit stehen, sondern sie ist eine spezifische Sicht auf die eigentliche Unternehmenstätigkeit. An dieser Stelle entsteht ein Return on Investment in die Markenführung, der nicht nur in einem hoffentlich gesteigerten Markenwert besteht, sondern auch in dessen materiellen Voraussetzungen wie bessere Produkt- bzw. Servicequalität, größere Kundenloyalität, gesteigerte Attraktivität als Arbeitgeber.

5   Quelle: TRUFFLE BAY Management Consulting.

4.4   **Meaningful Branding**

Aufgrund der gesellschaftlichen Entwicklung gewinnt moderne Markenführung eine weitere Dimensionen, die verbunden ist mit den Schlüsselbegriffen „Moral" und „Sozial". Zunächst zu sozial: Gemeint ist natürlich das Social Web. Das Social Web ist das gesellschaftliche Netz. Die Nutzer bestimmen und die Nutzer generieren den Inhalt in diesem Social Web. Für die Markenführung bedeutet diese Entwicklung eine ganz entscheidende Veränderung. Die Kunden gewinnen einen mächtigen Rückkanal zur Marke. Kunden wollen die Marke nicht nur kaufen und nutzen, sie wollen mit ihr kommunizieren.

Betrachtet man, wie das Social Web die Markenführung verändert, stehen oft die Risiken im Vordergrund. Haben wir doch alle gelernt, dass negative Erfahrungen stets stärker wahrgenommen werden als positive. Und negative Erfahrungen werden stets schneller und lauter kommuniziert als positive. Gleichwohl eröffnen sich andererseits im Social Web ganz neue Möglichkeiten für die Markenführung. In dieser neuen Welt werden gigantische Budgets und gewaltige mediale Kampagnen eher kritisch gesehen. Dadurch eröffnet sich gerade kleinen und mittleren Unternehmen und Marketingabteilungen mit kleinem Budget die Möglichkeit, mitzumischen. Identität und Integrität sind in diesem Spiel viel wichtiger als großes Geld.

Die Begriffe Identität und Integrität bringen die nächste Dimension des Meaningful Brandings ins Spiel: die Moral, besser die Ethik. Dass ausgerechnet Ethik ein Erfolgsfaktor moderner Markenführung sein soll, scheint zunächst zu überraschen. Aber in den Industriegesellschaften sind die Konsumentenansichten und das Konsumentenverhalten dabei, sich deutlich zu verändern. Diese Veränderung resultiert aus mehr als dem bloßen Wunsch nach einem guten Gefühl. Man möchte die Gewissheit, sich sinnvoll zu verhalten. Das ist ein neuer Anspruch an die Marke. Ungetrübte Freude am Fahren setzt nicht nur eine Maximierung des Drehmoments voraus, sondern eben auch die Minimierung der Emission. Apple wurde durch die Arbeitsbedingungen bei seinen Zulieferern viel stärker in Bedrängnis gebracht als durch Fehler im Betriebssystem. Eine nachhaltig starke Marke braucht eine ethische Integrität.

> *„Marken müssen heute mehr bieten als clevere Logos und eine Erlebniswelt. Es geht um gesellschaftliche Relevanz, um Gemeinschaftsgefühle und um Ideale. Kurz – es geht um Bedeutung."*

> *Tim Leberecht in der Süddeutschen Zeitung*

In der jährlich wiederholten Studie „Sustainability Image Score SIS" untersucht die Serviceplan Tochter Facit seit 2011, welche Bedeutung Nachhaltigkeit für den Erfolg und die Werthaltigkeit von Marken hat. Nachhaltigkeit hat in dieser Untersuchung drei Dimensionen:

- „Ökologische Nachhaltigkeit (verantwortungsvoller Umgang mit den Ressourcen, umweltschonende Technologien, umweltschonende Produkte)
- Ökonomische Nachhaltigkeit (Einschätzung, ob ein Unternehmen fair und seriös wirtschaftet oder anfällig für fragwürdige Geschäftspraktiken ist)
- Soziale Nachhaltigkeit (bietet ein Unternehmen gute Arbeitsbedingungen, sichere Arbeitsplätze und übernimmt es gesellschaftliche Verantwortung)"

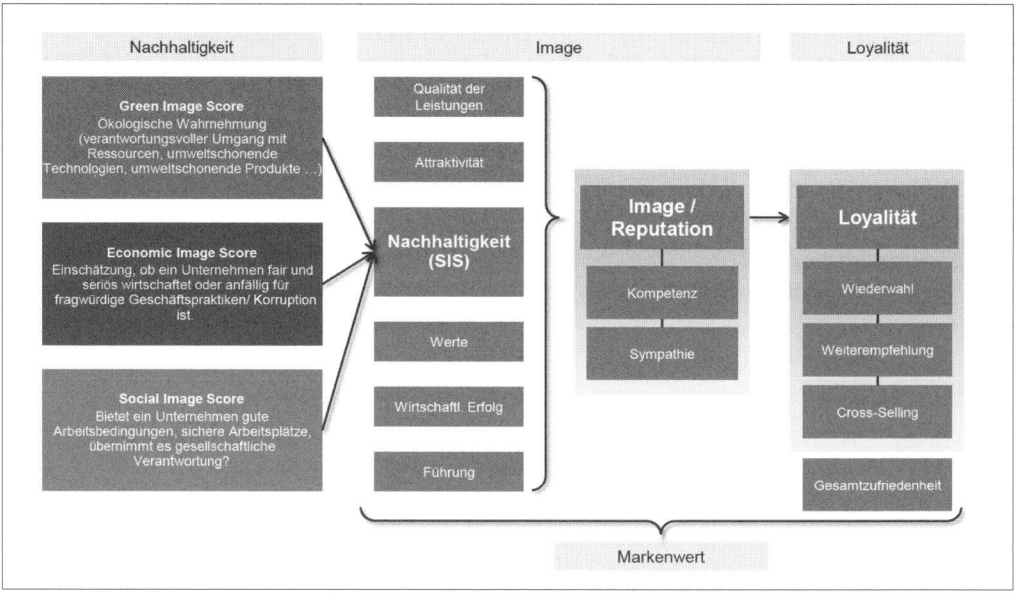

Abb. 6: Facit Modell: Nachhaltigkeit messbar machen[6]

Die Studie beruht auf 16.060 Beurteilungen von 8.030 Befragten. Das Ergebnis ist in seiner Eindeutigkeit durchaus überraschend: Marken, die bewusst auf die drei Dimensionen ökologische, ökonomische und soziale Nachhaltigkeit setzen, legen im Markenwert zu und erreichen eine höhere Loyalität ihrer Kunden als vergleichbare Marken, die diese Aspekte ignorieren.

---

[6]   Quelle: Facit, Mai 2014.

Abb. 7: Nachhaltigkeit macht Marken zukunftsfähig[7]

„Insgesamt lautet die Conclusio unserer Studie: Nachhaltigkeit macht Marken zukunftsfähig. Sie gibt Marken wieder mehr von dem, was ihre eigentliche Funktion ist: Orientierung. Belohnt wird dies durch eine erhöhte Loyalität. Nachhaltigkeit schafft also auch im Marketing einen Mehrwert.(...) Ganz oben auf der Liste dessen, was sich Verbraucher unter Nachhaltigkeit vorstellen, steht der Begriff Zukunftsfähigkeit. Dahinter versteckt sich eine Besorgnis vor den Gefahren, mit denen wir heute konfrontiert sind. Von der Umwelt bis hin zum demographischen Wandel." (Facit, Mai 2014)

Die Ergebnisse dieser Studie sind ein starkes Plädoyer für das Konzept des „Meaningful Brandings"."Der Schlüssel zu einer so verstandenen Markenführung sind nicht große Werbebudgets und breite mediale Kampagnen, sondern die Mobilisierung der Mitarbeiter und Kunden für das, was die jeweilige Marke bzw. das

---

[7]   Quelle: Facit, Mai 2014.

jeweilige Unternehmen bedeutet. Diese Bedeutung zu definieren und erlebbar zu machen, ist der erste Schritt von allen. Zentrale Aufgabe moderner Markenführung ist Sinn zu stiften und Bedeutung zu schaffen. Aus dem Amerikanischen kommt dafür der Begriff „Meaningful Branding". Frei übersetzt: „Sinnstiftendes Branding". Der Begriff Branding verweist so auf seinen Ursprung und indiziert Zugehörigkeit und Identität." (Homepage des Autors)

„Die entscheidende Führungsaufgabe ist heute nicht mehr Geld zu machen, sondern Bedeutung zu schaffen."

John Hagel, Wirtschaftsphilosoph

5 Marketing und Macher

**Von der Marktanalyse bis zum Portfoliomanagement —
was Marketing zur Unternehmensentwicklung beitragen kann**

Dr. Sonja Sulzmaier

Als das Marketing noch in den Anfängen steckte, gab es ein Produkt, das bereits fertig auf dem Tisch lag und durch die 4Ps — Produktpolitik, Promotion (Kommunikationspolitik), Place (Distributionspolitik) und Preispolitik vermarktet wurde. Das Marketing stieg also ganz am Ende des Prozesses ein, um eine bereits fertige Lösung an den Mann bzw. an die Frau zu bringen. Dass die 4 Ps, die aus einer reinen Produktdenke heraus entstanden sind, für das Marketing von Produkten und insbesondere von Dienstleistungen nicht ausreichen, ist bekannt. Dass viele Marketingverantwortliche jedoch nach wie vor erst ganz am Ende des Prozesses ins Geschehen einsteigen und sich nur noch mit einem P, nämlich der Promotion, beschäftigen, ist eine Katastrophe. Damit sitzt das Marketing bei zentralen Zukunftsentscheidungen nicht mit am Tisch.

Die Aufgaben eines strategienahen Marketings kann und soll bereits viel früher. Das Marketing kann und soll bereits vor der Produktentwicklung tätig werden und zentrale Informationen zur Marktentwicklung und marktnahes Know-how bereitstellen. Hierbei sind „Markt- und Wettbewerbsanalysen", „Analyst Relations", „Portfoliomanagement" und „Go-to-Market-Strategien", „Innovationsmanagement" und „Open Innovation" wesentliche Themen auf der Agenda eines strategienahen Marketings.
Die organisatorische Verantwortung für Strategie, Business Development und Innovation muss hierbei nicht notwendigerweise im Marketing verankert sein. Wesentlich ist jedoch, dass das Marketing einen zentralen Beitrag verantwortet und die Schnittstellen zu den „Machern" im alltäglichen Geschäft gelebt werden. Es gibt eine weitere zentrale Gruppe der „Macher" im Unternehmen: die Vertriebsverantwortlichen. Die Zusammenarbeit zwischen Marketing und Vertrieb wird in Kapitel 3 „Marketing und Mehrwert" beschrieben, auf das wir an dieser Stelle verweisen. An der Schnittstelle zum Vertrieb muss das Marketing zeigen, welchen messbaren Mehrwert es liefert.

5.1 Marktanalyse, Analyst Relations, strategisches Issue-Management

Markt- und Wettbewerbsanalysen sind wesentliche Bausteine, die ein strategienahes Marketing in die zukünftige Entwicklung eines Unternehmens einbringen kann. Je nach Zielsetzung können Marktanalysen ganz unterschiedlich erfolgen. Durch Desk Research und eine intelligente Zusammenführung von internen Daten mit externen Marktstudien und Trend Reports können bereits viele Impulse für die Geschäftsentwicklung gegeben werden. Eine intelligente Verknüpfung dieser Daten mit Kundendaten, beispielsweise aus dem CRM-System, kann sehr aufschlussreich sein. Auch die Durchführung eigener Marktbefragungen mit Kunden, Lead Usern, Mitarbeitern, Partnern und Experten liefert wertvolle Informationen für die Strategie eines Unternehmens — und wenn die Befragungen kontinuierlich vorgenommen werden, ist das umso besser. Interessant kann auch die Durchführung einer Marktanalyse gemeinsam mit einem Marktforschungsunternehmen oder mit Analysten sein, um unternehmensspezifische Fragestellungen zu beantworten.

Dabei ist es wichtig, dass die Analysetools auf das Unternehmen maßgeschneidert werden. Es gilt, die richtigen Parameter der Wettbewerbs- und Marktanalyse in Zusammenarbeit mit den Geschäftsverantwortlichen zu definieren. Insbesondere auf technologienahen Märkten ist hier der Blick über den Tellerrand des aktuellen Markts ein zentraler Aspekt. So werden einige der zukünftigen Wettbewerber und auch der zukünftig relevanten Technologien nicht aus dem gewohnten Technologieumfeld kommen und das Analysetool muss in der Lage sein, diese neuen Wettbewerber und Technologien frühzeitig zu identifizieren. Jede neue Technologiewelle hat viele neue Marktakteure hervorgebracht, die teilweise zu Marktführern geworden sind. So sind Salesforce und einige weitere Cloud-CRM-Anbieter mittlerweile die Hauptkonkurrenten von Microsoft, Siebel und den früheren Marktakteuren aus dem Umfeld der Customer-Relationship-Management-Systeme. Und Content-Management-Systeme wie Typo3 und Drupal müssen die richtige Antwort auf WordPress finden, um weiter auf dem Markt bestehen zu können. Hier gilt es für das Marketing, relevante Trends und Technologien frühzeitig auf dem Radar zu haben. Empfehlenswert ist die Einführung eines kontinuierlichen Technologie- und Trendradars, dessen Ergebnis gemeinsam mit kompetenten Fachkollegen und externen Experten bewertet und bei strategischen Entscheidungen systematisch berücksichtigt wird. Trendradare müssen hierbei unbedingt unternehmensspezifisch sein. Reports zu Megatrends, wie sie in den 1990er-Jahren sehr beliebt waren, können im unternehmensspezifischen Innovationsmanagement eines Unternehmens komplett vernachlässigt werden. Das heißt selbstverständlich nicht, dass der Blick über den Tellerrand fehlen darf. Hier kann beispielsweise ein „Strategisches Issue Management" sehr hilfreich sein, das relevante Umfeldentwicklungen für ein

Unternehmen herausfiltert. Ein Issue ist alles, was als Entwicklung im Umfeld eines Unternehmens einen signifikanten Einfluss auf den zukünftigen Erfolg haben kann — positiv wie negativ. Das Strategische Issue Management beschäftigt sich dann mit den strategischen Konsequenzen, die von einem Issue ausgehen.[1]

Darüber hinaus ist der Dialog mit kompetenten Experten außerhalb des Unternehmens essenziell. Hier hat sich im Marketing von Technologieunternehmen in den letzten Jahren eine eigene Disziplin zu einer spezifischen Gruppe von Experten entwickelt: Analyst Relations. Dabei geht es insbesondere um Technologieanalysten, die konkurrierende oder neue Technologien vergleichen und bewerten, Anwender beraten und Marktstudien herausgeben. Diese Marktstudien liefern einen wichtigen Input für die Strategieentwicklung. Darüber hinaus hat die Meinung von IT-Marktanalytikern einen Einfluss darauf, wie Kunden, die Presse, Investoren und potenzielle Partner ein Technologieunternehmen und seine Lösungen wahrnehmen. Damit beeinflussen Analysten wie Gartner, Forrester, IDC, IHS, AMR, Lünendonk, Ovum, PAC (Pierre Audoin Consultants), TechConsult oder Experton die Kaufentscheidungen von existierenden und potenziellen Kunden (siehe Abbildung 1). Der Einfluss von Industrieanalysten auf Kauf- und Partnerentscheidungen wird durch die steigende Komplexität neuer Technologien und die zunehmende Zahl von Lösungen und Dienstleistungen im IT- und Telekommunikationsmarkt noch weiter steigen.

Führende Technologieanalysten	
International	**Deutschsprachiger Raum**
Gartner	Lünendonk
Forrester	TechConsult
IDC	Berlecon
AMR	GfK
Ovum	Crisp Research
ABI Research	
Pierre Audoin Consultants	
Experton	
Juniper Research	
IHS	

Abb. 1: Wichtige Technologieanalysten

---

[1] Quelle: Franz Liebl, Der Schock des Neuen – Entstehung und Management von Issues und Trends, Gerling Akademie Verlag, 2000.

Es lohnt sich also in mehrfacher Hinsicht, Industrieanalysten über Produkte und Leistungen, Strategien und Kunden sowie die Positionierung innerhalb eines spezifischen Markts so gut wie möglich zu informieren. Neben den in Abbildung 1 genannten Industrieanalysten gibt es auch in führenden Medien- (z. B. Computerwoche, Connect) und Beratungshäusern (z. B. PwC, Roland Berger) kompetente Technologieanalysten, die Rankings und Marktstudien herausgeben. Auch sie sollten bei der Suche nach passenden Marktdaten und im Hinblick auf eine gewünschte Integration des eigenen Unternehmens in Marktstudien einbezogen werden.

Im B2B-Umfeld gibt es Unternehmen und Hidden Champions, die überhaupt nicht auf dem Radar der Technologieanalysten sind, weil sie ihnen nicht bekannt sind. Einige der kleinen und mittelgroßen Unternehmen machen ihren Umsatz häufig mit wenigen Kunden und sind bei weiteren potenziellen Kunden überhaupt nicht präsent. Hier können Analyst Relations dazu führen, dass ein Unternehmen erstmalig umfassend auf dem Markt wahrgenommen wird. Das kann einen enormen Entwicklungsschub des Unternehmens nach sich ziehen, weil es beispielsweise zur Teilnahme an Ausschreibungen und zu Angeboten aufgefordert wird.

Vorgehensweise bei der Marktanalyse und bei Analyst Relations:

- Definition der Rolle und der Verantwortlichkeiten des Marketings im Strategieprozess (z. B. Marktanalyse, Trend- und Technologieradar, Analyst Relations),
- Identifikation und Aufbau der Tools zur laufenden Lieferung von Marktdaten,
- Implementierung und laufende Optimierung,
- Identifikation von passenden Technologieanalysten,
- Kontaktaufnahme und Liefern von maßgeschneiderten Informationen zum Unternehmen,
- Erfolgsbewertung der durchgeführten Aktivitäten in der Marktanalyse und in den Analyst Relations.

5.2 Portfoliomanagement

Portfoliomanagement ist eine Aufgabe der jeweiligen Geschäftsverantwortlichen. Aber auch hier ist es sinnvoll, dass das Marketing eine zentrale Rolle spielt und Verantwortung übernimmt. So kann es auf der Corporate-Ebene wesentlich dazu beitragen, dass das Portfolio nach innen und außen transparent, verständlich und hierarchisch sinnvoll strukturiert ist.

In vielen Unternehmen entwickeln sich in den Divisions und Geschäftseinheiten ganz eigene Darstellungen und Bezeichnungen des Portfolios. Das kann unter anderem dazu führen, dass das Portfolio immer mehr einem Bauchladen gleicht und unklar wird, für welche Leistung das Unternehmen insgesamt steht. Irgendwann sprechen die Kollegen des Geschäftsbereichs A nicht mehr die Sprache des Geschäftsbereichs B und nehmen gleichzeitig an, dass auch die für die Kunden erbrachten Leistungen nicht vergleichbar sind.

Hier ist es als Startprojekt empfehlenswert, eine Bestandsaufnahme des derzeitigen Ist-Portfolios durchzuführen. In Technologieunternehmen führt eine solche Bestandsaufnahme erfahrungsgemäß zu einer viel zu großen Anzahl an Produkten und Leistungen. Ist das der Fall, sollten die identifizierten Produkte und Leistungen in einem gemeinsamen Projekt auf einen „offiziellen Leistungskatalog" reduziert werden. Damit die Produkte und Leistungen auch nach außen treffend bezeichnet werden, lohnt es sich, Zeit in ein solches Projekt zu investieren und beispielsweise auch Externe einzubinden. Ist ein solches Projekt nicht möglich, kann bereits eine Überprüfung der Portfoliobezeichnungen in einer der großen Internetsuchmaschinen Wunder wirken. Das lässt sich anhand eines kleinen Beispiels illustrieren: Die Suche nach der intern abgestimmten Bezeichnung „technische Dienstleistungen" führte auf den ersten drei Ergebnisseiten nur zu einfachen Wartungsdienstleistungen und zu Vermittlern von Hausmeistern. Mit diesem Begriff sollten also keine hochwertigen Ingenieurleistungen bezeichnet werden, weil er auch bei Kunden und Geschäftspartnern vermutlich die falsche Leistungsvermutung zur Folge haben wird und die Services durch seine Verwendung unter Wert vermarktet werden.

Die folgenden Kriterien sind bei der Portfoliodefinition und -bezeichnung zu berücksichtigen:

- Strategy Fit,
- Kundennutzen,
- Verständlichkeit,
- Differenzierung,
- zeitliche Stabilität,
- Relevanter Umsatzanteil (gilt nicht für neue Portfolioelemente mit Wachstumspotenzial).

Ein strategienahes Marketing kann den Prozess der Portfolioanalyse verantworten und die laufende Aktualisierung in Abstimmung mit dem Business Development und den Geschäftsverantwortlichen koordinieren. Die Mühe lohnt sich. Denn plötzlich verstehen nicht nur die Kunden und Partner das Portfolio besser, auch die Kollegen sprechen wieder dieselbe Sprache und verstärken damit ein nach außen hin konsistentes Bild der Leistungen. Außerdem weist das Portfolio eine Struktur auf, die in allen Geschäftsbereichen funktioniert und die Leistungen im passenden Abstraktionsgrad darstellt.

Ist die Portfolioanalyse abgestimmt, können im nächsten Schritt auch die ERP-Systeme, die Planung des Umsatzes und die Pipeline nach der definierten Struktur angelegt werden. Auf diese Weise erhält man dann auch Zahlen, die für ein Portfoliomanagement unbedingt erforderlich sind, denn ohne Zahlen ist das Portfoliomanagement ein zahnloser Tiger. Die Geschäftsbereiche werden vergleichbar und die Entwicklung über einen Zeitraum hinweg kann besser bewertet werden. Auf dieser Grundlage können dann weitere Portfolioentscheidungen wie beispielsweise der Ausbau und die Bereinigung des Portfolios auf einer viel fundierteren Basis getroffen werden. Wichtige Impulse für ein zukunftsorientiertes Portfoliomanagement können insbesondere die beschriebenen Aktivitäten des Innovationsmanagements und der Wettbewerbsanalyse sowie Trendanalysen und strategisches Issue-Management geben. Für jedes Portfolioelement können basierend auf der relativen Wettbewerbsstärke und der Marktattraktivität entsprechende Strategien entwickelt werden.

Vorgehensweise beim Portfoliomanagement:

- Aufnahme des Ist-Portfolios über alle Bereiche des Unternehmens hinweg,
- Abstimmung und Konsolidierung des Portfolios in bereichsübergreifenden Workshops,
- Integration der definierten Portfoliostruktur in alle Kommunikationsmittel,
- Integration der Portfoliostruktur in die ERP-Systeme,
- Entwicklung von Portfoliostrategien (Wachstumsstrategien, Investment, Desinvestment etc.).

5.3 Wachstumsstrategien

Wachstumsstrategien können mit verschiedenen Ansätzen entwickelt werden.

Der gängige Ansatz ist die Betrachtung des Portfolios und der Zielmärkte und die Beschreibung der Wachstumsstrategien anhand ihrer Produkt-/Marktkonstellation. Hier können grob vier Typen unterschieden werden (siehe Abbildung 2). Auch für Wachstumsstrategien sind die oben beschriebenen Aktivitäten der Marktanalyse, Zusammenarbeit mit Technologieanalysten und Portfolioanalyse essenziell. Auf ihnen basieren die Strategien für Marktpenetrations-, Marktentwicklungs-, Produktentwicklungs- und Diversifikationsstrategien.

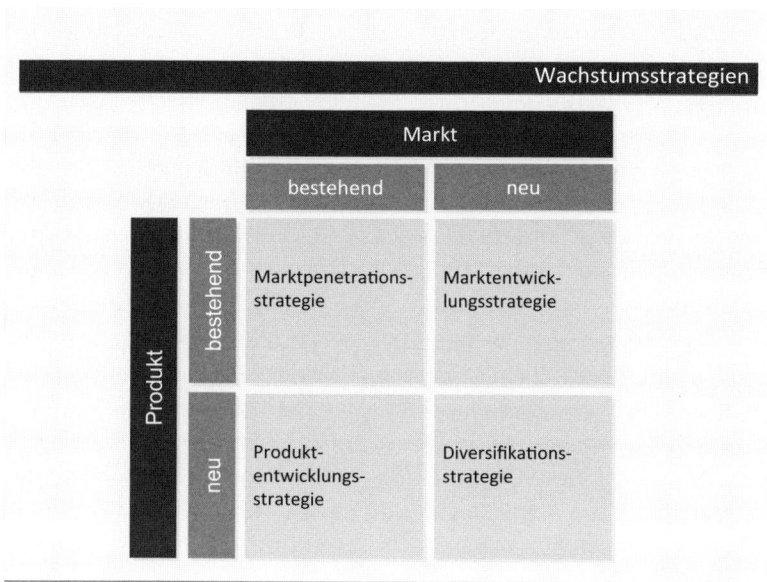

Abb. 2: Strategien für Marktwachstum

Marktpenetrationsstrategien, die ein bestehendes Produkt auf einem bestehenden Markt anbieten, sind ganz offensichtlich eine Aufgabe des Marketings in Zusammenarbeit mit dem Vertrieb. Durch eine Intensivierung der Marketingaktivitäten soll den vorhandenen Produkten auf den gegenwärtigen Märkten zu mehr Umsatz verholfen werden. Das kann durch eine Adressierung von weiteren Unternehmen im gleichen Marktsegment oder auch durch Anreize zum Mehrverbrauch geschehen. Hier können Kundenbefragungen Aufschluss darüber geben, wie Kunden zu einer Mehrnutzung motiviert werden können. Für Marktentwicklungsstrategien werden Marktanalysen benötigt, die Aufschluss darüber geben, ob sich der Markteintritt lohnt und wie er erfolgen kann. Um Produktinnovationen für entsprechende Strategien entwickeln zu können, sind Wettbewerbsbeobachtungen, Marktstudien und Kundenbefragungen wichtige Bausteine. Geht es um einen Eintritt in neue Märkte mit neuen Leistungen (Diversifikation), ist der Bedarf an Marktdaten erfahrungsgemäß am größten.

Diese Vorgehensweise hat sich zwar für Marktwachstumsstrategien etabliert, greift aber oft zu kurz und manchmal auch daneben. Denn auch dieser Ansatz basiert auf der Vorstellung, dass ein Produkt bereits gegeben ist, das dann lediglich weiterentwickelt wird. Bei der Entwicklung neuer Geschäftsmodelle und Wachstumsstrategien für ein Unternehmen kann bei der Generierung möglicher weiterer Wachstumsoptionen der Suchraum durch andere Vorgehensweisen erweitert werden. Der Strategieguru Derek Abell hat bereits in den 80er-Jahren einen Suchraum aufgespannt, der drei Dimensionen enthielt: „Customer Groups" (Wer sind die Kunden?), „Customer Functions" (Was sind die Kundenbedürfnisse?) und „Alternative Technologies" (Wie können die Bedürfnisse bedient werden?).[2] Nach Abell ist das Produkt damit nicht per se gegeben. Es ist lediglich die Manifestation einer angewendeten Technologie, die eine Kundenfunktion einer Kundengruppe bedient. Dieser Ansatz stellt die traditionelle Denkweise auf den Kopf. Es geht nicht mehr um „das zu vermarktende Produkt", sondern um die Frage, wie bestimmte Kundenfunktionen bedient werden können, und darüber hinaus auch um die Frage, welche Kundenfunktionen das Unternehmen bedienen will. Mit einem Ansatz wie diesem starten die Überlegungen bei den aktuellen und potenziellen Kunden, was zu neuen Geschäftsmodellen führt, die auf jeden Fall nicht am Markt vorbeizielen. Ganz nebenbei werden mit dieser Methode auch Wettbewerber identifiziert, die vorher nicht als Wettbewerber wahrgenommen wurden.

Um vernünftige Wachstumsstrategien für ein Unternehmen zu finden, ist eine Kombination mehrerer Vorgehensweisen am sinnvollsten.

Im Rahmen der Wachstumsstrategie kann das Marketing auch bei einer Entscheidung über strategische Kooperationen und Unternehmensübernahmen eine wesentliche Rolle spielen. Markt- und Wettbewerbsanalysen und die Zusammenarbeit mit Technologieanalysten können bei der Identifikation und Analysen potenzieller Kooperationspartner und Kandidaten für einen Unternehmenskauf einen wertvollen Beitrag leisten. Auch Open-Innovation-Programme werden zunehmend von Unternehmen genutzt, um frühzeitig spannende Technologieunternehmen für Kooperationen und Accelerator-Programme, beispielsweise Intel, Cisco, Bayer, Allianz etc., zu finden (siehe auch Kapitel 5.5).

5.4   Go-to-Market-Strategie

Basierend auf den erstellten Markt- und Portfolioanalysen können entsprechende Go-to-Market-Strategien erstellt werden. Sie beschreiben, mit welchen Aktivitäten das Unternehmen die jeweiligen Märkte und Kunden adressieren möchte, um ein neues oder bestehendes Produkt oder eine Leistung auf den Markt zu bringen.

---

[2]   Quelle: Derek Abell, Defining the business: The starting point of strategic planning, Prentice Hall, 1980, S. 170.

Eine Go-to-Market-Strategie liefert Antworten auf die folgenden Fragen:

- Welche Geschäftsmodelle stehen zur Verfügung?
- Wer wird adressiert (Märkte und Zielgruppe)?
- Was ist das zielgruppenspezifische Produkt-/Leistungsportfolio?
- Wie ist die zielgruppenspezifische Value Proposition und Kommunikationsstrategie?
- Über welche Vertriebskanäle wird das Produkt zielgruppenspezifisch vermarktet (Partner, Kanäle, Aktivitäten etc.)?
- Wie sieht das zielgruppenspezifische Pricing aus?
- Wann finden jeweils welche Aktivitäten statt (Timing)?
- Was sind die Kosten- und Gewinnszenarien?
- Wie erfolgreich waren die einzelnen Aktivitäten der Go-to-Market-Strategie?

Damit eine Go-to-Market-Strategie zum Erfolg führt, ist eine enge Zusammenarbeit mit der Unternehmensentwicklung und mit dem Vertrieb unerlässlich. In der gemeinsamen Abstimmung der Go-to-Market-Strategie mit dem Vertrieb können auch gemeinsame Schnittstellen wie beispielsweise Übergabezeitpunkte im Leadmanagement abgestimmt werden.

5.5 Innovationsmanagement inside-out: Entrepreneurship

Neben bestehenden und potenziellen Kunden sind die Mitarbeiter zentrale Ansprechpartner für die Geschäftsentwicklung. Sie wissen, wie die Kunden ticken, da sie oft über Jahre hinweg mit ihm zusammengearbeitet haben. Und sie wissen häufig auch, was der Kunde in Zukunft haben möchte oder brauchen könnte. Leider wird dieses Wissen in vielerlei Hinsicht unterschätzt und nicht ausreichend für den Erfolg des Unternehmens auf dem Markt genutzt. Und wer befürchtet, dass sich nicht genügend Kollegen motivieren lassen, liegt falsch. Wesentlich mehr Kollegen als erwartet werden sich als Entrepreneure („Mitunternehmer") einbringen. Das Marketing kann die entsprechenden Rahmenbedingungen schaffen, dass Kollegen sich beteiligen können und als eine zentrale Quelle für Marktinformationen ernstgenommen werden.

Welche Bedeutung dem Beitrag der Mitarbeiter zur Geschäftsentwicklung beigemessen wird, ist häufig bereits an der gewählten Bezeichnung zu erkennen. Das „betriebliche Vorschlagswesen" mit organisatorischer Zuständigkeit im Personalbereich kann getrost abgeschafft werden. Es wird über kleine Hinweise wie die Verlagerung der Kaffeeecke von A nach B nicht weit hinausgehen. Über die Zukunft des

Unternehmens wird an anderer Stelle verhandelt. Wenn sich doch einmal eine gute Geschäftsidee in den Personalbereich verirrt, bringt das lediglich zum Ausdruck, dass die Mitarbeiter nicht wissen, wer für das Thema Innovation der Ansprechpartner im Unternehmen ist. Auch ein Ideenmanagement, das nach Wikipedia „die Generierung, Sammlung und Auswahl geeigneter Ideen für Verbesserungen und Neuerungen umfasst und das Ziel verfolgt, Leistungsreserven durch die Förderung eines kreativen Arbeitsklimas zu mobilisieren und damit die Wettbewerbsfähigkeit der Organisation zu stärken", greift viel zu kurz. Innovation ist hier keine wesentliche Aufgabe der Mitarbeiter, sondern nur eine zusätzliche Beschäftigung neben der eigentlichen Tätigkeit, wenn noch „Leistungsreserven" übrig sind. Wenn Ideenmanagement ein wesentlicher Baustein der Geschäftsentwicklung ist, dann sollte es auch zu den zentralen Tätigkeiten der Mitarbeiter gehören.

Das Einbringen des Know-hows von Mitarbeitern in den Innovationsprozess kann auf vielen Wegen erfolgen. Das Marketing kann hier ein wichtiger Enabler für die Berücksichtigung dieser Expertise sein. Beispiele hierfür sind neben einem intelligenten Ideenmanagement Workshops, Thinktanks, Mitarbeiterbefragungen, gemeinsame Innovationsräume — physische und digitale. Im physischen Innovationsraum kann kreativ und bereichsübergreifend gesponnen werden. So stellt Google seinen Mitarbeitern 20 Prozent der bezahlten Arbeitszeit als „Entdeckungszeit" zur Verfügung, den die Google-Mitarbeiter gerne im „kreativen Spielraum" verbringen. Digitale Innovationsräume lassen sich mit interaktiven Web-2.0-Funktionalitäten (Chat, Wiki etc.) umsetzen. IBM nutzt beispielweise die Software ThinkPlace, die eine Art Intranet mit Chatroom und Wiki ist. Jeder kann seine Idee ins ThinkPlace-Netz stellen, auf die jeder Mitarbeiter mit Kommentaren, Fragen oder weiteren Ideen antworten kann. Über 100.000 Mitarbeiter nutzen diese Plattform. Das kollaborative Arbeiten an Ideen schafft aktive, stabile und sich entfaltende Netzwerke und fördert die Motivation zur weiteren Ideengenerierung. Ein weiteres Beispiel ist die ESG. Sie hat eine interaktive Wikilösung gewählt, an der sich mehr als die Hälfte der Mitarbeiter als Autoren beteiligen. Über solche Lösungen können Diskussionen unkompliziert angestoßen werden. Mitarbeiter können sehen, wie ihre Beiträge das Gesamtergebnis verändern und Befragungen lassen sich schnell und unkompliziert durchführen.

Vorgehensweise beim Innovationsmanagement inside-out:

- Schaffen von Akzeptanz für Entrepreneurship,
- Erstellen eines Settings für die Integration aller interessierten Mitarbeitern,
- Definition und Umsetzung einfacher Prozesse,

- Incentivierung (z. B. „Innovation Credits", unternehmensinterne Innovationswettbewerbe, variables Gehalt)
- Kommunikation der Zuständigkeiten, Prozesse und Incentivierung.

Wichtig ist hierbei, dass Innovationsprozesse nicht durch viele Filter- und Bewertungsprozesse überadministriert werden. Gleichzeitig sollte sichergestellt werden, dass innovative Lösungen und Ideen nicht im Tagesgeschäft verloren gehen, sondern besprochen, angereichert und mit marktfähigen Konzepten versehen werden (Businessplan, Go-to-Market-Strategie etc.).

5.6 Innovationsmanagement outside-in: Open Innovation

Open Innovation ist ein weiterer Baustein eines strategienahen Marketings. Open Innovation ist eines der „Buzz Words" der letzten Jahre und bezeichnet die Öffnung des Innovationsprozesses von Organisationen und die strategische Nutzung von externem Wissen zur Vergrößerung des Innovationspotenzials. Das Know-how von Experten, Kunden, Kooperationspartnern, Lieferanten, Lead Usern und Communitys soll genutzt werden, um die Qualität und Geschwindigkeit des Innovationsprozesses zu erhöhen. Der Ort, an dem neues Wissen kreiert wird, muss also nicht notwendigerweise mit dem Ort übereinstimmen, an dem Innovationen entstehen. Und Marketing kann Open Innovation in vielerlei Hinsicht nutzen.

Wenn das Unternehmen grundsätzlich bereit ist, den Innovationsprozess für externe Partner zu öffnen, stellen sich im nächsten Schritt die beiden Fragen: Wer wird eingebunden? Wie erfolgt diese Einbindung? Hier sind je nach angestrebter Zielsetzung verschiedene Open-Innovation-Instrumente einsetzbar (siehe Abbildung 3).

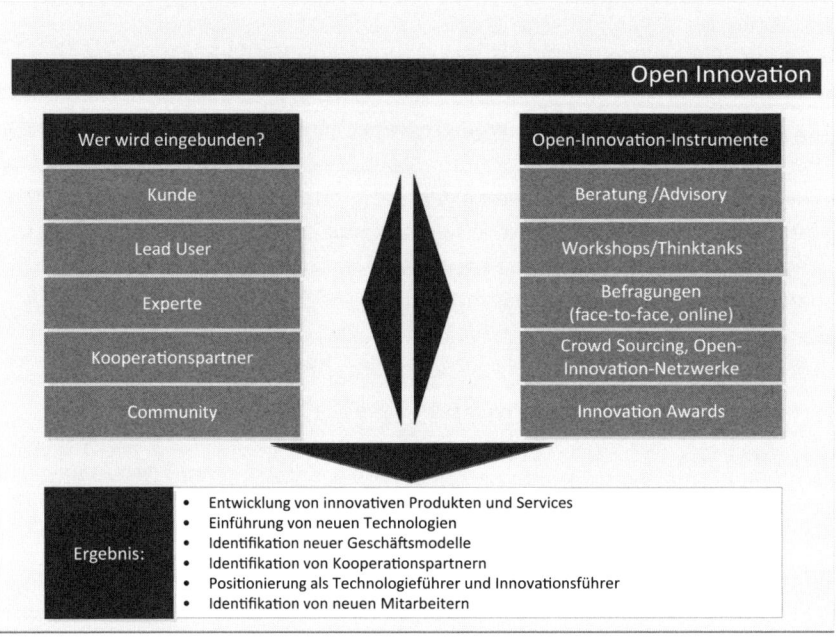

Abb. 3: Open Innovation

Open Innovation kann im Rahmen von Gesprächen oder Beratungsprojekten er-folgen, durch die das Know-how in den Innovationsprozess des Unternehmens einfließt. Das Unternehmen kann beispielsweise mit Experten, Lead Usern und Ge-schäftspartnern in gemeinsamen Workshops, einer kreativen Brainstorming Ses-sion oder im Rahmen eines Thinktanks gemeinsam an Innovationsthemen oder an einem zukünftigen Produkt arbeiten. Auch die Innovationskraft von Online-Communitys kann für Open Innovation genutzt werden. Bosch hat zum Beispiel eine Bosch-Open-Innovation-Plattform, auf der sich die Werkstattprofis des Un-ternehmens mit externen Werkstattprofis austauschen und neue Lösungen entwi-ckeln.[3] Der Begriff des Crowdsourcings hat sich hier etabliert: Eine offene Gruppe von Internetnutzern, die über eine virtuelle Plattform an einer definierten Aufga-benstellung arbeitet. Über Crowdsourcing lassen sich auch Kosten im alltäglichen Geschäft sparen. Eine Logo- oder Corporate-Design-Entwicklung über eine der Designplattformen kann sehr viel Budget einsparen. Crowdsourcing ist aber selbst-verständlich nicht auf Designthemen beschränkt.

---

[3] Siehe https://auto-repair-ideas.bosch.com/open_innovation/main/home, abgerufen am 20.05.2014.

Innovationswettbewerbe sind ein sehr smartes Open-Innovation-Instrument für das Marketing im B2B-Umfeld. Sie können einen zentralen Beitrag zur Geschäftsentwicklung des Unternehmens leisten und gleichzeitig das Unternehmen als Technologie- und Innovationsführer in einem bestimmten Umfeld oder Thema positionieren. Hier geht es nicht um die eigene Teilnahme an Wettbewerben, die auch im Marketing genutzt werden kann. Hier geht es um die Möglichkeit, über einen Innovationswettbewerb externe Impulse für die eigene Innovationstätigkeit zu erhalten. Innovationswettbewerbe eignen sich insbesondere für die folgenden Themenstellungen: Einführung von neuen Technologien, Identifikation neuer Geschäftsmodelle, Entwicklung von innovativen Produkten und Dienstleistungen, Positionierung als Technologieführer und Innovationsführer, Identifikation von Kooperationspartnern, Identifikation von neuen Mitarbeitern.

Ein Beispiel für die erfolgreiche Einführung eines neuen Technologiestandards über einen Award ist die Bluetooth SIG (Special Interest Group). Im Jahr 2009 sollte der neue Standard Bluetooth Low Energy (heute Bluetooth Smart) auf dem Markt eingeführt werden. Hierfür mussten Developer-Communitys auf der ganzen Welt auf den neuen Standard aufmerksam gemacht und zur Nutzung des neuen Standards motiviert werden. Das erfolgte durch den „Bluetooth Innovation World Cup", einem Innovationswettbewerb, der durch Onlinekommunikation, eine weltweite Roadshow und Kooperationspartner in führenden ICT Clustern beworben wurde. Im Rahmen des Wettbewerbs haben inzwischen tausende von innovativen Entwicklern ihre Lösungen online eingereicht und erfolgreiche Produkte auf den Markt gebracht. Bluetooth Smart ist heute der Standard und während der Durchführung des Wettbewerbs konnte die Bluetooth SIG die Anzahl ihrer Mitglieder um 30 Prozent steigern — ein positiver Nebeneffekt des Wettbewerbs. Ein weiteres Beispiel: Texas Instruments konnte durch den „Wearable Technologies Innovation World Cup" in den letzten drei Jahren den „Sensor Tag" als Quasistandard auf dem Markt für „Wearable Technologies" und sich selbst als Technologieführer in diesem Umfeld etablieren.

Auch hinsichtlich der Umsetzung eines Innovationswettbewerbs gibt es viele Varianten: Unternehmen können sich als Partner an existierenden Innovationswettbewerben beteiligen oder einen eigenen Award aufsetzen. Selbst im Bewertungsprozess sind viele Ausgestaltungsvarianten möglich. Die Lösungen können durch eine Jury bewertet werden, die aus bekannten Experten der Branche besteht. Eine andere Variante praktiziert Tchibo: Jeder kann eine Idee einreichen und wenn die Community sie hoch bewertet, wird sie umgesetzt. Hier wird sogar die Entscheidung, welches neue Produkt produziert wird, an Externe übertragen.

Open Innovation ist seit einigen Jahren als „Buzz Word" im Umlauf, die Umsetzung ist aber nach wie vor nicht sehr weit fortgeschritten. Hier kann das Marketing eine zentrale Rolle spielen. Seit 2013 entstehen Accelerator-Programme und Venture-Capital-Töchter großer Engineering- und IT-Unternehmen wie beispielsweise bei Bosch, Cisco oder Intel mit einem direkten Kontakt zur Führungsebene. Diese Unternehmenseinheiten spielen eine immer wichtigere Rolle für die Zukunft des Unternehmens und eine Vernetzung mit dem Marketing ist sinnvoll. Diese Vernetzung kann auch durch Open-Innovation-Aktivitäten des Marketings an der Schnittstelle zum Business Development einen zentralen Mehrwert schaffen und ganz nebenbei spannenden Content für die Kommunikation generieren.

Fazit:

Ein strategienahes Marketing umfasst Tätigkeiten wie Markt- und Wettbewerbsanalysen, Analyst Relations, Portfoliomanagement, Go-to-Market-Strategien, Innovationsmanagement oder auch Open Innovation. Trägt das Marketing Verantwortung für diese Themen, sitzt es per se mit den „Machern" an einem Tisch und leistet seinen Beitrag zur Zukunft des Unternehmens. Damit steigt das Marketing bereits in der Geschäftsentwicklung mit ins Geschehen ein und läuft nicht Gefahr, erst ganz am Ende des Prozesses in der Vermarktung eines fertigen Produkts auf die Rolle der „Promotion" reduziert zu werden. Um den Erfolg der Maßnahmen an der Schnittstelle zwischen Marketing und Strategie sicherzustellen, sind nicht nur punktuelle, sondern kontinuierliche Aktivitäten essenziell, denn „Kontinuität ist King". Marktanalysen, Trend- und Technologieradare, Innovationsmanagement und Portfoliomanagement sind wie Kaminfeuer. Nur ein Initiieren bzw. Anzünden des Feuers reicht nicht aus, erst kontinuierliches Nachlegen zeigt eine durchschlagende Wirkung.

6   Marketing und Mitarbeiter

Thomas Becker, Thomas Siegner, Dr. Sonja Sulzmaier

Das Einfache, das so schwer zu machen ist: Mitarbeiter als Markenbotschafter

Thomas Siegner

Die deutsche IT-Branche leidet unter Fachkräftemangel. Einer der modernsten und meistdiskutierten Ansätze im „War for Talents": Employer Branding. Doch der Weg zu einer starken, attraktiven Arbeitgebermarke ist genauso anspruchsvoll wie jede Markenbildung. Der Arbeitgeber als Marke (Employer Brand) muss mit dem Leistungsversprechen der Unternehmensmarke zusammenpassen. Kernwerte müssen relevant erlebbar sein, nur so werden Mitarbeiter zu Markenbotschaftern.

Und: Ein erfolgreiches Employer Branding erfordert Investitionen, deren Früchte erst mittel- und langfristig geerntet werden können.

6.1   Einleitung

Die deutsche IT-Branche leidet unter Fachkräftemangel. Mal etwas mehr, mal etwas weniger. Aber eigentlich chronisch. Ob junge Talente, erfahrene Professionals oder kompetente Berater — gute Leute sind bei jeder Konjunktur eine knappe Ressource. Selbst Cobol-Programmierer (Cobol ist seit Jahrzehnten „out") werden händeringend gesucht.

Aus den USA ist der martialische Begriff des „War for Talents" zu uns gekommen. Wahr daran ist: Um Personal wird ähnlich hart und aufwendig gekämpft wie um Kunden. Und mit zunehmend vergleichbaren Methoden: Employer Branding lautet einer der modernsten und meistdiskutierten Ansätze. Doch der Weg zu einer starken, attraktiven Arbeitgebermarke ist genauso anspruchsvoll wie jede Markenbildung. Bei Serviceunternehmen fällt das eine mit dem anderen zwingend zusammen.

Ganz zu Beginn eine Warnung: Laut der älteren HR-Trendstudie 2008 von Kienbaum nutzten schon 2007 etwa 25 Prozent der befragten Unternehmen das Instrument Employer Branding. 2008 waren es nach der gleichen Studie sogar bereits 53 Prozent; eine Verdoppelung innerhalb eines Jahres. In den letzten Jahren haben sich die Themen „Social Media" und „Work-Life-Balance" im Ranking der HR-Prioritäten nach oben gearbeitet, Employer Branding hat sich aber stets im oberen Bereich des Prioritäten-Rankings gehalten. Es ist das Thema der Stepstone-Studie 2011. Im Hays HR-Report 2013/2014 steht ganz oben: „Mitarbeitergewinnung, Mitarbeiterbindung, Employer Branding".

Ist Employer Branding also mittlerweile ein alter Hut? Als Hype, als Topthema in Seminaren vielleicht. In der grauen Unternehmenswirklichkeit ist aber noch wenig angekommen. Wenn man von Alibiprojekten absieht. So wie sich der Personalreferent ohne tatsächliche Änderung der Arbeitsinhalte und -methoden branchenübergreifend in den HR-Manager verwandelt hat, werden nicht selten die Neugestaltung von Stellenanzeigen und minimale Änderungen am traditionellen Personalmarketing zum Employer Branding aufpoliert. Doch auch wenn der inflationäre Gebrauch des Kernbegriffs Employer Branding das Verständnis nicht erleichtert: Die Aufmerksamkeit ist nach wie vor hoch — und das ist gut so!

6.2 Die Arbeitgebermarke: Werte als Basis des Employer Brandings

Die knappste Definition von Branding: „Branding is a promise kept". Ganz verkürzt gesagt, wird durch die Marke ein Versprechen abgegeben. Bei klassischen Produktmarken muss dieses Versprechen durch die gefühlten Eigenschaften des Produkts, bei Dienstleistungsmarken (Corporate Brand) durch das erlebbare Verhalten der Mitarbeiter eingelöst werden.

Auch der Arbeitgeber als Marke (Employer Brand) muss mit dem Leistungsversprechen der Unternehmensmarke zusammenpassen. Allerdings sind die Adressaten hier die (potenziellen) Mitarbeiter. Bei den Adressaten wird durch das Versprechen eine Erwartungshaltung geschaffen, die mit den Produkten respektive dem Arbeitgeber verbunden wird. Wählt der Adressat (potenzieller Mitarbeiter) die Marke aus (Bewerbung/Einstellung), müssen diese Erwartungen erfüllt und das Versprechen eingelöst werden.

Nur dann wird das Unternehmen zum „Employer of Choice" und hat eine deutlich bessere Chance, die umworbenen Mitarbeiter zu gewinnen und zu halten. Der Ausdruck „Employer of Choice" macht deutlich, dass es die potenziellen Mitarbeiter sind, die die Wahl hatten und sie aktiv getroffen haben — und beschreibt damit exakt die Situation, die seit Jahren auf dem knappen Personalmarkt im IT-Bereich herrscht. Es sind inzwischen die Unternehmen, die sich diesem Wettbewerb stellen müssen — vielversprechende Talente wie auch erfahrene Professionals und Consultants können zwischen vielen Angeboten wählen.

Fast alle Methoden der Markenaufladung führen über die Definition von Werten. Diese Werte beschreiben den Markenkern und positionieren das Produkt bzw. das Unternehmen gegenüber den Wettbewerbern. Dass Werte als Basis für ein Markenversprechen gegenüber den künftigen Mitarbeitern sinnvoll sind, ist offensichtlich.

Unsere Brand Platform.
Übersicht.

Erstklassige Beratung hat ein klares Ziel:
den Erfolg des Kunden.

Durch das perfekte Vereinen von Strategie, Geschäftsprozess und Technologie beschleunigen wir die unternehmerische Entwicklung unserer Kunden.

ambitioniert – durchdacht – vertrauenswürdig

Abb. 1: Cirquent Brand Platform

Wichtig für das Verständnis ist: So wie keine Werbung die Erfahrung der Marke ersetzt, kann kein Personalmarketing erfolgreich sein, wenn Unternehmenswerte zwar definiert wurden, aber nicht erfahrbar sind. Den Unterschied macht, dass innerhalb des Employer Brandings solche Werte explizit gemacht und in Form einer Arbeitgebermarke überzeugend in Richtung Stellenmarkt kommuniziert werden, die im Unternehmen tatsächlich gelebt werden.

Die Werte können weder vom Vorstand noch vom HR-Manager oder von externen Agenturen verordnet werden — genauso wenig, wie die einer Produktmarke zugeschriebenen Werte vom Produktmanager oder von Werbeagenturen verordnet werden können. Vielmehr steht am Anfang der Markenfindung als Arbeitgeber die Frage: Wofür steht das Unternehmen und was zeichnet seine Mitarbeiter aus?

Das Herausarbeiten und die explizite Formulierung dieser Kernwerte ist ein ebenso notwendiger wie diffiziler und nur im zielgerichteten Abgleich mit Kunden, Mitarbeitern und anderen Stakeholdern des Unternehmens zu erreichender Schritt. Am Ende dieses Prozesses steht ein Set von Werten, die nicht nur relevant, glaubwürdig und differenzierend, sondern darüber hinaus auch merkbar sein müssen.

Auch wenn es sehr viel leichter ist, sich auf dreißig Werte zu verständigen, statt auf drei — drei sind genug!

▶ BEISPIEL: Praxisbeispiel Cirquent GmbH

Cirquent ist zu Beginn des Jahres 2008 aus der ehemaligen Softlab Group hervorgegangen, einem Verbund verschiedener Unternehmen wie Axentiv, Entory, Nexolab, Softlab und anderen. Aus externen Gründen — weg vom Image des Softwarelabors — und aus internen Gründen — Integration aller gekauften Unternehmen auf einer neuen Basis — waren der neue Name und der neue Marktauftritt unabweisbar geworden. Zudem war die „Gruppe" auf dem Markt zunehmend auf Recruiting-Probleme gestoßen. So wurde durch die Vielfalt der Firmennamen innerhalb der Gruppe nicht deutlich, dass die Unternehmensgruppe als Ganzes zu den Top Ten der deutschen IT-Consulting-Unternehmen gehörte und Bewerbern entsprechend attraktive Projekte und Entwicklungschancen bot. Des Weiteren repräsentierten die einzelnen Unternehmen, die vielfach als Akquisitionen in die Gruppe kamen, durchaus unterschiedliche Werte und Arbeitsweisen.

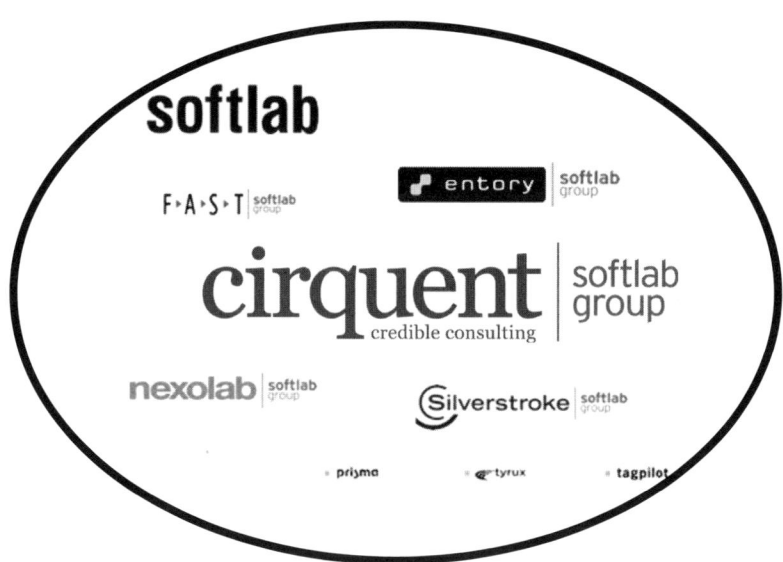

Abb. 2: Das Ergebnis: unsere neue Monomarke

Mit der Umbenennung der Gruppe in Cirquent wurde Anfang 2008 eine neue, einheitliche Marke geschaffen, die das Unternehmen als eine der führenden IT-Beraterfirmen in Deutschland etablieren sollte. Die Umbenennung und ein neues Corporate Design waren dabei nur der Abschluss und der Ausdruck eines umfangreichen internen „Brand Buildings", in dessen Rahmen sich das Unternehmen neu positionierte und seine Werte explizit formulierte.

Im HR-Bereich wurden die Chancen erkannt, die dieser Prozess für die erfolgreiche Implementierung eines Employer Brandings bot. Die explizit formulierten Kernwerte „ambitioniert", „durchdacht", „vertrauenswürdig" waren zugleich die Kernwerte der Marke Cirquent auf dem Markt und des Arbeitgebers Cirquent auf dem Arbeitsmarkt.

Mittlerweile ist Cirquent in die NTT Data aufgegangen und das Beispiel ist Geschichte. Allerdings eine gute Geschichte.

6.3 Employer Branding positioniert das Unternehmen

Sind die Kernwerte der Arbeitgebermarke erfolgreich „destilliert", geht es in der Folge darum, diese Werte für die Mitarbeiter als relevant erlebbar zu machen — sowohl für die potenziellen als auch für die aktuellen.

Dabei ist die bekannte Alliteration „Mitarbeiter finden und binden" irreführend, legt die Reihenfolge doch nahe, dass man erst die Mitarbeiter finden müsse, die es dann zu binden gelte. In Wirklichkeit ist es immer sinnvoll, zunächst oder mindestens gleichzeitig mit den Leuten zu beginnen, die bereits im Unternehmen sind, bevor man sich um jene bemüht, die man für das Unternehmen gewinnen möchte.

In der Unternehmensrealität drückt die Reihenfolge „Mitarbeiter finden und binden" allerdings eine Wahrheit aus, nämlich die, dass es deutlich leichter ist, Geld für Recruitingmaßnahmen locker zu machen als für Mitarbeiterbindungsmaßnahmen.

Ein erfolgreiches Employer Branding muss von den oft „leblosen" Leitbildern deutlich unterscheiden: „Leblose Leitbilder" stehen oft neben dem, was das Unternehmen eigentlich macht. Die lebendige Unternehmensmarke dagegen wird zu einem Maßstab des unternehmerischen Handelns. Sie beschreibt insofern sowohl den Status quo als auch die Zukunft des Unternehmens. Das macht die Unternehmensmarke für die potenziellen Mitarbeiter unterscheidbar, berechenbar und somit auch vertrauenswürdig und wertvoll. Gleichzeitig formulieren die Werte den Anspruch des Unternehmens an die potenziellen und aktuellen Mitarbeiter.

Das ist im besten Sinne effizient und kostenorientiert: Verliert das Unternehmen wertvolle Mitarbeiter, weil es sich zu wenig um diese Zielgruppe kümmert, müssen den entstehenden Such- und Verwaltungsaufwendungen für neue Mitarbeiter auch die indirekten Kosten, die sich durch den Erfahrungs- und Kompetenzverlust (Brain Drain) ergeben, zugeschlagen werden. Die Gewinnung neuer Kunden und Mitarbeiter ist in aller Regel teurer als Kunden- und Mitarbeiterbindung.

> ▶ **BEISPIEL: Praxisbeispiel Cirquent**

Praxisbeispiel Cirquent: Bereits bei den ersten Kontakten — also beispielsweise in Personalanzeigen, auf Jobmessen und im Rahmen anderer Recruiting-Maßnahmen — bekannte sich Cirquent zu seinen Kernwerten. Explizit wurde formuliert: Was macht Cirquent für Kunden und Mitarbeiter interessanter als andere Beratungshäuser? Antwort: Das Unternehmen ist vertrauenswürdig, arbeitet durchdacht und handelt ambitioniert. Um das zu belegen, wurde den umworbenen Mitarbeitern das Wertegrundgerüst konkret verdeutlicht: Der Wert „durchdacht" wurde beispielsweise nicht nur behauptet, sondern von den HR- Mitarbeitern im Gespräch exemplarisch visualisiert — durch die Darstellung des klar strukturierten Einarbeitungsprogramms, durch die Betreuungskonzepte und den klar gegliederten Bewerbungsprozess.

Im Gespräch wurde auf die Unterschiede zwischen reiner Umsatz- und Ertragsorientierung vieler Wettbewerber und dem deutlich umfänglicheren Cirquent-Wert „ambitioniert" hingewiesen. Das Unternehmen stellte klar, dass es dank einer langfristigen Personalplanung vertrauenswürdig ist. Es bekennt sich dazu, dass Zusagen in Richtung Personalentwicklung auch in schwierigeren Zeiten gelten. Es legt ein solches Verhalten aber auch als Maßstab an das Verhalten des Bewerbers an und fordert einen entsprechenden persönlichen Einsatz und Loyalität ein. Den Bewerbern wurde deutlich gesagt: Wir taugen nicht als kurzfristiges Karrieresprungbrett. Eine solche Positionierung bedeutet auch, dass man es nicht für alle und jeden richtig macht. Positionierung beinhaltet außerdem immer auch Komponenten des Neinsagens und der Abgrenzung. Das ist zielführend und effizient, weil sich eine Unternehmensmarke für jene Mitarbeiter interessant macht, die es gewinnen und langfristig halten will. Wer nicht zu den Werten und der Marke passt, soll sich im besten Falle gar nicht erst bewerben.

6.4   Von innen nach außen: Bestehende Mitarbeiter zu Botschaftern machen

Insbesondere für das Recruiting junger Mitarbeiter und Hochschulabgänger ist der Instrumentenkasten der HR-Abteilungen stetig gewachsen: Jobbörsen auf Fachmessen, Karrieretage an den Ausbildungsstätten, Banner in elektronischen Fachforen, PR in Unizeitschriften, Ideenwettbewerbe, Sponsorships, Blogs, Communitys und auch virtuelle Plattformen bieten Möglichkeiten, die gesuchten Talente — über die Klassiker wie Print- und Online-Stellenanzeigen hinaus — gezielt anzusprechen und für das Unternehmen zu begeistern. Bei Professionals und Seniorberatern stehen spezialisierte Personalvermittler, die gezielte Ansprache nach Mitarbeiterempfehlung und PR-Instrumente weiterhin ganz oben. Eine gut ausgebaute HR-/Karriere-Sektion auf der eigenen Webseite des Unternehmens ist ein Muss.

Abb. 3: Die zarteste Verschmelzung ...

Employer Brands erschließen sich darüber hinaus gezielt die eigenen Mitarbeiter, um die Kommunikation schlagkräftiger, aufmerksamkeitsstärker und glaubwürdiger zu machen. Folglich steigt der Anspruch an die Kommunikationsfähigkeit und die Vernetzung der HR-Leute im eigenen Unternehmen. Das Employer Branding beendet die Isolation der HR-Mitarbeiter in Personalabteilungen und -verwaltungen. Nicht nur die traditionellen Personalgespräche werden dazu genutzt, die Kernwerte der Arbeitgebermarke zu bekräftigen und weiterzuentwickeln. Kleine Events, Frühstücke, Flurgespräche, Corporate Blogs, Workshops und Vorträge sowie die Integration von HR-Mitarbeitern in Projekte eröffnen Möglichkeiten, die Kernwerte zu leben und das Markenprofil als Arbeitgeber auch gegenüber den Mitarbeitern kontinuierlich zu schärfen.

Gelingt das, gewinnen das Unternehmen und die HR-Abteilung mit den Mitarbeitern viele Botschafter, die die Kernwerte unternehmensintern, gegenüber Kunden und potenziellen Mitarbeitern glaubhaft kommunizieren und überzeugend vorleben.

▶ BEISPIEL: Praxisbeispiel Cirquent GmbH

Schon vor dem Zeitpunkt des Launchs und der externen Markenkommunikation wurde bei Cirquent ein sogenanntes „Brand Lab" installiert. In einer Tagesveranstaltung wurde der Markenfindungsprozess rekonstruiert. Die Werte und Maßnahmen wurden offen diskutiert und an der Unternehmensrealität gemessen. Außerdem wurde den Mitarbeitern Einfluss auf die Ausgestaltung des Markenlaunchs gegeben.

Abb. 4: Das Cirquent Brandlab

Für die Teilnehmer — neben neuen und langjährigen eigenen Mitarbeitern auch Mitarbeiter von Partnerunternehmen — wurde die Arbeitgebermarke konkret erlebbar. Die Teilnahme an den Brand Labs war für die knapp 1.600 Cirquent-Mitarbeiter freiwillig und erfolgte selbstorganisiert. Die Zahl der Teilnehmer (insgesamt nahmen mehr als 550 Mitarbeiter aller Ebenen teil) zeigt das große Interesse.

6.5 Das größte Risiko: Enttäuschte Erwartungen

Wie bei den Produktmarken liegt auch beim Employer Branding die Kunst der Markenführung nicht zuletzt im Management der Erwartungen. Markenversprechen und Markenerlebnis müssen in Übereinstimmung gebracht werden: Wenn die Unternehmensmarke in goldener Farbe gemalt wird, die Unternehmenswirklichkeit aber eher grau ist, folgt der klassische Rohrkrepierer.

Falsch ist allerdings die Angst, dass enttäuschte Erwartungen ein spezifisches Problem dieses Ansatzes sind: Schon heute brechen Bewerber ihre Probezeiten ab, weil die von Unternehmensseite im Recruiting-Gespräch gemachten Darstellungen und Versprechungen der Realität im Arbeitsalltag nicht im Geringsten standhalten. Hier bietet der strategische Ansatz beim Employer Branding sogar einen gewissen Schutz, weil die Werte der Arbeitgebermarke zu einer Richtschnur des Handelns werden. Das muss übrigens auch für die Bindung der Mitarbeiter an das Unternehmen gelten und ist im besten Sinne effizient und kostenorientiert: Verliert ein Unternehmen wertvolle Mitarbeiter, weil es sich zu wenig um diese Zielgruppe kümmert, müssen den entstehenden Such- und Verwaltungsaufwendungen für neue Mitarbeiter auch die indirekten Kosten durch den Erfahrungs- und Kompetenzverlust (Brain Drain) zugeschlagen werden.

▶ **BEISPIEL: Praxisbeispiel Cirquent GmbH**

Cirquent betrieb einen der ersten Corporate Blogs im B2B-Umfeld in Deutschland. Im Wesentlichen schrieben dort Mitarbeiter, der Blog stand aber auch Dritten offen. Vor allem war er unzensiert und öffentlich zugänglich. So konnte sich ein Bewerber schon vorab ein unzensiertes Bild davon machen, wie Mitarbeiter mit Problemen und miteinander umgehen.

Abb. 5: Screenshot Cirquent Blog

Fazit:

Eine Arbeitgebermarke muss strategisch fundiert und im Sinne einer ganzheitlichen Markenstrategie aus der Unternehmensmarke abgeleitet sein. Die Kernwerte gegenüber Kunden und Mitarbeitern sind identisch. Natürlich gibt es in den Kommunikationsformaten und -medien Unterschiede, je nachdem, ob sie intern oder extern eingesetzt werden. Aber je geringer diese Unterschiede sind, desto besser. Vieles kann intern und extern auf gleiche Weise visualisiert und kommuniziert werden.

Das Ziel, „Employer of Choice" zu werden und die Umsetzungsmaßnahmen können und werden in aller Regel von den HR- und Marketingabteilungen getrieben. Der kritische Erfolgsfaktor steckt in dem kleinen Wörtchen „und". Wenn HR-Abteilungen loslegen, ohne auf die Konsistenz von Brand und Employer Brand zu achten, können sie ebensowenig erfolgreich sein wie Marketingabteilungen, die Mitarbeiter nicht als effizientesten Kanal für die Markenbotschaft erkennen. Dieses Ziel muss jedoch von der Unternehmensleitung getragen werden. Die Unterstützung des Topmanagements für diese Ausrichtung muss jederzeit deutlich sein, nicht zuletzt, weil in Unternehmen mit technisch orientierten Mitarbeitern oft eine gewisse Skepsis gegenüber wertorientierten Ansätzen zu beobachten ist.

Wie steht es nun mit der professionellen Begleitung durch externe Berater und Spezialagenturen? Wichtig ist: Die Werte müssen nicht vom Unternehmen und seinen Mitarbeitern selbst definiert, aber von ihnen getragen werden. Eine Moderation kann allerdings den Prozess straffen — schon weil die externen Begleiter weniger in die Unternehmenspolitik involviert sind.

Employer Branding darf nicht als temporäres Projekt, sondern muss als Strategie verstanden und implementiert werden. Das Unternehmen sollte sich sowohl die Zeit für die Entwicklung nehmen als auch Ressourcen für die Fortentwicklung sicherstellen. Employer Branding erfordert Investitionen, deren Früchte mittel- und langfristig geerntet werden.

Die Vorteile sind bei erfolgreichen Arbeitgebermarken so unbestreitbar wie bei etablierten Produktmarken: Der Employer of Choice ist bei jungen Talenten ebenso wie bei erfahrenen Fachleuten begehrt, er findet mit deutlich verringertem Aufwand die dringend benötigten, knappen Personalressourcen und wird trotz des wachsenden Fachkräftemangels seine Umsatz- und Entwicklungspotenziale nutzen können — was seine Attraktivität weiter erhöht.

6.6 Wie man Eierköpfe brandmarkt oder vom Employer Branding bei Unternehmensberatungen – Fallstudie A.T.K.

Thomas Becker

1. „A.T. Who?" Wer wir sind und wo die Basis unserer Marke liegt

Ihren DNA-Prägestempel erhält eine Marke in den meisten Fällen bereits bei der Geburtsstunde eines Unternehmens. Und auch noch Jahrzehnte später sind Denken und Handeln von Worten und Taten des Gründers geprägt. Bei der Unternehmensberatung A.T. Kearney ist es nicht viel anders: Andrew Tom Kearney formulierte irgendwann in der ersten Hälfte des vorigen Jahrhunderts: „Unser Erfolg als Berater hängt von der Qualität unserer Empfehlungen ab und davon, ob wir die jeweiligen Entscheider von dieser Qualität überzeugen können."

Dieser Satz, mit Leben gefüllt, gilt für die 1926 in Chicago gegründete Unternehmensberatung noch heute: Ganz egal, in welchem der 59 Büros oder 39 Länder Beraterinnen oder Berater gerade weltweit arbeiten. Der deutsche Urknall dieses amerikanischen Vordenkertums spielte sich in den 1960er- und 1970er-Jahren ab: Vor rund 50 Jahren betraten die damals wichtigsten Player McKinsey und A.T. Kearney deutschen Boden. 1964 eröffneten die beiden Unternehmen, die anfänglich auch noch zusammengehörten, in Düsseldorf ihre ersten Büros außerhalb der USA, als Ausgangspunkt einer weltweiten Expansion. In dieser Periode ging auch Roland Berger an den Start, zehn Jahre später die Boston Consulting Group.

Egal, welches Unternehmen man betrachtet, eines haben sie alle gemeinsam: ihr Interesse an „Eierköpfen". Nur wer zu den Spitzenabsolventen der Elite-Universitäten gehört, hat eine Chance, hier einzusteigen und eine steile Karriere zu machen. Angesichts des demografischen Wandels ist jedoch ein harter Kampf um diese Bewerberelite entbrannt. Diejenigen Unternehmen, die sich von den anderen abheben können, haben die Nase vorne. Alle anderen haben es schwer, „neue Rekruten" zu finden.

A.T. Kearney zählt sicherlich nicht zu den bekanntesten Unternehmen am Markt, und so ist der „A.T.-Who?-Effekt" eine besondere Herausforderung bei der Kommunikation des Employer Brand. Trotzdem hat das halbe Jahrhundert Präsenz in Deutschland positive Spuren hinterlassen: Der Nukleus der Marke wird von einer

Arbeitsweise bestimmt, die immer einen eindeutigen Nutzen für die Klienten schaffen möchte, und zwar sowohl kurzfristig als auch langfristig. Alle Ressourcen konzentrieren sich weltweit auf exzellente Ergebnisse. Dabei setzt das Unternehmen ausdrücklich nicht auf brillante Einzelkämpfer, die sich auf Kosten anderer Meriten erwerben. Es geht auch nicht darum, Strategiekonzepte mit der Brechstange durchzusetzen. Vielmehr setzt A.T. Kearney auf größtmögliche Empathie und das bestmögliche Ergebnis für den Kunden. Es herrscht eine partnerschaftliche Kultur, innerhalb derer die Mitarbeiter kooperativ, authentisch und zukunftsorientiert agieren.

Diese kollegiale Unternehmenskultur hat sich organisch über geografische Grenzen hinweg über die Jahrzehnte entwickelt. A.T.-Kearney-Berater gelten als geradlinig und sind jederzeit ansprechbar. Ihre Leidenschaft gilt dem Ziel, den Kunden immer die besten Ideen und Lösungen zu liefern. Das Motto der Marke: „Immediate Impact — Growing Advantage", also sofortige Lösung und langfristiger Kundennutzen, ruht auf den Werten: Authentizität, beste Zusammenarbeit, Vorausdenken: „Authentic, Collaborative, Forward Thinking".

2. Die Mitarbeiter als Botschafter dieser Kultur

Es steht außer Frage, dass die beschriebene Kultur einer tiefen Verankerung bedarf, sie muss nicht nur kurzfristig, sondern über Jahre gesichert weitergegeben werden. Dazu sollte sie immer wieder neu in die Unternehmens-DNA eingeschrieben werden. Trotz einer Budgetkürzung hat A.T. Kearney daher 2012 eine Employer-Branding-Initiative gestartet, mit dem Ziel, sich vom Wettbewerb besser abzugrenzen und stärker aufzufallen. Nicht nur, um die gewünschten Talente richtig anzusprechen, sondern auch, um langjährige Mitarbeiter zu selbstbewussten Markenbotschaftern zu machen, die den Kern der Marke innerhalb und außerhalb des Unternehmens pflegen und weitergeben können.

Gerade in wirtschaftlich unsicheren Zeiten darf man die langfristige Zukunft nicht aus den Augen verlieren: Hand in Hand mit der Recruiting-Strategie verfolgt das Unternehmen einen klaren Wachstumskurs, eine „Vision 2020", die intern und extern kommuniziert wurde.

Die Recruiting-Strategie verfolgt das Ziel, Talente an ausgewählten Hochschulen zu suchen. Dabei bleibt man spitz in der Ansprache. Es sollen Teammitglieder gefunden werden, die zu den Bedürfnissen der Fachbereiche passen. Über Recruiting-Events auf dem Campus oder in den Büros wird der direkte Kontakt zu den Studenten gesucht. 2013 wurden hierzu über 100 Veranstaltungen, Workshops, Vorträge, Dinner oder Messen organisiert.

Als besonders erfolgreich hat sich dabei das sogenannte Summer-Trainee-Modell bewiesen: „Schnuppereinsteiger" unterstützen Projektteams bei der Analyse von Daten und dem Erstellen von Konzepten. Unter Anleitung erfahrener Beraterinnen und Berater begleiteten sie Teams vor Ort beim Kunden und nehmen an Diskussionen teil. Zwölf ehemalige Summer-Trainees sind in diesem Jahr als Berater oder Beraterinnen eingestiegen — das sind 40 Prozent der offenen Stellen. Und es soll weiter eingestellt werden.

Nur mit der richtigen Recruitingstrategie und abgestimmten Prozessen kann das Unternehmen die besten Ressourcen am richtigen Ort einstellen und nachhaltigen Erfolg erreichen. Und zwar von zwei Seiten: Mit motivierten und zufriedenen Mitarbeitern auf der einen Seite und mit Klienten, die von den Leistungen profitieren, auf der anderen.

Der Erfolg muss messbar sein

Eine starke Arbeitgebermarke entsteht nicht über Nacht. Es ist das Ergebnis eines langjährigen Prozesses. So wurde A.T. Kearney Deutschland 2012 zum sechsten Mal in Folge vom international tätigen CRF Institute zum „Top Arbeitgeber Deutschland" gekürt. Diese Institution mit Sitz in Amsterdam zertifiziert Unternehmen in Deutschland und in über 45 Ländern auf fünf Kontinenten weltweit. Gesucht werden Unternehmen mit einer herausragenden Personalpolitik und -praxis. In diesem Jahr wurden 20 Unternehmen als „Top Employers Europe" zertifiziert, wovon 13 Unternehmen auch in Deutschland zertifiziert sind.

Auch ganz aktuell, also nach dem Launch des neuen Employer Brand, hat A.T. Kearney erneut gut abgeschnitten in einem weiteren wichtigen Ranking, dem „Universum-Students-Ranking" in Zusammenarbeit mit der Wirtschaftswoche. Befragt wurden bundesweit 22.700 Studenten an 135 Universitäten. Bei den BWL-Studenten belegte das Unternehmen dabei inzwischen Platz 78 (2012: 90, 2011: 101) und ist damit die einzige Beratung, die seit drei Jahren konstant im Ranking steigt.

3. Vom internationalen Rebranding zum Employer Brand

Konkreten Anstoß für das neue Employer Branding gab das 2011 initiierte internationale Rebranding der Marke A.T. Kearney. Der Relaunch erfolgte im Januar 2012 anlässlich des Management Buy-outs durch die Partner der Gruppe und der wiedererlangten Unabhängigkeit als einer von Partnern geführten Strategieberatung.

Natürlich beinhalteten die neue Corporate Identity und das aufgefrischte Corporate Design auch Vorlagen für Personalanzeigen. Diese Motive, die zur Hälfte aus Text und Bild bestanden, erwiesen sich jedoch für den deutschen Markt als eher ungeeignet. Der deutsche Beratermarkt ist hart umkämpft. Wer auffallen will, muss sich etwas besonderes einfallen lassen. Dazu nötig war ein eigener Look, der im Einklang mit dem Redesign der Marke stand.

Da auch Beratungen manchmal Berater brauchen, entschied sich das Unternehmen nach einem Pitch mit zwölf Agenturen für TODA in Hamburg. Diese Boutique, geführt durch Thom Kajaba, die sich mit ihrem Büro auf visuelle Kommunikation spezialisiert hat, punktete mit Branchenerfahrung und konnte über ihr Netzwerk weitere wertvolle Partner an den Tisch bringen. Als Architektin des Prozesses mit den teils hitzig geführten Diskussionsrunden erwies sich dabei die Employer-Brand-Expertin Dietlinde Paetzelt von der CN St. Gallen — The Refresh Company.

Employer Branding ist immer eine ganzheitliche Managementaufgabe auf Grundlage der Corporate Brand. Die Maßnahmen des Employer Brandings machen die Werte der Marke für (potenzielle) Mitarbeiter erlebbar und stützen ihre Positionierung im Markt (Abb.1).

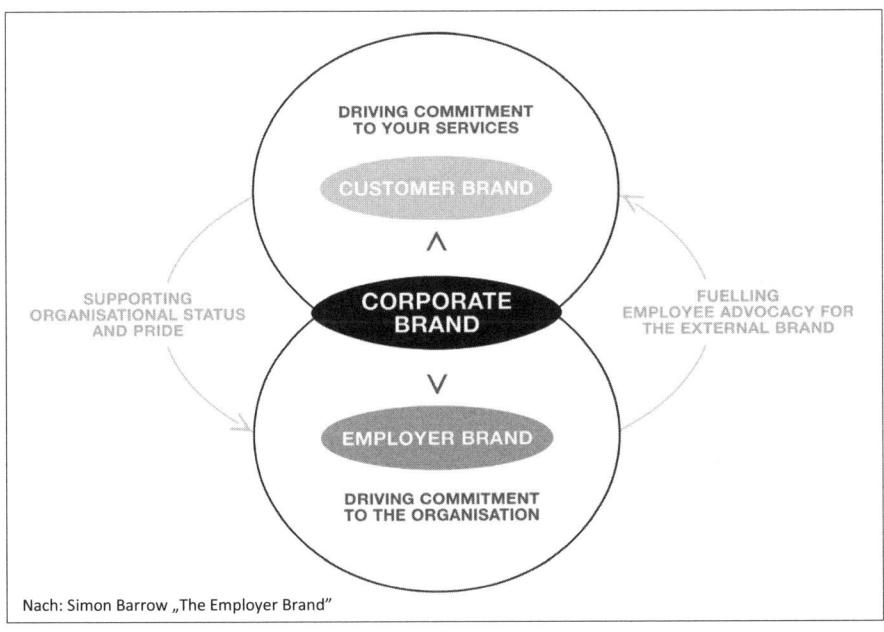

Nach: Simon Barrow „The Employer Brand"

Abb. 1: Corporate Brand[1]

---

[1]   Quelle: TODA Hamburg New York London, www.toda.com.

Und noch etwas war zu diesem Zeitpunkt entscheidend: Zunächst musste eine gemeinsame Strategie gefunden werden, die wiederum unter das Dach der zuvor gerelaunchten Marke A.T. Kearney passen musste. Was sowohl national als auch international fehlte, war eine spezifische Interpretation, welche Botschaften die Marke an Mitarbeiter und Bewerber senden soll.

4. Cheek to Cheek — Peer to Peer: stundenlange Gruppendiskussionen und demokratische Mitmach-Clubs? Ja, bitte!

Doch welche Entscheidungswege sind zu wählen? Wie wird man zu einer Top-Employer-Brand? Eines steht fest: Internes Employer Branding ist eine häufig vernachlässigte Königsdisziplin und wer eine Arbeitgebermarke mit Strahlkraft nach außen aufbauen möchte, darf das interne Employer Branding keinesfalls unterschätzen — so theoretisch einfach das klingt, so selten gelingt es in der Praxis.

Denn ein starkes Employer Brand schafft Mehrwert: „Nur Unternehmen, die sich für ihre Zielgruppen als besonders attraktiver Arbeitgeber darstellen, können ihre Wertschöpfungspotenziale aufbauen und gegen Verluste schützen." (Züricher Hochschule Winterthur, 2005).

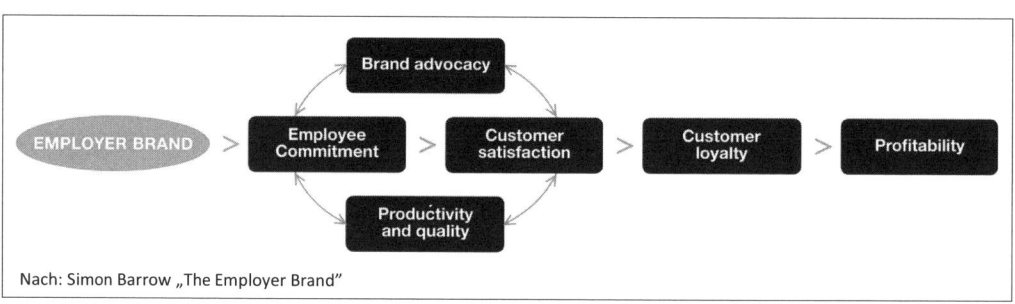

Abb. 2: Employer Brand[2]

Employer Branding ist mehr als „nur" Recruiting. Es geht um die Aufgabe, im Rahmen des HR-Managements die Profitabilität des Unternehmens sicherzustellen (Abb. 2).

Eine gute Employer Brand soll sowohl die bestehenden Teams ansprechen, welche die Marke nach außen repräsentieren sollen, als auch Bewerber, die neu dazustoßen. Sie müssen sich angesprochen fühlen, einsteigen wollen. Klar ist daher: Die Inhalte,

---

[2]   Quelle: TODA Hamburg New York London, www.toda.com.

auf deren Grundlage eine Kampagne aufbaut, müssen auch aus dem „Bauch" des Unternehmens kommen und dürfen nicht allein von der Spitze vorgegeben werden.

Vor diesem Hintergrund hat sich A.T. Kearney ganz bewusst für mehrere Gruppenworkshops entschieden. Getroffen haben sich zum einen Mitarbeiter, die weniger als zwei Jahre im Unternehmen waren und solche, die schon länger dabei waren. Und: Befragt wurden Mitarbeiter aller Hierarchieebenen, dabei wurde weder der Supportbereich vergessen noch die höchste Führungsebene ausgenommen. Es wurde genau nachgefragt: „Wie sehen Sie Ihre Arbeit bei A.T. Kearney? Wie nehmen Sie die Marke wahr? Was ist Ihnen wichtig an der Marke?"

Die Gruppendiskussionen zogen sich über Wochen hin. Und häufig wurde der erzielte gemeinsame Konsens einer Gruppe von einer anderen wieder verworfen. Ob dies an dem der Beraterspezies unterstellten „Besserwisser-Gen" lag oder aber tatsächlich durch andere Wahrnehmung der verschiedenen Gruppenbesetzungen untermauert wurde, war am Ende nicht ganz klar. Klar wurde aber: Es gibt eine gemeinsame DNA, etwas, das A.T. Kearney von anderen Wettbewerbern unterscheidet.

5. Das Kondensat: „Oceans Eleven" als Arbeitgebermarke

Die Essenz der Gruppendiskussionen war daher erstaunlich konsistent: Die Markenwahrnehmung der jüngeren Mitarbeiter war denen, die schon länger im Hause waren, sehr ähnlich.

Ein Punkt stach heraus: Es wurde immer wieder hervorgehoben, dass A.T. Kearney ein Arbeitgeber ist, der bei guter Leistung sehr großen Freiraum im Denken lässt. Egal, welchen akademischen Hintergrund ein Mitarbeiter mitbringt, die Möglichkeiten, seine Ideen in das Unternehmen einzubringen, sind sprichwörtlich grenzenlos. Recruiting-Raster-Fahnder sind hier fehl am Platze. Es zählt Diversität und Freidenkertum, allerdings mit einem gemeinsamen Nenner: dem Willen zur Spitzenleistung.

Und noch etwas hoben die Mitarbeiter hervor: Bei A.T. Kearney kann jeder die eigene Persönlichkeit, das eigene Talent entfalten und trägt früh Verantwortung. Neue Mitarbeiter werden schnell und auf unkomplizierte Weise mit den Abläufen vertraut gemacht. Auch die Vereinbarkeit von Familie und Beruf sowie eine ausgewogene Balance zwischen Privat- und Berufsleben werden bei dieser Beratung — trotz Höchstleistungen für den Klienten — äußerst Ernst genommen. Dies zeigt auch die familienpolitische Initiative namens 361° zur Neuerfindung der Familie, mit der sich A.T. Kearney Deutschland ganz bewusst für eine bessere Vereinbarkeit von Familie und Beruf einsetzt.

Aber nicht zuletzt die wichtigste Botschaft: Das Team spielt eine ganz besondere Rolle bei A.T. Kearney. Dabei geht es um das beste, das gewinnbringende
Team, das die Individualität des Einzelnen berücksichtigt. Offene und interdiszi-
plinäre Teams arbeiten begeistert für die Sache. Es herrscht Vertrauen und Respekt
für jede einzelne Stimme — unabhängig von Hierarchie, Erfahrung, Geschlecht,
nationaler Herkunft oder fachlicher Ausbildung. Nur Teamwork schafft eine Basis
für die Entwicklung zukunftsfähiger Ergebnisse — sowohl bei den Klienten als auch
für die persönliche und fachliche Weiterentwicklung jedes einzelnen Mitarbeiters.
Dieses Konzept fokussiert auf die Kraft, die entsteht, wenn sich eine Gruppe von
unterschiedlichen Menschen auf ein gemeinsames Ziel hin ausrichtet und ihre Am-
bitionen, Talente und Kompetenzen bündelt. Das Prinzip ihrer Wirksamkeit liegt im
Zusammenspiel unterschiedlicher Stärken und dem Commitment jedes Einzelnen,
seine individuellen Fähigkeiten im Sinne der gemeinsamen Sache einzubringen und
zu nutzen. Das Bewusstsein der eigenen Stärke, der Respekt für die Unterschiede
und die Ausrichtung an gemeinsamen Werten schafft einen Raum, in dem Höchstleistungen möglich werden, weil jeder Einzelne die Chance hat, über sich hinaus-
zuwachsen. Kern der Arbeitserfahrung ist es, in einer Gruppe Gleichgesinnter die
eigenen Stärken zu entfalten und so gemeinsam ambitionierte Ziele zu erreichen.

Für die Markenwahrnehmung wichtig: Es handelt sich nicht um kuschelige Selbst-
verfahrungsgruppen, sondern vielmehr um eine ehrgeizige Truppe à la „Oceans
Eleven", eine Gruppe also, in der jeder sein besonderes Talent einbringen kann,
in der sich die Einzelnen perfekt ergänzen und sich nicht gegenseitig Konkurrenz
machen, sondern sich gegenseitig zu Höchstleistungen anspornen. Nur diese
„Power of Peers" kann den „immediate Impact", also den sofortige Nutzen für den
Kunden, sowie die „growing Advantage", den weiterhin zunehmenden Vorteil, garantieren. Damit gibt es überdies keinen Widerstreit zwischen der an den Kunden
gerichteten Markenbotschaft und der Markenbotschaft nach innen.

Das Kondensat der Workshops:

a) Wofür wir stehen als Arbeitgeber: Die Kraft der „Peers" als Kraft besonderer
   Individuen, die ihre Stärken im Team entfalten können.
b) Was unterscheidet uns als Arbeitgeber? Wir bieten einen Teamgeist, der geprägt ist von gegenseitigem Respekt.
c) Unser Versprechen: Gemeinsam mehr erreichen: Wir bieten ein Team, das den
   Einzelnen über sich hinauswachsen lässt.
d) Cultural fit: Wir suchen Kollegen auf Augenhöhe.

Kein Wettbewerber setzt in seiner Employer Brand bislang derart konsequent auf
den Mehrwert eines starken Teams. Einzig A.T. Kearney besetzt dieses Terrain. Die

Aspekte „Entrepreneural Spirit" und „Entwicklungschancen" haben dabei für sich genommen weniger differenzierendes Potenzial, können aber als Facette einer Teampositionierung ihre Bedeutung entfalten.

6. Eine Marke für starke Charaktere — die besonderen Herausforderungen des Employer Branding bei Unternehmensberatungen

In Mitarbeiterumfragen wurde immer wieder festgestellt: A.T. Kearney hat eine hohe Sozialkompetenz. Wer die Berater kennt, weiß: Es handelt sich um herausragende, sehr individuelle Persönlichkeiten, alle mit exzellenter Ausbildung und besten Examensnoten. Es liegt in der Natur der Sache, dass sich solche Persönlichkeiten ungern eine Marke überstülpen lassen. Zugleich ist ihnen ein ideales Umfeld wichtig, damit sie ihre Höchstleistungen erbringen können. A.T. Kearney bietet daher nicht nur ein Topgehalt, sondern auch fortdauernde Möglichkeiten, sich selbst weiterzubilden oder eine berufliche Auszeit zu nehmen. Denn: Lipizzaner wollen gestreichelt werden, bevor sie ihre Meistersprünge zeigen.

7. Die Kampagne

Die Motive, die auf Basis der Workshop-Ergebnisse entstanden sind, tragen folgerichtig das Leitmotiv des starken Teams: „Wir sind ein Team, in dem jeder sein Talent entfalten kann, und wir setzen auf eine offene und hierarchiefreie Kommunikation", beschreibt es der für HR verantwortliche Partner Michael Römer.

- Die Message: Werde Teil einer starken Community und wachse über dich selbst hinaus!
- Die Erkenntnis: Die Kraft gemeinsamer Ziele und gemeinsamer Überzeugung.
- Die Tonalität: zuversichtlich, menschlich, kraftvoll, enthusiastisch.

Auf einem Motiv etwa ist ein junger Mann zu sehen, der — ironisch überzeichnet — zu einem älteren Chef-Berater aufschaut. „Wenn das ihre Vorstellung von einem Praktikum ist, bewerben Sie sich bitte woanders", lautet die Headline dazu. Die Überschriften vermitteln eine klare Botschaft. So wird beruflichen Neueinsteigern mitgeteilt, „Unternehmensberatung lernen Sie nicht an der Uni, sondern in unserem Team" — wohl wahr für den, der den Alltag bei dieser Unternehmensberatung kennt.

Hinzu kommen spezielle Motive für besondere Zielgruppen, zum Beispiel Frauen: „Talent zur Unternehmensberatung liegt nicht auf dem Y-Chromosom". Zu sehen sind drei Frauen, die aus ihren Haaren einen Oberlippenbart formen. Es sind Slogans und Motive, die mit dem Erwartbaren brechen, die Humor, Individualität und unkonventionelles Denken versprechen (Abb.3).

Abb. 3: Talent zur Unternehmensberatung liegt nicht auf dem Y-Chromosom

Mit seiner Employer-Branding-Botschaft verfolgt A.T. Kearney eine Multikanalstrategie: Das heißt, sie findet sich nicht nur in Stellenanzeigen, sondern auch in Imageanzeigen, auf Plakaten auf dem Campus, in den Jobportalen, im Intranet und auf der Unternehmenswebseite sowie in den sozialen Medien à la Facebook, XING und Twitter wieder. Und nicht zu vergessen: Die Motive haben intern großen Anklang gefunden. Heute zieren sie zahlreiche Bürowände. Willkommen im besten Team!

6.7 Gemeinsam zur erfolgreichen Marke – Fallstudie ESG Brand Journey

Dr. Sonja Sulzmaier

Der Erfolg einer Marke ist davon abhängig, dass Mitarbeiter die Marke verstehen, sich mit ihr identifizieren und sie glaubwürdig transportieren. Diesen Satz würden sicher die meisten sofort unterschreiben. Und im serviceintensiven B2B-Umfeld gilt er umso mehr, da die Mitarbeiter oder ein Teil der Mitarbeiter die Leistung beim Kunden erbringen und damit das Markenerlebnis der Kunden stark prägen. Denn erst wenn die Mitarbeiter in ihrem Tun die Leitwerte des Unternehmens und die Marke glaubwürdig verkörpern, wenn sie zu Markenbotschaftern werden, kann sie beim Kunden ankommen. Dennoch sind viele Marketingverantwortliche weit davon entfernt, dies in ihrer Vorgehensweise zu berücksichtigen.

1. Mitarbeiter als zentrale Ansprechpartner für Markeninnovation und Markenbotschafter

Eine viel geübte Praxis ist die Folgende: Marketing und Geschäftsleitung beschließen die Überarbeitung oder Neudefinition der Marke(n). Im nächsten Schritt wird mit externer Unterstützung die neue Positionierung erarbeitet. Im letzten Schritt wird dann im Rahmen der internen Kommunikation den Mitarbeitern die Marke „nahegebracht". Dies kann gelingen oder eben auch nicht. Missglückte Beispiele gibt es zuhauf, in denen sich Mitarbeiter nicht einmal den neuen Unternehmensnamen oder den Claim merken können oder sich sogar von der neuen Marke distanzieren. Damit ein Markenlaunch oder -relaunch nicht zum Flop wird, empfiehlt sich die Einbindung aller interessierten Mitarbeiter.

Mitarbeiter sind neben bestehenden und potenziellen Kunden zentrale Ansprechpartner für Markenprojekte, denn Mitarbeiter wissen, wie die Kunden ticken. Im B2B-Umfeld arbeiten Mitarbeiter oft über lange Jahre hinweg mit ihren Kunden zusammen und können auch zukünftig benötigte Leistungen benennen. Leider wird dieses Wissen in vielerlei Hinsicht unterschätzt und nicht ausreichend für den Erfolg des Unternehmens am Markt genutzt.

Und wer befürchtet, dass sich nicht genügend Kollegen motivieren lassen, der irrt. Viel mehr Kollegen als erwartet werden sich einbringen. Das Marketing muss nur die entsprechenden Rahmenbedingungen schaffen, dass dies erfolgen kann. Es muss die Kollegen bereits im Entstehungsprozess einer Marke als zentralen Inhaltslieferanten Ernst nehmen und die nötige Diskussionsplattform schaffen.

2. Ausgangssituation

Die ESG Elektroniksystem- und Logistik-GmbH gehört zu den Top 10 der Systemintegrationshäuser und Engineering-Dienstleister in Deutschland. In den vergangenen Jahren wurden Tochterunternehmen ausgegründet, mehrere Unternehmen akquiriert und die Eigenständigkeit der industriespezifischen Divisions wurde erhöht. Um herauszuarbeiten, welche Markenwerte die ESG Gruppe und die einzelnen Unternehmen charakterisieren, wurde im Jahr 2011 die „ESG Brand Journey" entwickelt und durchgeführt. Im Rahmen der ESG Brand Journey wurde auch geprüft, ob in den verschiedenen Divisions (Aerospace, Automotive etc.) jeweils eigene Markenauftritte als „Submarken" ausgeprägt werden sollen. Die Ergebnisse der Brand Journey stellten dann die Basis für die Dachmarkenstrategie, die schrittweise ausgerollt wird.

3. Die Brand Journey — Vorgehensweise

Nur soviel gleich zu Beginn: Die Brand Journey ist eine Reise mit unbestimmten Ausgang. Und dies ist auch in der Vorgehensweise immer wieder zu beherzigen. Marketingmanager meinen oft zu wissen, welches Ergebnis aus einer Befragung der Markendimensionen resultiert. Und doch ist das Ergebnis nach jeder Befragung immer anders als erwartet. Diese „Überraschungsmöglichkeit" ist wichtig und darf nicht durch ein zu eingeschränktes Setting begrenzt werden. Dass die Brand Journey einen unbestimmten Ausgang hat, bezieht sich dabei lediglich auf die Markenwerte, die am Ende des Prozesses für das Unternehmen oder die Unternehmen stehen. Bei der Dachmarkenstrategie für die ESG war zu Beginn unklar, ob für die gesamte ESG Gruppe eine gemeinsame Marke möglich und sinnvoll ist oder ob die industriespezifischen Divisions eigene Marken ausprägen sollten. Wo die Reise hingeht, bestimmen die Mitarbeiter und Schlüsselkunden also von Anfang an mit.

Die Vorgehensweise bestand aus fünf Schritten:

1. Im **Kick-off** wurde den Geschäftsbereichsleitern die geplante Vorgehensweise vorgestellt. Dann wurde je Geschäftsbereich ein Team benannt. Die jeweiligen Marketingverantwortlichen der Bereiche koordinierten den Abstimmungsprozess, auch um eventuelle bereichsspezifische Besonderheiten zu erfassen. Da-

rüber hinaus erfolgte die Ankündigung der Brand Journey durch die Geschäftsführung, um die Mitarbeiter zur Teilnahme zu motivieren.

2. Im nächsten Schritt konnten sich dann alle Mitarbeiter der Unternehmensgruppe an der **Wikibefragung** beteiligen. Hier haben sich mehrere hundert Kollegen sehr engagiert in die Entwicklung der Marke eingebracht. Zusätzlich wurden Mitarbeiterworkshops und Interviews mit Schlüsselkunden durchgeführt, um herauszufinden, warum Kunden mit der ESG zusammenarbeiten. Sowohl bei der Mitarbeiterbefragung als auch bei den Workshops und Interviews wurden im Kern drei offene Fragen gestellt, um herauszufinden, wofür die Marke ESG steht (siehe Abbildung 1).

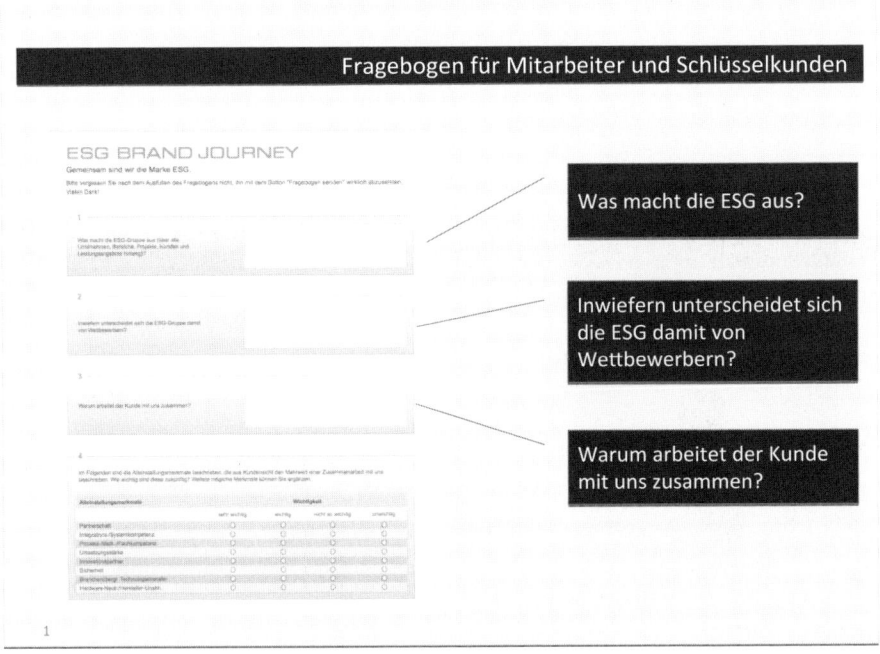

Abb. 1: Fragebogen für Mitarbeiter (und Schlüsselkunden)

3. In der **Auswertungsphase** wurden die bereichsspezifischen Ergebnisse der Mitarbeiterworkshops, der Wikibefragung und der Kundeninterviews ausgewertet und zunächst jeweils auf Bereichsebene konsolidiert. Im nächsten Schritt fand dann ein Abgleich der bereichsspezifischen Ergebnisse statt, um herauszufinden, ob und welche Differenzen zwischen den Bereichen und den Unternehmenstöchtern bestehen. Auf dieser Basis wurden dann mit externer Unterstützung die Ergebnisse der offenen Fragen anhand einer semantischen

Netzwerkanalyse geclustert und es wurden geeignete Begrifflichkeiten für die zentralen Markendimensionen identifiziert.

4. In der vierten Phase wurde die **Dachmarkenstrategie** auf Basis der Ergebnisse entwickelt. Diese wurde mit den jeweiligen Bereichsteams abgestimmt, um zu klären, ob sich alle in den gefundenen Markenwerten und der entwickelten Dachmarkenstrategie wiederfinden.

5. In der Phase 5 erfolgt die **Kommunikation.** Im Rahmen der Kommunikation fasst das Marketing als Moderator das Ergebnis des gemeinsamen Prozesses zusammen und unterstützt die Kollegen mit geeigneten Aktivitäten und Kommunikationsmaterial, damit sie als Markenbotschafter agieren können. Die Aktivitäten sollten fortlaufend stattfinden, damit Kontinuität gewährleistet ist und neue Mitarbeiter laufend integriert werden können (zum Beispiel durch Markenscouts oder Marken-Boot-Camps).

Die gesamte Vorgehensweise ist in der folgenden Abbildung zusammengefasst.

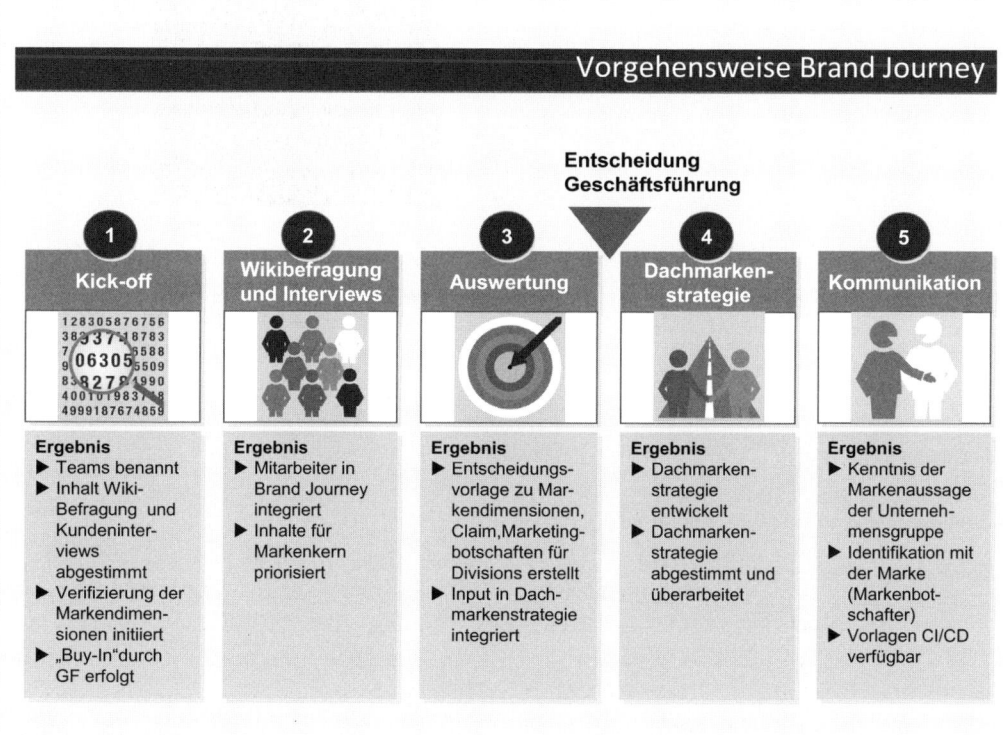

Abb. 2: Vorgehensweise ESG Brand Journey

Und wie viel Zeit erfordert eine Brand Journey? Das wird, je nach unternehmensspezifischer Situation, unterschiedlich sein, da der Umfang des Projekts auch den Zeitbedarf bestimmt. Für eine Wikibefragung sollten ca. zwei bis drei Monate inklusive Auswertung eingeplant werden. Die Befragung muss auch IT-seitig aufgesetzt werden und das erfordert ebenfalls Zeit. Im Fallbeispiel der ESG ging es um die Entwicklung einer Dachmarkenstrategie, in die alle Unternehmen der Gruppe und Standorte auf der ganzen Welt eingebunden waren. Die Abstimmungen mit den Bereichsleitern und den Geschäftsführern der Tochterunternehmen hat entsprechend Zeit in Anspruch genommen. In Summe hat die ESG Brand Journey vom Kick-off bis zur entwickelten Dachmarkenstrategie und zum Kommunikationsevent ca. zehn Monate gedauert (siehe Abbildung 3). In kleineren Projekten sollte mindestens ein vier- bis fünfmonatiger Zeitraum eingeplant werden.

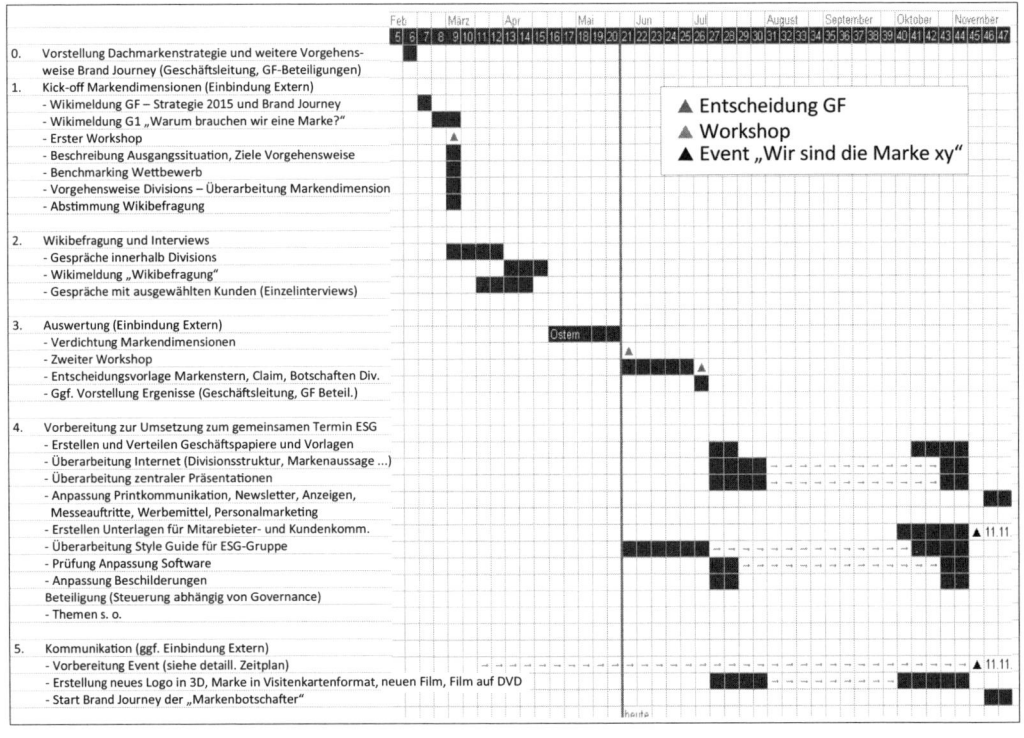

Abb. 3: Zeitplan Brand Journey

4. Ergebnis: Dedicated to Solutions

Das Ergebnis der Brand Journey war für alle überraschend. Alle Bereichsleiter und -teams sowie die Geschäftsführer der Tochterunternehmen waren sich einig, dass die gefundene Markenidentität ihr jeweiliges Geschäft sehr treffend und differenzierend zum Wettbewerb beschreibt. Alle fühlten sich damit der Markenidentität der ESG Gruppe zugehörig — mit einer kleinen Ausnahme: Ein Tochterunternehmen wollte sich in einem preisgünstigeren Segment ansiedeln und hier fiel die Entscheidung, dies zunächst unter dem bisherigen Unternehmensnamen zu tun.

Die Marke der ESG wurde und wird durch den Markenkern „Dedicated to Solutions" auf den Punkt gebracht. Mit den emotionalen ESG-Markenwerten „leidenschaftlich", „pragmatisch", „innovativ" können sich alle Mitarbeiter identifizieren. Die funktionalen Markenwerte „Nachhaltige Partnerschaft", „Umsetzungsstärke", „High-Tech-Systemintegration" stehen für die Kernleistungen der ESG und gelten über alle Unternehmen der Gruppe hinweg.

Wichtig bei der Beschreibung ist auch hier die KISS-Formel (**K**eep **I**t **S**imple and **S**elf-explanatory). Es ist wichtig, dass das Ergebnis einfach und verständlich ist und einen direkt erfahrbaren Nutzen für den Arbeitsalltag der Kollegen schafft.

Der Erfolg der Brand Journey der ESG beruht darauf, dass alle Mitarbeiter und Schlüsselkunden von Anfang an eingebunden waren. Aufgrund der Teilhabe am Prozess haben alle Kollegen erfahren, dass sie die Marke sind und diese nachhaltig prägen. Die Brand Journey und ihr Ergebnis werden als gemeinsames Werk begriffen, auf das die Kollegen stolz sind. Damit sind die Kollegen, die sich beteiligt haben, bereits Markenbotschafter in eigener Sache.

5. Social Media und Web-2.0-Technologien

Social Media und Web-2.0-Technologien können bei einer Brand Journey sinnvoll eingesetzt werden. Häufig kann man bereits auf vorhandene Technologien und Software im Unternehmen aufsetzen. In der ESG war dies die Collaboration und Wikisoftware Atlassian Confluence. Diese ermöglicht eine einfache und unkomplizierte Eingabe und viele Kollegen hatten bereits Erfahrung im Umgang mit der Wikisoftware. Die Wikibefragung der Brand Journey wurde zudem so angelegt, dass jeder Kollege sehen konnte, wie durch seinen Beitrag das Gesamtergebnis verändert wird. Und er oder sie konnte entsprechende Diskussionen anstoßen, die für alle sichtbar waren.

Falls diese Collaboration-Tools im Unternehmen nicht vorhanden sind, können auch Webbefragungen und laufende Rückmeldung der Ergebnisse über das Intranet, die Mitarbeiternews etc. zum Einsatz kommen. Da ein großer Teil der Interaktion damit nicht stattfinden kann, wird dies aber nicht empfohlen.

6. Die Rolle externer Dienstleister

Der Einsatz von externen Dienstleistern und deren Rolle im Prozess muss wohlüberlegt sein. Es geht nicht um glanzvolle Präsentationen und auch nicht darum, dass Marke X von Agentur Y gemacht wurde. Dies schafft teilweise eine Distanzierung der Mitarbeiter zur Marke, die Schaden anrichten kann. Denn die Marke kommt in diesem Fall nicht von den Mitarbeitern, sondern „von oben" oder „extern". Mitarbeiter wissen durch jahrelange tägliche Zusammenarbeit mit einem Kunden viel über den Kunden. Es gilt, dieses Wissen zu nutzen und wertzuschätzen. Externe Dienstleister wie beispielsweise Branding-Agenturen sind gut, um blinde Flecken zu identifizieren, sie eignen sich als Sparringspartner bei der Entwicklung der Vorgehensweise und der Interpretation der Ergebnisse und sie können bei der Auswertung und der Entwicklung der Kommunikationsaktivitäten einen wichtigen Beitrag leisten.

Fazit:

Wird eine Marke von den eigenen Mitarbeitern im Unternehmen nicht gelebt, sind die durch Kommunikationsmaßnahmen nach außen vermittelten Versprechen nicht authentisch. Identifizieren sich die Mitarbeiter aber mit der Marke, dann werden sie zu Markenbotschaftern. Und diese Identifikation mit der Marke gelingt mit hoher Wahrscheinlichkeit, wenn die Mitarbeiter bereits in der Entstehung eine zentrale Rolle spielen. Hier sollten alle mitmachen dürfen, die dabei sein wollen. Eine mögliche Einbindung kann durch eine Brand Journey à la ESG erfolgen. Das Ergebnis einer solchen Reise wird immer überraschend sein und eine solide Basis für Neu- oder Weiterentwicklung einer Marke bzw. Arbeitgebermarke bieten.

Und wichtig ist auch hierbei: Die Brand Journey ist ein gemeinsames kontinuierliches Projekt. Neben regelmäßigen Überprüfungen, die mindestens alle zwei Jahre erfolgen sollten, müssen geeignete Kommunikationsformen nach innen gefunden werden. Beispiele hierfür sind interne Markenschulungen, Bootcamps für neue Mitarbeiter oder Brandscouts.

„Lass Dich überraschen", ist das Reisemotto der Brand Journey. Die Reise darf nicht bis ins letzte Detail durchgeplant sein. In der Brand Journey muss das Marketing gut zuhören, gut verstehen und sich als Moderator des Prozesses begreifen. Dann bestimmen Mitarbeiter und Schlüsselkunden von Anfang an mit, wohin die Markenreise geht. Und das ist wesentlich für den Erfolg.

---

7 Marketing und Medien

Medienübergreifendes Managen von Marketing-Content

Carola Grimminger, Christian Stengl

7.1 Raumschiff-Enterprise-Marketing

> *„Der Weltraum, unendliche Weiten. Wir schreiben das Jahr 2200. Dies sind die Abenteuer des Raumschiff Enterprise, das mit seiner 400 Mann starken Besatzung fünf Jahre unterwegs ist, um fremde Galaxien zu erforschen, neues Leben und neue Zivilisationen. Viele Lichtjahre von der Erde entfernt, dringt die Enterprise in Galaxien vor, die nie ein Mensch zuvor gesehen hat."*

Kommt Ihnen das bekannt vor? Richtig: Es ist der Vorspann der Kultserie „Raumschiff Enterprise" — deutsche Erstausstrahlung 1972. Dass dieses Zitat zu Beginn eines Artikels über Online-Marketing steht, ist zugegebenermaßen dick aufgetragen. Und doch leuchtet der Vergleich ein: Suche „Weltraum", ersetze es durch „Internet" und — schwupp — haben wir eine Analogie, die das Marketing mehr als 20 Jahre nach der Erfindung des Internets treffend bezeichnet.

7.1.1 Online-Marketing im Umbruch

Ja, auch wir Online-Marketers navigieren durch den Raum, weichen entgegenkommenden Hindernissen aus und kommunizieren mit den Bewohnern fremder Planeten und Raumschiffe. Das bedeutet auf der einen Seite: Ja, wir sind schnell unterwegs, und, ja, es macht verdammt viel Spaß, an Bord zu sein. Kurz, es bleibt spannend, gerade weil sich der moderne Marketer immer im Spannungsfeld zwischen wirklich neuen Technologien und altem Wein in neuen Schläuchen befindet. Das Neue aber ist die Einsicht, dass wir uns dank Internet in einem Marktumfeld befinden, das sich rasant ändert. Denn das Internet ist kein neues Medium, das Internet ist eine Infrastruktur. Und Unternehmen, die das verstehen und gestaltend umsetzen, sind die „Big Shots" der weltweiten Ökonomie. Von Apple und Amazon über IBM bis hin zu Google.

Mit dieser Einsicht verändert sich auch die Blickrichtung auf einzelne Marketing-unterdisziplinen. Deshalb ist es wichtig, unser altbekanntes Marketingwissen (von „Branding" bis „Zielgruppe") abzugleichen und gegebenenfalls anzupassen. Denn die neuen Technologien und Tools unterstützen die tägliche Marketingarbeit, beschleunigen sie und machen sie effektiver. Das führt letztendlich zu Ergebnissen, die den Wertbeitrag des Marketings belegen. Vorausgesetzt, man hat ein klar definiertes Ziel (inklusive Strategie), einen Plan (inklusive Budget) und den Biss, die Neuigkeiten (intern und extern) umzusetzen.

Im folgenden Artikel wollen wir einen Statusbericht des modernen Marketings geben. Weit entfernt von Besserwisserei stellen wir hier ein paar nützliche Mosaiksteine vor, die sich möglicherweise in das Gesamtbild des Lesers einpassen. Der Artikel sollte auch als Beispiel für Bescheidenheit und Demut gelesen werden. Wissen die Autoren doch aus der täglichen Arbeit, dass die Aussage „Jetzt weiß ich, wie's funktioniert" eine Halbwertzeit von Nanosekunden haben kann.

Und trotzdem: Wir lieben es, durch den Weltraum zu flitzen. Es macht Spaß, weil es spannend ist — und auch in Zukunft spannend bleibt. Lust bekommen? Steigen Sie ein, vielleicht stoßen Sie ja selbst in neue Galaxien vor, die Ihnen gefallen. Und wenn nicht, dann gibt es sicher den einen oder anderen Tipp, der Sie in Ihrem täglichen Geschäft einen Schritt weiterbringt.

7.2 Die richtige Medienauswahl für den optimalen Kommunikationsmix

Bei der Auswahl der wirksamsten Medien für Ihre Unternehmenskommunikation sind das Auge und die erste Begeisterung meist größer als die verfügbaren Ressourcen. So fristen leider immer noch zu viele tote Corporate Blogs, verwaiste Fanpages und nie befüllte Youtube-Channels ihr trauriges Dasein im Kommunikationsmix.

Die drei wichtigsten Fragen, die Sie sich vorab stellen sollten, lauten:

1. Wie viel Kapazitäten kann ich überhaupt für Social Media allokieren? Daraus leitet sich meist sehr schnell ab, welche Medien infrage kommen.
2. Welches Medium frequentiert meine Zielgruppe? Das können Stellensuchende bis hin zu Multiplikatoren sein.
3. Was erwartet meine Zielgruppe dort? Was kann ich ihr bieten?

TIPP

Ergänzen Sie soziodemografische Daten mit Daten über das Internetverhalten Ihrer Zielgruppe. Und bitte denken Sie nicht über Inhaltsdubletten Ihrer Webseiten nach. Der Nutzer klickt sie schneller weg, als Sie schauen können.

Dieses grobe Raster soll Sie bei der Wahl des richtigen Mediums unterstützen, um Ihnen eine erste Orientierung zu erleichtern. Beachten Sie, dass sich die Auswahl auf die in Europa gängigsten sozialen Medien beschränkt. Jedes dieser Medien bietet die Möglichkeit, eine in sich geschlossene Präsenz zu erstellen — und zusätzlich bezahlte Werbung für den eigenen Auftritt zu buchen.

Selbstverständlich gibt es bedeutend mehr Möglichkeiten, im Social Web vertreten zu sein. Einen besonderen Stellenwert haben etablierte Foren, Communitys und Blogs, die Ihre Zielgruppen regelmäßig besuchen. Hier besteht das Ziel nicht darin, eine eigene Präsenz zu schaffen, sondern über informative oder unterhaltende Inhalte einen Mehrwert zu schaffen. Ihr Unternehmen kann sich so indirekt als Experte, Berater oder Entertainer profilieren, der Kompetenzen und Wertversprechen durch den Inhalt demonstriert (Stichwort Content-Marketing). Ein weiterer positiver Nebeneffekt: Die Spezialisten in Ihrem Haus treten in den Vordergrund und erlangen eine medial sichtbare Kompetenz. Das unterstreicht nicht nur die Expertise Ihrer Mitarbeiter, sondern steigert auch die Glaubwürdigkeit und Kompetenz Ihres Unternehmens in der Außenwahrnehmung. Überzeugungskraft für die Etablierung von Experten innerhalb des Unternehmens dürfte dem Marketer zusätzliche Arbeit bereiten. Eine konsequente Nutzenargumentation für die eigenen Experten dürfte hierbei helfen.

Bei all Ihren Überlegungen sollten Sie nie vergessen, dass das Aufsetzen der jeweiligen Präsenz eher schnell und kostengünstig realisierbar sein sollte. Es erfordert aber deutlich mehr Zeit und Ressourcen, Ihren Auftritt zu pflegen, zu bewerben und die Inhalte regelmäßig zu erstellen. Egal, ob es sich um Texte, Audioaufnahmen oder Videos handelt.

Die Herausforderung beim integrierten Marketing liegt nicht in der simplen Bespielung aller vorhandenen Medien, sondern in der engen und intelligenten Verwebung von Inhalten. Dem Nutzer fällt instinktiv auf, ob Ihre Inhalte auf das jeweilige Medium zugeschnitten sind oder nicht — egal, auf welcher Plattform er sich gerade bewegt.

Verlockend ist der Einsatz technischer Tools wie HootSuite. Dabei handelt es sich um eine Art Content-Management-System für Social Media, mit dem Inhalte auf Twitter, Facebook, LinkedIn, Google+, Foursquare, WordPress und weiteren Plattformen publiziert werden können. So ein praktisches Tool wie HootSuite sollte nicht darüber hinwegtäuschen, dass die Bedürfnisse des Nutzers im Vordergrund stehen sollten und nicht die größtmögliche Verbreitung, auf Online-Deutsch auch Spread genannt, ein und derselben Information.

Das Biotech-Unternehmen LifeTechnologies demonstriert eindrucksvoll, wie in einem rein wissenschaftlichen Umfeld moderne Medien in Verbindung mit klassischer Kommunikation eine sehr erfolgreiche Symbiose eingehen. Die einzelnen Plattformen sind immer wieder unaufdringlich miteinander verwoben, sodass die User Journey — neudeutsch für die Kontaktpunkte des Nutzers auf dem Weg zu einer Aktion — nicht durch den Wechsel in andere Medien gestört wird.

Durch die kommunikative Innovationskraft von LifeTechnologies hat sich das Unternehmen auch außerhalb der Branche eine beachtliche Reputation erworben. So wurden beispielsweise die App „3D Cell & Cell Staining Tools" mehrfach ausgezeichnet (durch Apple als „Top 5 Higher Education App" und als „Top 10 Education iPad App" und Gewinner des W3 Silver Award). Die dadurch generierte Reichweite und Reputation ist durch Marketingmaßnahmen kaum zu erreichen.

Ein anderes Beispiel ist der Auftritt von The Linde Group (http://www.the-linde-group.com). Er ist sehr gelungen, was sich durchaus auch aus der Anzahl der Freunde auf Facebook bzw. der Follower auf Twitter schließen lässt.

Die Auswahl der sozialen Plattformen ist klein, dafür sind sie eng miteinander verzahnt und sowohl das Look-and-Feel als auch die Ansprache der Zielgruppen ist durchgängig seriös, clean und modern. Der Leser wird darüber hinaus auf verschiedenen Ebenen angesprochen:

- sachlich durch technokratische Inhalte (zum Beispiel neue technologische Entwicklungen),
- emotional durch den Einsatz zahlreicher Fotos und „interner" Informationen (zum Beispiel interne Healthcare-Programme),
- kurzweilig durch das Einbinden von Neuigkeiten außerhalb des Unternehmens (zum Beispiel Glückwünsche an die Gewinner des Nobelpreises Higgs und Englert).

Die Frequenz und der Umfang der Veröffentlichungen sind auf die Eigenheiten des jeweiligen Mediums abgestimmt: vier bis fünf Einträge auf Facebook je Woche, drei bis vier Videos auf YouTube je Quartal usw.

Einziger Wermutstropfen: Bei näherem Hinschauen fällt schnell auf, dass die Inhalte auf Facebook und Google+ identisch sind. Außerdem gibt es kaum einen Beitrag, der geteilt oder kommentiert wurde. Je nach Contentstrategie könnte es also Sinn machen, entweder Aussagen stärker zu polarisieren, den Leser aktiv einzubinden (beispielsweise über eine Umfrage) oder den sogenannten Call-to-Action deutlicher zu formulieren (zum Beispiel „Was denken Sie darüber?" oder „Geht es Ihnen auch so?").

Insbesondere bei Unternehmen mit einem hohen Bekanntheitsgrad sind Social-Media-Kanäle für die Imagepflege oder für HR-Zwecke unerlässlich. Hier sind vor allem Krones, John Deere und BASF als positive Beispiele zu nennen.

7.3 SEO oder die Kunst, Google zu beeindrucken

Nichts ist so vergänglich wie die Weisheiten zum Thema SEO. Treibende Kraft ist das Technologieunternehmen Google, das aus dem Prinzip Suchmaschine ein veritables Geschäftsmodell zimmerte, das zudem disruptiv für ganze Branchen wie die Medien ist. Für den interessierten Leser mag ein nicht geteilter Post nicht weiter auffällig sein. Für ein gutes Suchmaschinen-Listing kann es jedoch eine große Rolle spielen. Daher sollen in diesem Abschnitt die verschiedenen Einflussfaktoren auf das organische Ranking Ihrer Webseite beleuchtet werden. Das Pendant zum organischen Ranking (SEO) ist das gekaufte Ranking (SEA) in Form von gekauften Anzeigen.

Der Begriff SEO (Search Engine Optimization) stammt aus einer Zeit, als Sie die Positionierung Ihrer Webseite noch über sogenannte Meta Tags steuern konnten und die Welt weit von einem Quasi-Monopol Googles entfernt war.

Heute muss eine Webseite nicht mehr auf die Anforderungen unterschiedlicher Suchmaschinen optimiert werden, es genügt, sich auf Google zu fokussieren. Zumindest in Deutschland, wo Google mit einem Marktanteil von mehr als 90 Prozent die anderen Suchmaschinen weit überholt hat — wie übrigens auch in den meisten anderen Ländern dieser Erde. Dennoch ist es sehr viel schwieriger geworden, eine Webseite bei den Google-Suchergebnissen auf Seite eins der Trefferliste zu positionieren. Nicht nur die Anzahl der Webseiten ist in den vergangenen 15 Jahren in nahezu unmessbare Dimensionen gestiegen, auch die Kriterien, nach denen Google eine Webseite bewertet — und somit auch listet — sind sehr komplex geworden. Das Entscheidende dabei: Die Regeln des Google-Algorithmus sind ebenso geheim wie die Coca-Cola-Formel. SEO ist also eine Teildisziplin im Online-

Marketing, die als kostengünstiger Kanal höchst interessant ist. Die Spielregeln ändern sich jedoch ständig und sind selten vorhersehbar. Jedes Update bei Google kann sich direkt auf die eigene Webseite auswirken, oft auch schmerzhaft, weil eine sogenannte Penalty von Google meist mit einem Traffic-Verlust verbunden ist. SEO ist das alte Hase-Igel-Spiel: Immer, wenn Sie denken, „so, jetzt sind wir so weit", können Sie schon wieder mit dem Optimieren unter anderen Vorzeichen beginnen. Und trotzdem lohnt es sich. So wurde beispielsweise HEXAL in der aktuellen Studie B2B-Online 2013 von absolit als erfolgreichstes B2B-Unternehmen im Bereich Suchmaschinenmarketing gekürt. Diese strategische Ausrichtung hängt stark vom jeweiligen Bekanntheitsgrad ab. So will HEXAL — ebenso wie die Zweit- und Drittplatzierten Vaillant und Hansgrohe — mit unternehmensrelevanten Keywords gefunden werden.

Aufgrund verschiedener Untersuchungen konnten jedoch Metriken abgeleitet werden, nach welchen Aspekten und mit welchem Faktor Google eine Webseite bemisst. Die Studie von Searchmetrics mit dem Titel „SEO Ranking-Faktoren 2013 für Google Deutschland" gibt hierzu einen Überblick:

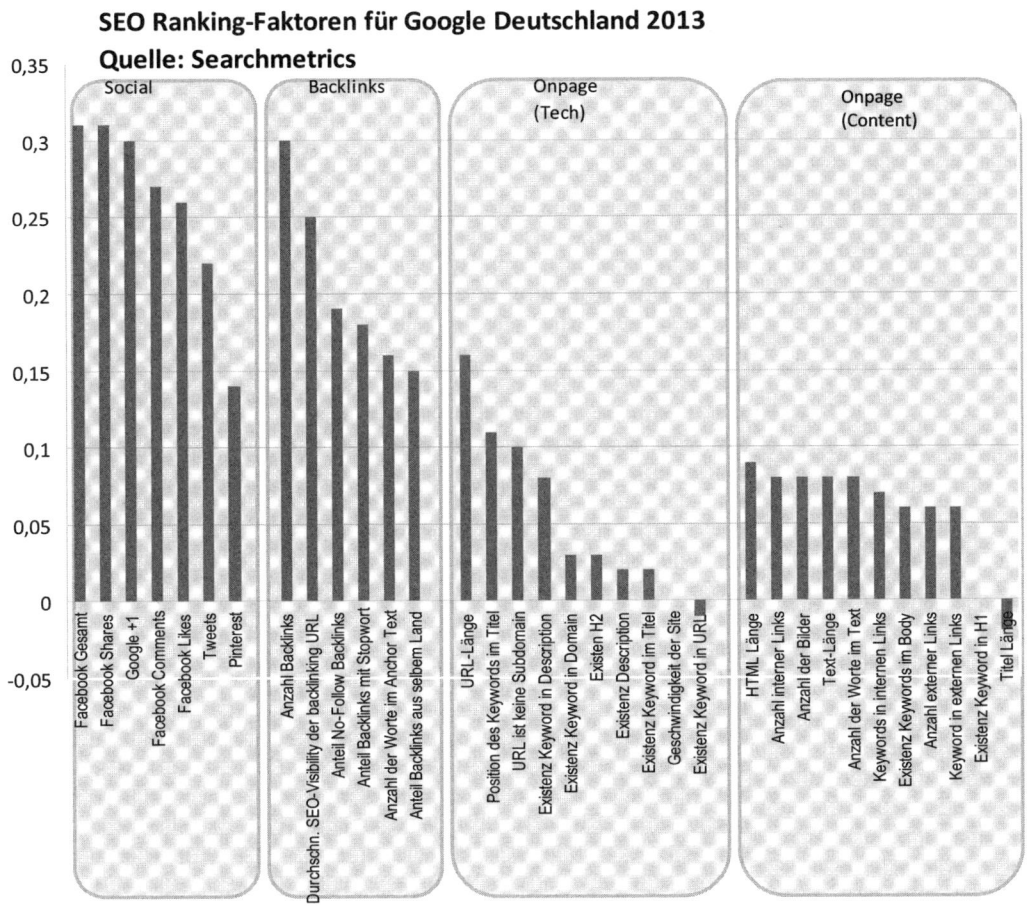

Abb. 1: Ranking-Faktoren-Übersicht 2013[1]

Weitere internationale Erhebungen zur Relevanz der einzelnen Rankingfaktoren bewerten die Wichtigkeit der sozialen Medien — und insbesondere von Facebook-Shares — weniger stark. Die Anzahl der Einflussfaktoren ist jedoch ähnlich überwältigend.

---

[1] Quelle: http://www.searchmetrics.com; abgerufen am 25.03.2014.

Abgeleitet von diesen Untersuchungen lassen sich zwei Aktionsfelder bestimmen, nach denen eine Webseite optimiert werden sollte:

- On-Site-Optimierung: Optimierung der Webseite selbst, zum Beispiel durch die Optimierung der Keyworddichte, des Quellcodes.
- Off-Site-Optimierung: Steigerung der Anzahl und Qualität der Links, die auf Ihre Webseite verlinken.

Um die Relevanz Ihrer Webseite nachhaltig zu steigern, können Sie sich an dem folgenden Vorgehen orientieren:

1. On-Site- und Off-Site-Analyse und Priorisierung der Handlungsfelder

OnSite-Analyse			
Aspekt	**Ausprägungen (Beispiele)**	**Optimierungs-bedarf**	**Priorität (1 bis 4)**
Seitenbeschreibung • Titel • Meta Description	Auf allen Seiten individuell vorhanden; beinhalten relevante Keywords; maximale Zeichenlänge berücksichtigt	Ja/Nein Ja/Nein	
Website URL • Domain Alter • Domain Struktur • Verzeichnistiefe	Einheitliche und klare Domainstruktur; Verzeichnistiefe angemessen	Ja/Nein Ja/Nein Ja/Nein	
Content • Headline Struktur & Aufbau • Keyworddichte • Keywordverwendung	Verwendung von Headline Tags (H1–H4); 4 bis 6 % Keyworddichte; Keywords prominent platziert	Ja/Nein Ja/Nein Ja/Nein	
Interne Verlinkung • Linktext • Linkplatzierung	Links enthalten Keywords und sind kontextsensitiv, Verwendung von Title Tags; verlinkte Grafiken	Ja/Nein Ja/Nein	
Bild Verwendung • Bildbeschreibung • Dateinamen	Alt und Title Tags; Bildunterschriften; aussagekräftige Dateinamen	Ja/Nein Ja/Nein	
PDF Verwendung • PDF-Beschreibung • Dateinamen	PDF suchmaschinenoptimiert und indizierbar; Alt und Title Tags; aussagekräftige Dateinamen	Ja/Nein Ja/Nein	
Programmierung • Aufbau Quellcode • Sitemap.xml/txt • Robots.txt	Suchmaschinenrelevanter Content so weit vorne wie möglich, Sitemap anbieten	Ja/Nein Ja/Nein Ja/Nein	

OffSite-Analyse			
Aspekt	**Ausprägungen (Beispiele)**	**Optimierungs-bedarf**	**Priorität (1 bis 4)**
Google PageRank	>= 5 als akzeptabler Ausgangswert	Ja/Nein	
Anzahl der Keywords in den Top 100 Google Such-ergebnissen je Zielland	Wenn möglich basierend auf der Keyword-Strategie	Ja/Nein	
Backlinks	Qualitative und quantitative Anzahl an Backlinks	Ja/Nein	
Deeplinks	Ausgeglichenes Link-Verhältnis Startseite zu Homepage	Ja/Nein	
NoFollow – Follow Links	Ausgeglichenes Link Verhältnis NoFollow zu Follow Links.	Ja/Nein	

Wenn Sie keinen Dienstleister beauftragen möchten, können die folgenden Tools bei der Analyse Ihrer Webseite helfen:

- Sistrix Toolbox,
- XOVI,
- Link Research Tools,
- OnPage.org,
- SEOlytics.

Einen Vergleich wichtiger SEO-Tools auf dem deutschsprachigen Markt finden Sie beispielsweise auf der Webseite http://www.eisy.eu/seo-tools-vergleichen.

2. Erstellen einer Keywordstrategie

Definieren Sie für Ihre strategisch wichtigen Content-Seiten Keywords. Diese Keywords können kostenlos mithilfe des „Google Keyword Tools" eruiert und hinsichtlich ihres Suchpotenzials, ihrer Wettbewerbsdichte und möglicher Keywordalternativen für Ihre Zielregion überprüft werden. Weitere Optionen zur Parametrierung Ihres Bedarfs sind ebenfalls im Google Keyword Tool verfügbar.

Bei der Auswahl des Hauptkeywords und der begleitenden Keywords ist es optimal, wenn Ihr Keyword so aussagekräftig wie möglich ist — bei gleichzeitig größtmöglichem Suchpotenzial und geringem Mitwettbewerb.

Die Keywordstrategie ist eine wichtige Grundlage für all Ihre SEM (Search Engine Marketing)-Aktivitäten und wird sowohl für die On-Site-Optimierung im Rahmen von SEO eine wichtige Rolle spielen als auch für Ihre SEA-Maßnahmen, wenn Sie bezahlte Anzeigen schalten möchten.

Umgekehrt lässt sich das Google Keyword Tool hervorragend nutzen, um die Marktgröße und -relevanz Ihres Unternehmens oder Ihren Wettbewerbern oder die Erfolgswahrscheinlichkeiten von Kampagnen im Voraus anhand des Suchvolumens abzuschätzen.

3. Umsetzung der Handlungsfelder und regelmäßiges Tracking auf der Basis Ihrer Keywordstrategie

Da SEO nicht mit einer klassischen Marketingkampagne zu vergleichen ist, erfolgt die Umsetzung meist iterativ — begonnen bei den Maßnahmen, die sich leicht umsetzen lassen und einen großen Mehrwert bringen bis hin zu einer dauerhaften Backlink-Strategie. So kann es beispielsweise sinnvoll sein, zuerst die globale Webseiten-Programmierung glattzuziehen, bevor Sie sich in umfangreiche Textanpassungen stürzen und Inhalte für Ihre Backlink-Generierung erstellen.

Durch regelmäßiges Tracking lässt sich die Positionierung Ihrer Webseite je Keyword und lokaler Googlesuche überprüfen. Auch wenn einzelne Pages auf SEO-Anforderungen optimiert sind, kann sich das Listing in den länderspezifischen Suchen unterschiedlich verhalten.

4. Cost-per-Click als SEA-Key-Performance-Indikator

Im Gegensatz zu SEO steht SEA (Search Engine Advertising) für die Schaltung bezahlter Anzeigen innerhalb der organischen Suche oder im sogenannten Content-Netzwerk. Diese Anzeigen sind meist rein textlicher Natur oder — insbesondere im Content-Netzwerk — auch Banner-Ads.

Parallel zur Auffindbarkeit Ihrer Webseite in der Suche können Sie sich über Suchmaschinenwerbung zusätzlichen Traffic für Ihre Webseite einkaufen. Auch wenn in Unternehmen gerne diskutiert wird, ob diese Ausgaben überhaupt nötig sind („wir sind doch sowieso auf Platz 1"), so können Sie die Schaltung und die Inhalte Ihrer sogenannten Ads selbst steuern und sehr genau tracken. Anzeigen sind also hervorragend geeignet, um Produkte, Services oder die eigene Brand gezielt zu bewerben.

Viele Unternehmen erstellen hierfür separate Landingpages, um die Werbe- bzw. Markenbotschaft noch präziser formulieren und eine direkte Handlungsaufforderung einfließen lassen zu können (zum Beispiel „jetzt kaufen", „Angebot anfordern", „Newsletter abonnieren").

Außerdem können Anzeigen dabei helfen, eine neue Webseite respektive einen neuen Blog oder ein neues Produkt schneller in den organischen Suchindex zu bringen. Daher lohnt es sich gerade bei neuen Präsenzen, eine Ad-Kampagne zu schalten.

Beim Erstellen Ihrer SEA-Kampagne sollten Sie unbedingt auf Ihre Keywordstrategie zurückgreifen. Zusätzlich kann es Sinn machen, Brands von Mitbewerbern in die eigene Kampagne mit aufzunehmen. Um darüber hinaus die Kampagne besser budgetieren zu können, hilft auch hier wieder das Google Keyword Tool. Es gibt Ihnen Informationen über den geschätzten Cost-per-Click.

7.4 Megatrend Mobile

Das Marketing der nächsten Generation muss der Tatsache Rechnung tragen, dass sich die Welt durch das Internet fundamental geändert hat. Klar hat es Charme, wenn man Marketingbotschaften auf Büttenpapier per Post (in Digitalsprech: via „Snail-Mail") zugeschickt bekommt. Aber ist der Erfolg auch schnell und einfach messbar? Gerade im B2B-Marketing kann dieser Kanal durchaus effektiv und adäquat sein. Es kommt ja immer auf das zu vermarktende Produkt an. Aber zeitgemäß ist es sicher nicht, Briefe auf Papier zu verschicken. Denn besonders ein Trend schickt sich an, unser Verständnis von Marketing ordentlich durchzurütteln: das Thema „Mobile".

Damit meinen wir die weltweite Entwicklung, dass immer mehr Menschen mit mobilen Endgeräten auf das Internet zugreifen. Allein in Deutschland nutzten im Jahr 2013 laut ARD/ZDF-Onlinestudie 41 Prozent aller Internetuser mobile Endgeräte. Das sind satte 30 Prozent mehr als im Jahr 2009.

Mobile Internetnutzung 2009 bis 2013 (in %)					
	2009	2010	2011	2012	2013
Gesamt	11	13	20	23	41
Männer	15	16	26	27	46
Frauen	8	10	13	20	36
14 bis 18 J.	12	21	28	46	64
10 bis 29 J.	18	16	34	40	68
30 bis 39 J.	11	15	23	28	46
40 bis 49 J.	10	13	16	15	42
50 bis 59 J.	8	9	10	12	24
ab 60 J.	9	4	7	9	14
Basis: Deutsche Onlinenutzer ab 14 Jahren (2009: n=1 212; Deutschspr. Onlinenutzer ab 14 Jahren (2013: n=1 389, 2012: n=1 366, 2011: n=1 319, 2010: n=1 252).					

Abb. 2: Mobile Internetnutzung[2]

Für unser Business bedeutet der Trend „iPhone statt Tageszeitung, Kindle statt Buch" vor allem eins: Ein grundlegend sich änderndes Mediennutzungsverhalten, das die Grundhaltung „alles muss mobil zur Verfügung stehen" nach sich zieht. Und so treibt der Endkonsument uns B2B-Marketers vor sich her, denn die Erwartungshaltung ist immens. Im Klartext: Der moderne Marketer muss dafür sorgen, dass seine Botschaften nicht nur im richtigen Look-and-Feel, im richtigen Wording, sondern auch medienadäquat dargestellt werden.

Und genau hierin liegt die große Veränderung. Denn die Frage lautet, wie man in Zeiten stagnierender oder gar schrumpfender Budgets Marketingaktionen durchführen kann, die per se immer aufwendiger werden.

Und woran erkenne ich, ob dieser Mobile-Trend auch in meinem Business zum Tragen kommt? Ganz einfach: Lassen Sie sich einfach mithilfe der in Ihrem Unternehmen eingesetzten Web-Analyse-Software, egal ob sie Omniture oder Google Analytics heißt, einen Report erstellen, der Ihnen die folgende Frage beantwortet: Wie hat sich der mobile Traffic auf Ihrer herkömmlichen Unternehmenswebseite innerhalb der letzten zwei bis drei Jahre entwickelt? Interessant wird es, wenn a) der aktuelle Wert über 15 Prozent liegt und Sie b) noch keine Webseite haben, die optimal auch auf kleinen Screens dargestellt wird. Denn 15 Prozent Traffic, also potenzielle Kundschaft, nur mangelhaft zu bedienen, sollte bei Ihnen die Alarmglocken schellen lassen.

---

[2]   Quelle: ARD/ZDF-Onlinestudien 2009 bis 2013.

Aus dieser Zwickmühle kommen Sie eigentlich nur heraus, indem Sie Ihre Unternehmenswebseite komplett neu aufsetzen. Und nach Richtlinien des sogenannten „Responsive Webdesigns" gestalten.

Laut Wikipedia „handelt es sich (dabei) um einen gestalterischen und technischen Ansatz zur Erstellung von Webseiten, sodass diese auf Eigenschaften des jeweils benutzten Endgeräts, vor allem Smartphones und Tabletcomputer, reagieren können. Der grafische Aufbau einer „responsiven" Webseite erfolgt anhand der Anforderungen des jeweiligen Gerätes, mit dem die Seite betrachtet wird. Dies betrifft insbesondere die Anordnung und Darstellung einzelner Elemente, wie Navigationen, Seitenspalten und Texte, aber auch unterschiedliche Eingabemethoden von Maus (klicken, überfahren) oder Touchscreen (klicken, wischen)."[3]

Durch diese Definition dürfte Ihnen jetzt auch klar sein, dass Responsive Webdesign innerhalb kürzester Zeit zur Mindestanforderung für die Webseitenerstellung — also für die technische Umsetzung *und* Gestaltung (in genau dieser Reihenfolge) — geworden ist.

Für das tägliche Geschäft im Marketing bedeutet „Responsive Design" allerdings auch, dass dazugelernt werden muss, und zwar bei den Mitarbeitern im Team. Denn die Mitarbeiter können die beauftragten Agenturen tatsächlich nur gut steuern, wenn sie wissen, worum es bei diesem neuen Ansatz tatsächlich geht.

Natürlich brauchen Sie höchstwahrscheinlich auch neue Agenturen, die das Prinzip verstehen, die technisch und gestalterisch dazu in der Lage sind, es umzusetzen. Das wiederum erhöht Ihren persönlichen Rechercheaufwand, der sich jedoch auszahlen wird.

Das riecht nach mehr Arbeit, meinen Sie? Stimmt. Und die schlechte Nachricht dazu: Sie werden nicht nur punktuell mehr Budget benötigen, sondern zukünftig wohl jedes neue Webprojekt — ob Landingpage für Einzelaktionen oder ganze Webseiten — responsive aufsetzen müssen. Denn ein Design für nur einen Screen wie bisher zu entwerfen, ist nun mal günstiger und unaufwendiger als viele verschiedene Darstellungen auf den unterschiedlichsten Screens vom Handy über das Tablet bis hin zum Großbildschirm.

Ein weiterer Weg, spezifisch den mobilen Kanal zu bedienen, ist via Apps. Ob sich die spezifische Entwicklung von Apps als Marketingtool für den B2B-Bereich lohnt, kommt sicher auf die spezifischen Bedürfnisse Ihrer Zielgruppen an. Wenn Sie sich

---

[3]   Quelle: http://de.wikipedia.org/wiki/Responsive_Webdesign; abgerufen am 09.07.2014.

jedoch dafür entscheiden, eigene Apps zu lancieren, können wir Ihnen einen wichtigen Rat mitgeben: Seien Sie sich bewusst, dass die maßgeschneiderte Produktion einer App aufwendig ist. Ebenso aufwendig ist die ständige Pflege dieser Apps. Denn nur stetige Verbesserung durch neue Releases macht eine App zu einem nützlichen Instrument für Ihre Kunden. Deshalb wägen Sie bitte sorgfältig ab, ob sich der hohe Aufwand in Ihrem Fall lohnt. Ach, und beinahe hätten wir es vergessen: Eine App sollten Sie natürlich nicht nur in der Programmiersprache iOS entwickeln, sondern natürlich auch für Android-Geräte. So werden schnell aus „einer App" zwei Apps. Wenn Ihre App zusätzlich noch auf Tablet-Computern wie Apples iPad oder Samsungs Galaxy optimal dargestellt werden soll, müssen die Apps für diese Systeme auch extra programmiert werden. Am Ende haben Sie de facto vier Apps, obwohl Sie doch nur eine einzige App wollten. Wir wollen hier nicht gegen die kleinen Wunderwerke namens App feuern. Wir wollen Ihnen lediglich aufzeigen, welche Tragweite es hat, wenn Sie einen Managementauftrag à la „Machen Sie uns mal eine App" annehmen.

7.5 Vernetzte Kommunikation

In der Kommunikation hat sich in den letzten zehn Jahren lediglich eine Sache nicht geändert: Die Information, die vom Sender zum Empfänger übermittelt werden soll. Ein Indikator dafür sind Begriffe wie „Endgerät", „mediale Welt" und „always on", die sich erst in den letzten Jahren etabliert haben.

Heute werden E-Mails am Abend kurz auf dem Tablet gelesen, die Freunde im Ausland werden auf Facebook oder via Skype über den Familienzuwachs informiert und wer sich gerade verfahren hat, lässt sich einfach vom Smartphone ans Ziel navigieren. So hat sich nicht nur unser privates Kommunikationsverhalten verändert, auch die berufliche Information und Kommunikation findet nicht mehr nur von PC zu PC am Arbeitsplatz statt. Das stellt natürlich insbesondere uns als Marketing- und Kommunikationsexperten vor gänzlich neue Herausforderungen: Die undankbaren Kunden verschmähen die heiß geliebte Webseite und auch der brav versendete Newsletter wird kaum noch gelesen. Und warum müssen jetzt plötzlich Multiplikatoren und Netzwerke adressiert werden? Früher konnte Aufmerksamkeit noch mit ein paar Bannern generiert werden — heute müssen plötzlich personalisierte und mediengerechte Inhalte her, um (potenzielle) Kunden zum Klicken zu animieren. Verkehrte Welt? Ja!

Der Begriff „Netzwerk" hat in den letzten Jahren eine ganz neue Bedeutung erhalten. „Mein Netzwerk" sind im gängigen Sprachgebrauch die Personen, mit denen ich in mehr oder weniger regelmäßigem Austausch stehe. Heute sprechen wir im Marketingumfeld auch von vernetzter Kommunikation. Das bedeutet, dass wir über verschiedene Kanäle, Medien und Endgeräte hinweg mit unseren Zielgruppen kommunizieren.

Der Dienstleister SevenOne Media gibt die folgende treffende Definition: „Vernetzte Kommunikation ist die Umsetzung von Marketingmaßnahmen mit einer durchgängigen Werbeidee in den unterschiedlichen Mediengattungen, die unter Berücksichtigung ihrer spezifischen Selektionsmöglichkeiten und Darstellungsformen inhaltlich und formal verknüpft sind. Die Verknüpfung kann redaktionell und/oder werblich geschehen. Die Verknüpfung dient dabei einer aktiven Userführung über die verschiedenen Mediengattungen hinweg und hat zum Ziel, den Nutzern und dem Werbungtreibenden einen spezifischen Mehrwert zu bieten."[4]

Dieser neuen Welt müssen wir uns nicht nur privat, sondern auch im Business-Umfeld stellen, denn sie ist längst Realität. Sich dem zu verweigern bedeutet schlicht, Wettbewerbsnachteile in Kauf zu nehmen. Ein bekanntes Beispiel war im Endkundenbereich der Versandhandel Quelle, der zu lange gezögert hat und erst spät ins Online-Business eingestiegen ist. Zu spät, um den Kampf mit Amazon und Co. zu überleben, wie sich herausstellte.

Natürlich muss nicht jedes Unternehmen in allen (sozialen) Netzwerken von Facebook bis XING gleichermaßen präsent sein. Aber jedes Unternehmen sollte für sich prüfen,

- über welche Kanäle (zum Beispiel Suchmaschinen, News-Portale, soziale Netzwerke, Blogs) sich welche Zielgruppe informiert und über welche sie kommuniziert,
- welche Medien (zum Beispiel E-Mail, Webseite, Video, App, WAP Push) hierfür relevant sind,
- welche Inhalte/Informationen die jeweiligen Zielgruppen ansprechen (zum Beispiel Promotions, Stellenangebote, Anwendungsbeispiele, Kundenreferenzen),
- auf welchen Endgeräten (zum Beispiel PC, Laptop, Tablet, Smartphone) diese Inhalte/Informationen abgerufen werden.

---

[4]   Quelle: https://www.sevenonemedia.de; Seite 5, abgerufen am 01.06.2014.

Das wird anhand einiger Beispiele klarer:

> **BEISPIEL: Wie Netzwerke genutzt werden können**

- Der junge Azubi in spe interessiert sich für eine Stelle, die er als Facebook-Ad wahrgenommen hat.
- Auf YouTube werden komplexe Sachverhalte anschaulich in Form von kurzen Tutorials erklärt. Der Account Manager nutzt diese Tutorials gerne für Präsentationen beim Kunden.
- Der Geschäftspartner ist nicht an Promos oder Aktionen interessiert. Wenn er aber im Zug sitzt, liest er gerne den CEO-Blog des Unternehmens auf seinem Smartphone.
- Eine Journalistin schreibt für ein Fachmagazin einen Artikel und möchte gerne einen Experten zu Wort kommen lassen. Sie recherchiert in XING nach einem Ansprechpartner.
- Ein Softwareentwickler aus Pakistan, der nach einem Job in Deutschland sucht, tut das wahrscheinlich nicht auf ihrer Unternehmenswebseite. Er kennt Ihre Firma im Zweifelsfall gar nicht. Wo er sich jedoch über neue Jobs informiert, ist die Business-Plattform LinkedIn. Warum dort nicht günstig online Anzeigen schalten oder einen eigenen Auftritt installieren?

7.6 Beam me up!

Ihnen als verantwortlichem Marketer möchten wir lediglich zwei Dinge mit auf den Weg geben: Fokussieren Sie sich auf Ihre Zielgruppen und hören Sie vorurteilsfrei zu. Ermitteln Sie die Bedürfnisse Ihrer Zielgruppen und finden Sie heraus, in welchen Medien sie sich informieren und formieren. Entscheiden Sie erst dann, welchen Nutzwert-Content Sie Ihren Zielgruppen in welchem Medium zur Verfügung stellen.

Erinnern Sie sich noch an Second Life? Versenden Sie noch SMS oder nutzen Sie WhatsApp wie über 500 Millionen andere Nutzer oder aber gehören Sie zu denjenigen, die aus Gründen der Privatsphäre und der informationellen Selbstbestimmung auf andere Anbieter zurückgreifen? Die Landschaft der sozialen Plattformen ist immer noch stark in Bewegung.

Auch wir können Ihnen heute nicht sagen, welche Medien in zwei Jahren angesagt sein werden. Daher möchten wir Sie dazu ermutigen, nicht zu lange zu warten, sondern einfach loszulegen. Wenn Sie denken, dass Sie Ihre Zielgruppen verstehen, können Sie nicht viel falsch machen. Und sollte Ihre Präsenz dennoch nicht von Erfolg gekrönt sein, können Sie sich immer noch zurückziehen — ganz nach dem Motto „easy start, easy kill". Warten Sie also nicht darauf, dass Scotty sie raufbeamt. Tun Sie es einfach selbst!

Marketing und Moneten

Wie sich die Budgetstrukturen in der IT verändert haben und weiter verändern werden

Markus Altvater

Jedes Jahr im Spätsommer steht sie an: die Marketingbudgetplanung. Je nach Geschäftsjahr des Unternehmens kann der Zeitpunkt etwas variieren. Identisch sind hingegen die Fragen, die es zu beantworten gilt: Welche Marketingziele sollen im darauffolgenden Geschäftsjahr erreicht werden? Mit welcher Gewichtung sollen sich Marketing und Unternehmenskommunikation diesen Zielen widmen? Und die entscheidende Frage: Wie viel Budget steht hierfür zur Verfügung und wie soll es auf die Erreichung einzelner Ziele und auf bestimmte Kanäle und Maßnahmen verteilt werden?

Der BITKOM e. V. und die Bitkom Research GmbH führen seit 2009 unter Marketingverantwortlichen der BITKOM-Mitgliedsunternehmen jährlich eine Befragung zu Marketing- und Kommunikationsbudgets und deren Verteilung auf Kommunikationskanäle und -maßnahmen durch. 2012 wurde die Befragung ausgesetzt, um den Fragebogen zu überarbeiten. Die Ergebnisse sind aufgrund der geringen Teilnehmerzahl (2013: 94 Unternehmen, davon 62 kleine und mittlere Unternehmen[1], 32 große Unternehmen) nicht repräsentativ, geben aber durch ihre Tiefe dennoch einen guten Eindruck von den Branchenstandards und ermöglichen IT-Unternehmen einen individuellen Abgleich mit den eigenen Planungen. Bei der Überarbeitung des Fragebogens wurde zum Teil auch die Methodik der Befragung verändert und der Untersuchungsgegenstand erweitert. Daher ist eine „saubere" Zeitreihenanalyse der Ergebnisse von 2013 mit den Vorjahren nur in Teilen möglich und die nachfolgenden Grafiken stellen eine Momentaufnahme dar. Gleichwohl gibt es Parallelen bei den Entwicklungen in den Ergebnissen der Vorjahre.

---

[1]   Bis 499 Mitarbeiter, bis 50 Millionen Euro Jahresumsatz, gem. Institut für Mittelstandsforschung, Bonn.

8.1 Bei der Budgetierung überwiegen heuristische Methoden

Bei heuristischen Ansätzen der Budgetierung kommen einfache, auf Plausibilitäts-überlegungen basierende Budgetierungsregeln zur Anwendung. 45 Prozent der Unternehmen planen ihre Marketingbudgets auf Basis der Mittel der Vorperiode (vgl. Abbildung 1).

Grundlagen für die Marketingbudgetplanung

Auf welcher Basis plant und budgetiert Ihr Unternehmen die Marketing- und Kommunikationsausgaben? (Mehrfachnennung möglich)

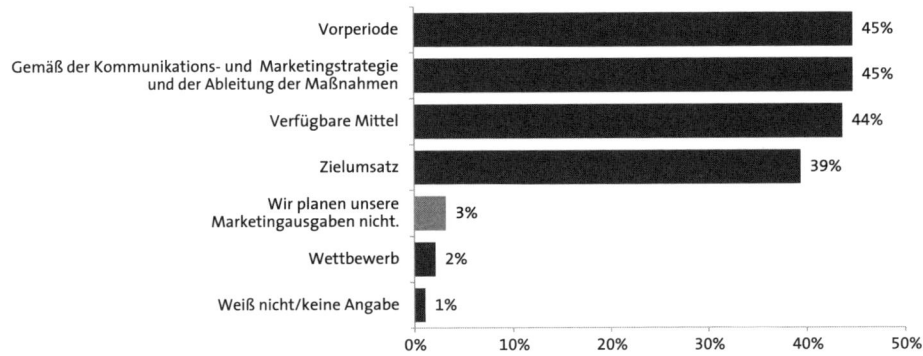

Basis: Alle befragten Marketing-/Kommunikationsleiter bzw. Geschäftsführer (n=94)
Quelle: BITKOM, Umfrage zum Marketing-/Kommunikationsbudget 2013

Abb. 1: Grundlagen für die Marketingbudgetplanung

Ebenfalls 45 Prozent budgetieren gemäß der Kommunikations- und Marketingstra-tegie des Unternehmens und der Ableitung der hierfür erforderlichen Maßnahmen. 44 Prozent planen entsprechend der aktuell verfügbaren Mittel.

Es ist davon auszugehen, dass in einzelnen Unternehmen mehrere Methoden zum Einsatz gelangen, da eine Mehrfachauswahl der Methoden möglich war.

Im Vergleich dazu setzen aktuell nur noch 39 Prozent der Unternehmen analy-tische Methoden ein und errechnen das benötigte Budget mittels der Werbewir-kungsfunktion auf Basis des Zielumsatzes. Auffällig ist, dass diese Methoden in den Jahren 2009 bis 2011 mit über 50 Prozent der Befragten immer überwogen, gemeinsam mit der Planung auf Basis der Vorperiode und der verfügbaren Mittel.

Es zeichnet sich also ab, dass die „Berechnung" der Marketingbudgets streng genommen immer mehr zu einer Zuteilung wird bzw. zu einer „Verteidigung" der Vorjahresbudgets gegenüber der Geschäftsleitung. Einzelne Unternehmen berichten gar von einer „Zuteilung vom Headquarter ohne weitere Begründung".

8.2   Der Anteil des Budgets am Gesamtumsatz variiert mit der Unternehmensgröße

Während in großen IT-Unternehmen das Marketingbudget im Schnitt 1,9 Prozent des Gesamtumsatzes beträgt, liegt dieser Wert in kleinen und mittleren Unternehmen mit 5,2 Prozent deutlich höher (vgl. Abbildung 2). Berücksichtigt wurden hierbei sowohl Fremdkosten, zum Beispiel für Agenturhonorare oder Medialeistungen, als auch interne Kosten, zum Beispiel Personalkosten.

Durchschnittlicher Anteil des Marketingbudgets am Umsatz: 4,2%

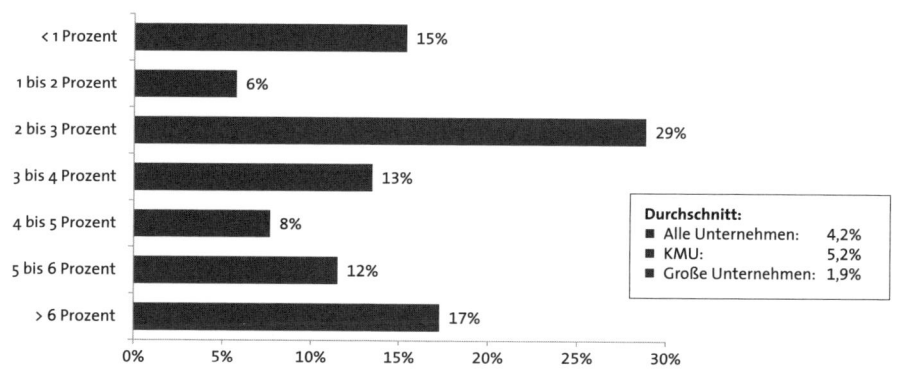

Wie hoch ist Ihr Gesamt-Marketing-/Kommunikationsbudget in Relation zum Gesamtumsatz des Unternehmens (in Prozent)?

< 1 Prozent	15%
1 bis 2 Prozent	6%
2 bis 3 Prozent	29%
3 bis 4 Prozent	13%
4 bis 5 Prozent	8%
5 bis 6 Prozent	12%
> 6 Prozent	17%

Durchschnitt:
- Alle Unternehmen: 4,2%
- KMU: 5,2%
- Große Unternehmen: 1,9%

 Basis: Alle befragten Marketing-/Kommunikationsleiter bzw. Geschäftsführer, die Prozentangaben zum Anteil des Budgets gemacht haben (n=62)
Quelle: BITKOM, Umfrage zum Marketing-/Kommunikationsbudget 2013

Abb. 2: Durchschnittlicher Anteil des Marketingbudgets am Umsatz

Die 1,9 Prozent Budget in großen Unternehmen sind typisch für den gesamten B2B-Bereich. In der Elektronikindustrie beträgt das Budget im Vergleich 1,7 Prozent des Umsatzes[2]. Ausschlaggebend für die Höhe des Budgets gemessen am Umsatz sind darüber hinaus

---

[2]   Quelle: ZVEI-Erhebung Marketing- und Kommunikationskosten 2010.

Marketing und Moneten

Kriterien wie Alter und Reifegrad der Unternehmung sowie der Produktlebenszyklus. Zur Etablierung am Markt und zur Steigerung der Unternehmensbekanntheit müssen Start-ups prozentual deutlich höhere Budgets in Marketing und Kommunikation investieren. Bei Konsumgütern kann das Budget, insbesondere in der Launch-Phase, auf bis zu 50 Prozent des Umsatzes mit einem Produkt steigen. Aufgrund geringer Fallzahlen wurden diese Fälle in der Untersuchung nicht gesondert ausgewiesen.

Im zeitlichen Verlauf blieb der Anteil des Marketingbudgets am Gesamtumsatz zuletzt fast konstant: 2011 betrug der Durchschnitt über alle befragten Unternehmen 4,2 Prozent am Gesamtumsatz. 2010 waren es durchschnittlich nur 3 Prozent, bei einer Budgetierung auf Basis der verfügbaren Mittel und der Vorperiode vermutlich die Folge von Budgetkürzungen aufgrund der internationalen Finanz- und Wirtschaftskrise.

8.3 Über 60 Prozent des Budgets werden in Personalkosten investiert

Bei der Verwendung des Budgets nach Kostenarten überwiegen die Personalkosten (vgl. Abbildung 3).

Durchschnittliche Verteilung des Budgets auf Kostenarten

Wie verteilt sich Ihr Gesamt-Marketingbudget anteilig auf die folgenden Kostenarten (in Prozent)?

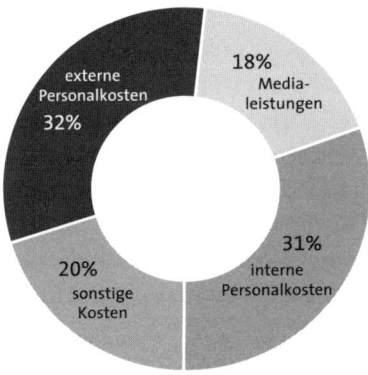

Abb. 3: Budgetverwendung nach Kostenarten

Insgesamt 63 Prozent des Gesamtbudgets geben die befragten Marketingverant-wortlichen für Personalkosten aus, 31 Prozent für interne Personalkosten und 32 Prozent für Agenturhonorare. 18 Prozent des Budgets entfallen auf Media-leistungen, 20 Prozent auf sonstige Kosten. 2010 gaben die Unternehmen an, im Durchschnitt 43 Prozent für interne Kosten, 57 Prozent des Budgets für externe Kosten zu investieren. 2011 waren es 30 Prozent interne Personalkosten, 21 Prozent Agenturhonorare, 22 Prozent Medialeistungen und 27 Prozent sonstige Kosten. Als sonstige Kosten wurden Maßnahmen wie Standbau, Marketingkampagnen und Webauftritte genannt, also ebenfalls externe Agentur- bzw. Programmierkosten.

Durchschnittliche MA-Anzahl der Marketing-/Komm.-Abteilung

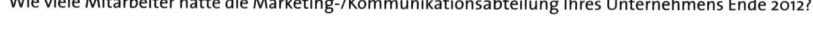

Wie viele Mitarbeiter hatte die Marketing-/Kommunikationsabteilung Ihres Unternehmens Ende 2012?

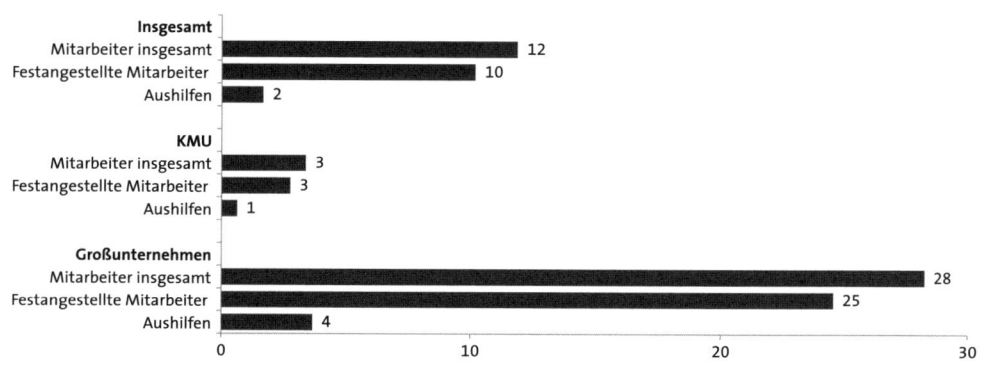

Hinweis: Rundungsbedingt ergibt die Summe aus Festangestellten und Aushilfen nicht immer die Anzahl der Mitarbeiter insgesamt
Basis: Alle befragten Marketing-/Kommunikationsleiter bzw. Geschäftsführer (n=94)
Quelle: BITKOM, Umfrage zum Marketing-/Kommunikationsbudget 2013

Abb. 4: Durchschnittliche Mitarbeiterzahlen in Marketing und Kommunikation

Die durchschnittliche Zahl der Beschäftigten in Marketing und Kommunikation va-riiert stark je nach Unternehmensgröße zwischen drei Beschäftigten in kleinen und mittleren Unternehmen und 28 in großen Unternehmen (vgl. Abbildung 4). Durch-schnittlich ein Sechstel bis ein Siebtel des Personalbestands sind Aushilfen.

Fast ein Drittel plant verstärkt Outsourcing von Marketingaktivitäten.

Gibt es innerhalb Ihres Unternehmens eine Tendenz zum stärkeren Outsourcing von Marketingaktivitäten? Wenn ja, welche Aktivitäten sourcen Sie aus? (Mehrfachnennung möglich)

Basis: Alle befragten Marketing-/Kommunikationsleiter bzw. Geschäftsführer (n=94)
Quelle: BITKOM, Umfrage zum Marketing-/Kommunikationsbudget 2013

Abb. 5: Trend zum Outsourcing von Marketingmaßnahmen

Knapp ein Drittel der Unternehmen plant ein stärkeres Outsourcing von Marketingaktivitäten (vgl. Abbildung 5). Hierdurch kann sich die Verteilung des Gesamtbudgets zukünftig etwas zugunsten externer Personalkosten verlagern. Dieser Wert ist gegenüber den Vorjahren deutlich gesunken. 2011 gaben 42 Prozent der Befragten an, zukünftig mehr Outsourcing betreiben zu wollen, 2010 waren es 41 Prozent. Bei den Aufgaben, die künftig vermehrt an Dritte übertragen werden sollen, überwiegen klassische Agenturleistungen wie Grafik, Redaktion, Onlineauftritte und deren Pflege, Social Media sowie Werbung.

8.4 Messen und Events, Onlinekommunikation und Print sind die ausgabenintensivsten Marketingkanäle

Beim Einsatz des Gesamtmarketing- und Kommunikationsbudgets nach Kanälen führen Messen und Events mit großem Abstand (vgl. Abbildung 6). Durchschnittlich 37,9 Prozent des Budgets investieren die Marketingverantwortlichen für die Ausrichtung von und Teilnahme an Messen und Veranstaltungen. Bei großen Unternehmen liegt dieser Wert mit 39 Prozent noch etwas höher. Messen und Veranstaltungen bleiben damit der ausgabenintensivste Kanal. Seit 2009 gaben die Unternehmen an, hierfür regelmäßig zwischen 34 und 39 Prozent des Jahresbudgets zu investieren.

Den zweiten Platz nimmt die gesamte Onlinekommunikation ein. 24,3 Prozent des Budgets investieren die Unternehmen im Durchschnitt hierfür, kleine und mittlere Unternehmen mit 25,6 Prozent anteilig etwas mehr. Dieser Wert ist seit 2009 mit 22 Prozent am Gesamtbudget kontinuierlich gestiegen.

Platz drei der ausgabenintensivsten Kanäle belegt die Printkommunikation mit durchschnittlich 16,6 Prozent des Budgets. Große Unternehmen investieren für Print sogar 19,9 Prozent ihres Budgets, da sie vor allem mehr Anzeigen schalten und mehr Broschüren und White Papers erstellen als kleine und mittlere Unternehmen.

Die Ausgaben für Direktmarketing (E-Mail, Print, Telemarketing) betragen durchschnittlich 14,8 Prozent, die für Marktforschung 4,5 Prozent des Gesamtbudgets. TV-, Hörfunk- und Außenwerbung spielen in der IT-Branche, wie in B2B-dominierten Branchen allgemein, eine nur untergeordnete Rolle. Die Unternehmen investieren hierfür im Schnitt zwei Prozent ihres Marketingbudgets.

Fast zwei Drittel des Budgets fallen auf Messen/Events sowie Online-Instrumente.

Und wie groß ist der Anteil der Ausgaben für die von Ihnen eingesetzten Kommunikationsinstrumente am Gesamtmarketing-/Kommunikationsbudget?

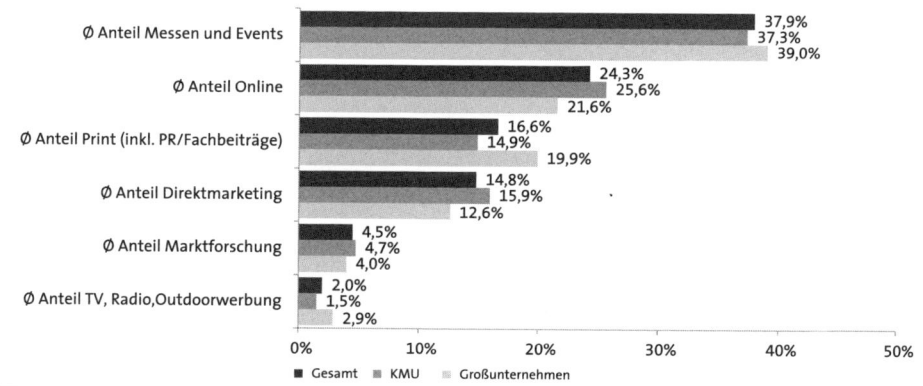

Basis: Alle befragten Marketing-/Kommunikationsleiter bzw. Geschäftsführer, die das Budget auf Instrumente verteilt haben (n=88)
Quelle: BITKOM, Umfrage zum Marketing-/Kommunikationsbudget 2013

Abb. 6: Budgetverwendung nach Kanälen

Im Vergleich zeigt sich auch in den Ergebnissen der Vorjahre eine ähnliche Verteilung des Gesamtbudgets auf einzelne Marketingkanäle. Seit 2009 ist ein starker Anstieg des anteilig für die Onlinekommunikation eingesetzten Budgets zu beobachten.

8.5 Budgets für Messen und Events bleiben insgesamt auf einem stabilen Niveau

Insgesamt gehen die befragten Marketingverantwortlichen von gleichbleibenden Budgets für Messen und Events aus (vgl. Abbildung 7). Anstiege für einzelne Maßnahmen im folgenden Geschäftsjahr erwarten 32 Prozent der Befragten für Roadshows, 31 Prozent für die Ausrichtung von Konferenzen und Kundenevents. Hierzu zählen unter anderem Hausmessen.

Die Befragten gehen mehrheitlich von einem gleichbleibenden Messe-/Eventbudget aus.

Wie wird sich der Anteil der Ausgaben für die von Ihnen eingesetzten Kommunikationsinstrumente im nächsten Geschäftsjahr voraussichtlich entwickeln?

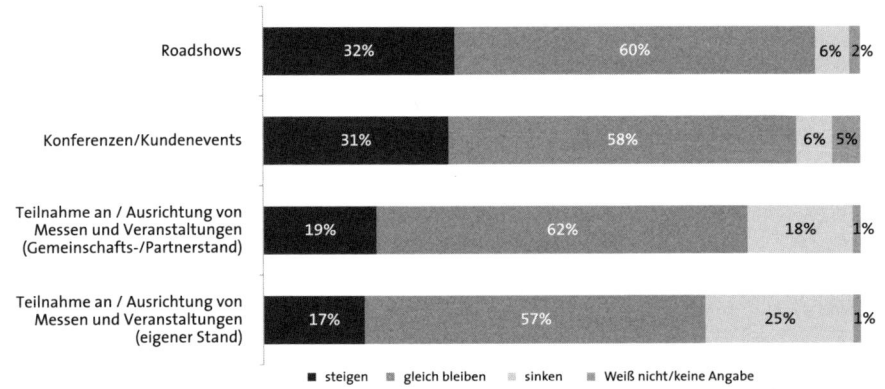

Hinweis: Rundungsbedingt ergibt die Summe nicht immer 100 Prozent.
Basis: Alle befragten Marketing-/Kommunikationsleiter bzw. Geschäftsführer, die Messen und Events einsetzen (n=90)
Quelle: BITKOM, Umfrage zum Marketing-/Kommunikationsbudget 2013

Abb. 7: Budgetentwicklung Messen und Events

Maßnahmen, für die die Unternehmen zum Teil mit Budgetkürzungen rechnen, sind die Teilnahme an Messen und Veranstaltungen mit einem eigenen Stand oder im Rahmen eines Gemeinschafts- oder Partnerstands. 25 bzw. 18 Prozent der Befragten rechnen hierfür mit im Vergleich zum aktuellen Geschäftsjahr sinkenden Budgets.

8.6   Print-Maßnahmen mit gleichbleibendem Budget

Die Mehrheit der Befragten erwartet ein auch für Print-Instrumente in Summe gleichbleibendes Budget (vgl. Abbildung 8). Steigen werden die Investitionen vor allem für PR und Fachbeiträge sowie für die Erstellung von White Papers. 39 bzw. 26 Prozent planen, für diese Print-Maßnahmen künftig mehr zu investieren.

Die größten Budgetkürzungen für einzelne Maßnahmen der Printkommunikation werden für Anzeigen, Broschüren und Verlagskooperationen/Themenspecials erwartet. 40 Prozent der Befragten rechnen mit niedrigeren Ausgaben für Anzeigenschaltungen, da Kampagnen zunehmend online geplant werden und auch in crossmedialen Kampagnen der Printanteil mehr und mehr sinkt. Für gedruckte Broschüren wollen 25 Prozent zukünftig weniger Budget investieren. Der Trend geht hier zu online verfügbaren PDF-Varianten, die schneller und kostengünstiger erstellt, aktualisiert und versandt werden können. 18 Prozent rechnen mit sinkenden Ausgaben für Verlagskooperationen/Themenspecials im Printbereich. Auch hier liegt der Trend bei Online: White Papers und Online-Specials ermöglichen eine ähnliche Expertenpositionierung wie Beiträge in Printmedien und bieten über die Registrierung für White-Paper-Downloads gleichzeitig die Möglichkeit zur Leadgenerierung.

Die Mehrheit erwartet ein gleichbleibendes Budget für Print-Instrumente.

Wie wird sich der Anteil der Ausgaben für die von Ihnen eingesetzten Kommunikations-instrumente im nächsten Geschäftsjahr voraussichtlich entwickeln?

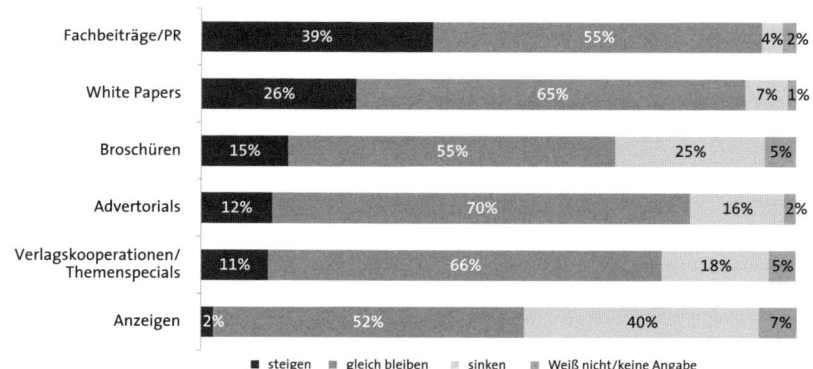

Hinweis: Rundungsbedingt ergibt die Summe nicht immer 100 Prozent.
Basis: Alle befragten Marketing-/Kommunikationsleiter bzw. Geschäftsführer, die Print-Instrumente einsetzen (n=90)
Quelle: BITKOM, Umfrage zum Marketing-/Kommunikationsbudget 2013

Abb. 8: Budgetentwicklung Print

8.7 Signifikante Budgetsteigerungen ausschließlich bei der Onlinekommunikation

Einzig bei der Onlinekommunikation rechnet die Mehrheit der Marketingverantwortlichen mit einem starken Anstieg der eingesetzten Budgets (vgl. Abbildung 9).

Für Web 2.0-Anwendungen & Social Networks rechnen die Teilnehmer mit mehr Budget.

Wie wird sich der Anteil der Ausgaben für die von Ihnen eingesetzten Kommunikationsinstrumente im nächsten Geschäftsjahr voraussichtlich entwickeln?

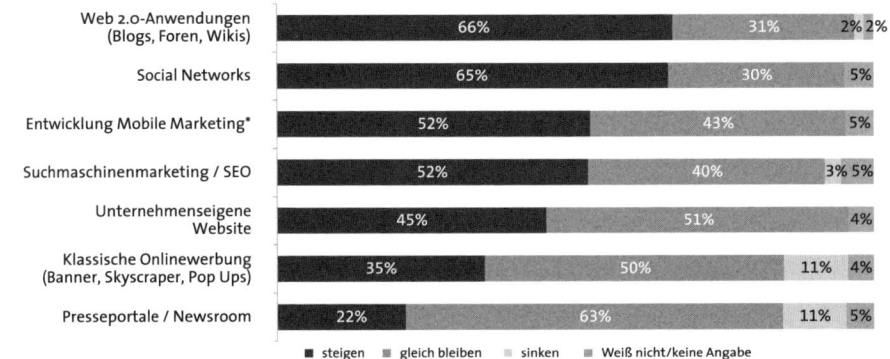

Hinweis: Rundungsbedingt ergibt die Summe nicht immer 100 Prozent.
Basis: Alle befragten Marketing-/Kommunikationsleiter bzw. Geschäftsführer, die Online-Instrumente einsetzen (n=94)/ *geringe Basis n=21
Quelle: BITKOM, Umfrage zum Marketing-/Kommunikationsbudget 2013

Abb. 9: Budgetentwicklung Online

Dieser Trend ist seit 2009 ungebrochen, hat sich im Jahr 2013 aber noch einmal verstärkt: Für „etablierte" Onlinemaßnahmen rechnen 52 Prozent mit Budgetsteigerungen für Suchmaschinenmarketing und -optimierung, 45 Prozent für die unternehmenseigene Webseite und immerhin 35 Prozent für klassische Onlinewerbeformen — eine Verlagerung von Anzeigenbudgets aus dem Printbereich.

Deutlich einiger sind sich die Befragten, dass die für vergleichsweise neueren Formen der Onlinekommunikation eingesetzten Budgets steigen werden. So planen 66 Prozent der Befragten, im nächsten Geschäftsjahr mehr für Web-2.0-Anwendungen wie Blogs, Foren und Wikis zu investieren, 65 Prozent rechnen mit steigenden Investitionen für die Kommunikation in Social Networks und für Social-Media-Marketing. Für Mobile-Marketing rechnen 52 Prozent mit steigenden Ausgaben.

8.8 Onlinekommunikation ist etablierter Bestandteil im Marketingmix

Relevanz besitzen die Ergebnisse zur Budgetentwicklung in der Onlinekommunikation vor allem, wenn man sich die aktuelle Verbreitung der Maßnahmen vor Augen führt (vgl. Abbildungen 10 und 11).

Einsatz von Online-Kommunikationsinstrumenten I

Welche der folgenden Marketing- und Kommunikationsinstrumente setzen Sie ein? (Online-Kommunikation)

Hinweis: Rundungsbedingt ergibt die Summe nicht immer 100 Prozent.
Basis: Alle befragten Marketing-/Kommunikationsleiter bzw. Geschäftsführer (n=94)
Quelle: BITKOM, Umfrage zum Marketing-/Kommunikationsbudget 2013

Abb. 10: Einsatz von Onlinekommunikationsmaßnahmen I

Fast alle befragten Unternehmen verfügen über mindestens eine eigene Webseite (99 Prozent, nach 96, 97 und 98 Prozent in den Jahren seit 2009). Auch die Nutzung sozialer Netzwerke für Marketing und Unternehmenskommunikation ist mittlerweile ein fester Bestandteil des Marketingmix der Unternehmen: 87 Prozent kommunizieren auf LinkedIn, XING, Facebook, YouTube und Co. bzw. betreiben Social-Media-Marketing. 2011 waren es noch 71 Prozent, 2010 sogar nur 59 Prozent. Auch Suchmaschinenmarketing ist etabliert: 78 Prozent der befragten Unternehmen setzen es heute ein.

Einsatz von Online-Kommunikationsinstrumenten II

Welche der folgenden Marketing- und Kommunikationsinstrumente setzen Sie ein? (Online-Kommunikation)

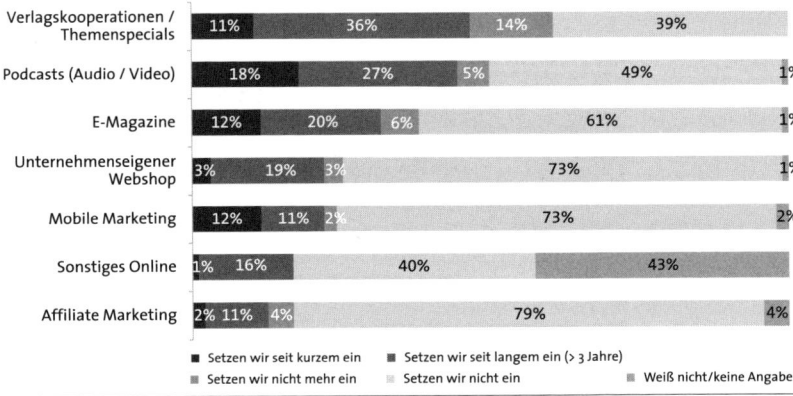

Verlagskooperationen / Themenspecials — 11% | 36% | 14% | 39%
Podcasts (Audio / Video) — 18% | 27% | 5% | 49% | 1%
E-Magazine — 12% | 20% | 6% | 61% | 1%
Unternehmenseigener Webshop — 3% | 19% | 3% | 73% | 1%
Mobile Marketing — 12% | 11% | 2% | 73% | 2%
Sonstiges Online — 1% | 16% | 40% | 43%
Affiliate Marketing — 2% 11% | 4% | 79% | 4%

■ Setzen wir seit kurzem ein   ■ Setzen wir seit langem ein (> 3 Jahre)
■ Setzen wir nicht mehr ein   Setzen wir nicht ein   ■ Weiß nicht/keine Angabe

Hinweis: Rundungsbedingt ergibt die Summe nicht immer 100 Prozent.
Basis: Alle befragten Marketing-/Kommunikationsleiter bzw. Geschäftsführer (n=94)
Quelle: BITKOM, Umfrage zum Marketing-/Kommunikationsbudget 2013

Abb. 11: Einsatz von Onlinekommunikationsmaßnahmen II

8.9   Social Media wird gezielt eingesetzt

Die Zeit des Ausprobierens scheint vorbei: Fast alle befragten Unternehmen setzen Social-Media-Aktivitäten strategisch geplant zur Erreichung von Marketing- bzw. Unternehmenszielen ein (vgl. Abbildung 12). 80 Prozent der Marketingverantwortlichen wollen damit die Bekanntheit des Unternehmens steigern, 67 Prozent Personen aus dem Unternehmen als Experten positionieren und 60 Prozent nutzen soziale Medien, um Dialogbereitschaft mit Kunden und anderen Interessengruppen zu demonstrieren. Die Gewinnung neuer Kunden und neuer Mitarbeiter wird gleichermaßen von 53 Prozent der Befragten angestrebt.

Bei fast allen Unternehmen erfolgen Social Media-Aktivitäten zielgerichtet.

Welche Ziele verfolgen Sie bzw. welche Aufgaben erfüllen Sie mit Ihren Social Media Aktivitäten?
(mehrere Antworten möglich)

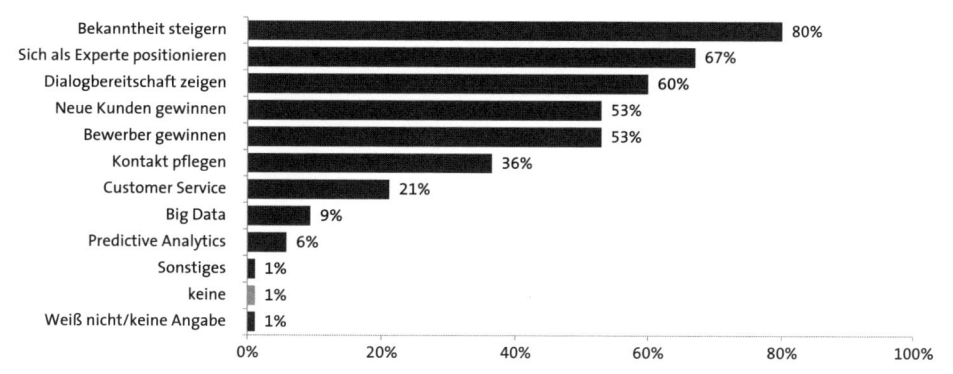

Bekanntheit steigern	80%
Sich als Experte positionieren	67%
Dialogbereitschaft zeigen	60%
Neue Kunden gewinnen	53%
Bewerber gewinnen	53%
Kontakt pflegen	36%
Customer Service	21%
Big Data	9%
Predictive Analytics	6%
Sonstiges	1%
keine	1%
Weiß nicht/keine Angabe	1%

Basis: Alle befragten Marketing-/Kommunikationsleiter bzw. Geschäftsführer, die Web 2.0-Anwendungen und Social Networks einsetzen (n=85)
Quelle: BITKOM, Umfrage zum Marketing-/Kommunikationsbudget 2013

Abb. 12: Ziele der Social-Media-Kommunikation

8.10 Fazit: Steigende Marketingaufgaben bei stagnierenden Budgets

In der Gesamtbetrachtung der Ergebnisse zeigt sich eines ziemlich deutlich: Marketingverantwortliche stehen zunehmend vor der Herausforderung, immer mehr Kommunikationsaufgaben und -kanäle mit einem annähernd gleichbleibenden Budget erfüllen, steuern und kontrollieren zu müssen. „Steigender Ressourcenbedarf — vor allem bei Social Media", „Budgetkürzungen" und ein „Budget, das nicht mit den Aufgaben wächst, zusätzliche Länder, zusätzliche Maßnahmen, immer mehr Eventteilnehmer rund um den Globus" formulieren die Umfrageteilnehmer nur beispielhaft als die aktuell größten Herausforderungen im Marketing. Bei konstanten Gesamtbudgets bleiben derzeit auch die Budgets für die ausgabenintensiven Kanäle Messen und Events und Printkommunikation in Summe etwa gleich und es erfolgt lediglich eine geringfügige Umverteilung zwischen einzelnen Maßnahmen. Der Wachstumskanal Online hingegen erfordert vor allem bei weitverbreiteten Maßnahmen wie eigene Webseite und das Engagement in sozialen Medien signifikante Budgetmehraufwendungen. Die Umsetzung dieser partiellen

Budgetsteigerungen kann folglich nur durch eine Budgetverlagerung von anderen Maßnahmen auf die Onlinekommunikation im Rahmen des zur Verfügung stehenden Gesamtbudgets erfolgen.

Gerade die Onlinekommunikation und das Engagement in Social Media sind sehr zeit- und ressourcenintensiv, wenn Unternehmen mit ihren Internet- und Social-Media-Präsenzen stetig tagesaktuell bleiben und kommunizieren wollen, um als dialogbereite Experten wahrgenommen zu werden.

Während Marketingbudgets in den Unternehmen in Krisensituationen häufig als erstes gekürzt werden, erfahren sie umgekehrt in wirtschaftlich erfolgreichen Zeiten zwar geringe absolute Steigerungen durch die prozentuale Bemessung am Gesamtumsatz, aber offenbar nicht die Steigerungen, die man analog zu den zu bewältigenden Aufgaben erwarten könnte. Das legt die Vermutung nahe, dass der Aufwand für ein stärkeres Engagement in ressourcenintensiven Maßnahmen vor allem durch steigende Mehrarbeit der Ressource Mitarbeiter geleistet wird.

Marketingverantwortliche sind daher gefordert, eine noch zielgerichtetere Planung, Steuerung und Umsetzung aller Marketing- und Kommunikationsaktivitäten des Unternehmens sicherzustellen. In der Praxis keine ganz einfache Aufgabe. Besonderes Augenmerk sollte dabei der Erfolgskontrolle der eingesetzten Maßnahmen gelten.

8.11 Keine Investition ohne Erfolgskontrolle

Sieben von zehn der Unternehmen führen aktuell eine Erfolgskontrolle der eingesetzten Marketingmaßnahmen durch (vgl. Abbildung 13). Das ist gleichzeitig viel und erschreckend wenig. 39 Prozent der Marketingverantwortlichen geben an, mindestens einmal pro Jahr eine Überprüfung vorzunehmen, weitere 30 Prozent tun das immerhin sporadisch. In Summe liegt dieser Wert mit insgesamt 69 Prozent nur geringfügig über den Vorjahreswerten von 66 Prozent in den Jahren 2010 und 2011, aber unter dem Wert von 74 Prozent im Jahr 2009.

Sieben von zehn Unternehmen führen eine Erfolgskontrolle für Marketingmaßnahmen durch.

Wird in Ihrem Unternehmen aktuell eine Erfolgskontrolle für die eingesetzten Marketingmaßnahmen (z.B. Return on Marketing Investment/ROMI) durchgeführt?

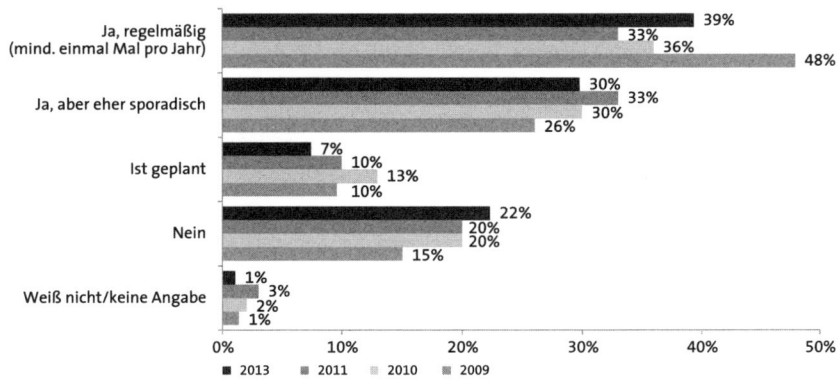

Basis: Alle befragten Marketing-/Kommunikationsleiter bzw. Geschäftsführer
Quelle: BITKOM, Umfrage zum Marketing-/Kommunikationsbudget 2009, 2010, 2011, 2013

Abb. 13: Erfolgskontrolle der Marketingmaßnahmen

Im Umkehrschluss zeigt das Ergebnis der Befragung, dass gut 30 Prozent der befragten Unternehmen aktuell gar keine systematische Erfolgskontrolle ihrer Marketing- und Kommunikationsmaßnahmen durchführen und sich auf ihr Bauchgefühl verlassen. Für diese Unternehmen besteht ein deutliches Optimierungspotenzial, sodass auch sie die Nutzung und Verteilung ihrer Marketingbudgets durch eine regelmäßige Erfolgskontrolle aller eingesetzten Maßnahmen noch zielgerichteter gestalten können.

Studiensteckbrief

Thema	▪ Einsatz von Marketing- und Kommunikationsinstrumenten ▪ Entwicklung des Marketing- und Kommunikationsbudgets ▪ Maßnahmen des Marketing-Controllings

**Zielgruppe/
Grundgesamtheit**
	▪ Mitglieder der BITKOM-Gremienverteiler Marketing,
	  Social Media, PR, Vertrieb, E-Commerce, Forum Mittelstand
	▪ Marketing-Verantwortliche sowie Führungskräfte und
	  Geschäftsführer in der ITK-Branche (1380 Kontakte)

Stichprobe	▪ 94 Unternehmen vor allem aus der ITK-Branche (Rücklaufquote: 7%)
	▪ davon 62 KMU (bis 499 MA/bis unter 50 Mio. € Umsatz/Jahr)
	  und 32 Großunternehmen (500 und mehr Mitarbeiter, ab 50 Mio. €
	  Umsatz/Jahr)

Methodik	▪ Online-Befragung
Befragungszeitraum	▪ 13.5.2013 bis 14.6.2013

Abb. 14: Studiensteckbrief© BITKOM e. V./Bitkom Research GmbH

9 Marketing und Messen

Warum nichts wirksamer ist als der persönliche Kontakt

Monika Friedrich

9.1 Der persönliche Kontakt zählt

In vielen Firmen wird immer wieder heiß darüber diskutiert: Lohnt sich die Teilnahme an einer Messe oder Ausstellung überhaupt? Steht der hohe Aufwand im Verhältnis zum Ergebnis? Darauf gibt es, wie so oft im Leben, keine allgemeingültigen Antworten. Jedes Unternehmen bewertet ein Messe- und Ausstellungsengagement anders, weil verschiedene Gründe dafür und dagegen sprechen.

Viele Kleinigkeiten führen zum Messeerfolg

Eine Erfolg versprechende Messeausgestaltung schütteln Unternehmen nicht so einfach aus dem Ärmel. Es erfordert viele Mitarbeiter und Anstrengungen, um auf einer Messe zur Kundengewinnung und -bindung sowie zur Markenbildung beizutragen. Dabei ist einiges zu beachten: Von der Einladung über die Terminvereinbarung bis hin zu geeigneten PR- und Werbeaktivitäten. Vor Ort kommt es auf den Aufbau des Messestands, die Auswahl des Standpersonals und die Logistik an. Und vor der Messe ist nach der Messe: Auch die Nachbearbeitung muss gut geplant sein. Denn es wäre nicht nur vergeudete Zeit, sondern auch liegengelassener Umsatz, wenn die wertvollen, während der Messe gewonnenen Neukontakte nicht weiter gepflegt würden.

Fazit:

Messen sind auch im Onlinezeitalter angesagt. Ihre Stärken liegen in der direkten Kommunikation, also der persönlichen Begegnung, und im Marken- und Produkterlebnis. Eine wichtige Faustregel für eine erfolgreiche Messe lautet: Je präziser die Ziele formuliert sind, umso höher ist der Grad der Zielerreichung und damit der Messeerfolg.

9.2 Zielgruppe, Zielsetzungen und Auftritt

Zunächst sollten Unternehmen prüfen, welche Messen und Ausstellungen für einen Auftritt in Frage kommen und was das richtige Format für die jeweilige eigene Veranstaltung ist. Dabei helfen konkret formulierte Ziele: Wen will ich ansprechen? Was will ich erreichen? Wie will ich auftreten?

Steht das fest, geht es an die Planung. Doch Vorsicht — einfach so, quasi „out of the box", geht das gar nicht. Ein erfolgreicher Messeauftritt setzt sich aus vielen kleinen Details zusammen. Erst in der richtigen Mischung dieser Details lohnt sich der Aufwand und die Investition macht sich bezahlt.

Bei der Entscheidung für eine Messebeteiligung spielen mehrere Ziele eine Rolle. Wichtig ist, dass Unternehmen diese gewichten und einem Ziel die höchste Priorität geben. So entsteht die folgende Entscheidungsbasis:

- Welche Unternehmensbereiche, -dienstleistungen und -produkte sind vertreten?
- Welche Aktionen werden durchgeführt?
- Ist das Standpersonal eher inhaltlich geschult oder auf Kaltakquise spezialisiert?

Gut ist es zudem, messbare Erfolgskriterien zu definieren. Das könnte die Anzahl der neuen Kontakte, der Presseberichte oder der erteilten Aufträge sein, aber auch die Zahl der Standbesucher oder Teilnehmer an Vorträgen vor Ort. Mit diesen Kriterien lassen sich Aktionen zielgerichtet durchführen und messen. Wenn beispielsweise der Fokus auf neuen Kontakten liegt, sollte das Standpersonal entsprechend geschult werden: Wie spreche ich Besucher an? Wie ermittle ich deren Bedarf? Wie erhalte ich das Einverständnis für die Speicherung ihrer Daten?

Eine ausführliche Produktberatung mit fachlichen Diskussionen ist für die Gewinnung von Neukunden eher fehl am Platz. Vielmehr müssen die Stärken des Personals in der Kommunikation liegen, denn das fachliche Know-how wird erst nach der Messe benötigt. Technisch versierte Mitarbeiter sind daher erst im Nachgang der Messe nötig. Das funktioniert übrigens genauso auch umgekehrt, wenn also das priorisierte Messeziel der Abverkauf von Produkten ist.

9.2.1 Wen möchten Unternehmen erreichen und was wollen sie sagen?

Von Anfang an muss also feststehen, für wen der Vor-Ort-Auftritt gedacht ist. Denn Messen werden im Nachhinein immer dann kritisiert, wenn die Inhalte nicht auf die Bedürfnisse der Besucher zugeschnitten waren. Daher gilt: Je genauer ein Auftritt auf ein Marktsegment und eine Zielgruppe abgestimmt ist, umso treffsicherer wird die Botschaft vermittelt.

Definition von Zielen

Übergeordnete qualitative und quantitative Ziele
- Neue Kontakte mit Interessenten und Multiplikatoren generieren
- Neue Kontakte mit bestehenden Unternehmenskunden aufbauen
- Bestehende Kontakte vertiefen
- Potenzielle Geschäftspartner identifizieren
- Feedback über Produkte, Dienstleistungen und Lösungen erhalten
- Bekanntheitsgrad des Unternehmens steigern

Bereichsziele
- Kontakt: Kundenpflege, Akquisition, Erschließung neuer Zielgruppen
- Verkauf: Anbahnung neuer Geschäfte, Abschlüsse, Durchsetzung neuer Konditionen
- Präsentation: Vorstellung neuer Produkte, Dialog mit Anwendern, Diskussionsforen
- Kommunikation: Erschließung neuer Zielgruppen, Neupositionierung des Unternehmens
- Distribution: Einstieg in neue Märkte, Erkundung von Absatzchancen
- Marktforschung: Wettbewerbssituation erkunden, Besucherverhalten testen
- Produktforschung: Markttauglichkeit, Produktanforderungen
- Zielgruppenverhalten: Trends für Produkt- oder Dienstleistungsanpassungen erkennen

---

Abb. 1: Definition von Zielen

Unternehmen, die in eine Messe investieren, möchten später natürlich wissen, ob sich ihre Investition gelohnt hat. Gerade darum ist es für sie so wichtig, bereits im Vorfeld eines Messeauftritts die Ziele zu definieren und die Kriterien für eine detaillierte Auswertung und Bewertung festzulegen.

„Messen kann man nicht messen", behaupten viele Kritiker von Messeveranstaltungen. Das stimmt, aber nur ein bisschen. Es ist zwar schwierig, den direkten Erfolg in Relation zum Aufwand zu setzen — vor allem sofort nach einer Messe. Denn ob ein gewonnener Neukontakt dann tatsächlich ein lukratives Geschäft wird oder zu einer langjährigen Geschäftsbeziehung führt, stellt sich in der Regel erst Wochen oder Monate nach der Messe heraus. Weil sich dieser eigentliche Erfolg erst so spät einstellt, geht er häufig bei der Erfolgsmessung „unter".

9.2.2 Was spricht für eine Messeteilnahme?

Zu den gerade beschriebenen unterschiedlichen Zielsetzungen eines Unternehmensauftritts möchten wir Ihnen nachfolgend einige Beispiele und Erläuterungen geben:

Neue Kunden gewinnen

Um neue Kunden zu gewinnen, sind diejenigen Messen wichtig, die hauptsächlich von bestimmten Zielgruppen besucht werden. Logisch, denken viele Firmen und stellen etwa als Software-Anbieter auf klassischen IT-Messen aus. Dabei wäre es aber durchaus auch sinnvoll, als Hersteller oder Anbieter von Enterprise-Resource-Planning- (ERP) oder Customer-Relationship-Management-Lösungen (CRM) auf einer Baumaschinen-, Handwerker- oder anderen Spezial- oder Branchenmesse präsent zu sein. Einen guten Überblick über die Messen in Deutschland bietet der Ausstellungs- und Messeausschuss der Deutschen Wirtschaft e. V. auf seiner Homepage www.auma.de.

Produkte im Markt einführen

Eine Vorstellung coram publico eignet sich hervorragend für die Präsentation eines neuen Produkts. Je nach Kundenstruktur ist dafür eine eigene Veranstaltung oder die Teilnahme an einer Messe denkbar. Die eigene Veranstaltung erlaubt Unternehmen eine direkte Ansprache der Teilnehmer. Einerseits entstehen dabei zwar deutlich weniger Streuverluste, andererseits ist dafür aber auch eine sorgfältige Auswahl des relevanten Adressatenpotenzials nötig.

Der Messeauftritt richtet sich an eine größere Zielgruppe, er spricht auch Besucher an, die eine eigene Unternehmenskommunikation nicht erreicht. Zudem verspricht die mediale Aufmerksamkeit einer Messe mehr Erfolg. Dabei ist es aber empfehlenswert, sich nicht allein auf die Pressearbeit der Messegesellschaft zu verlassen. Diese erzeugt zwar ein „Grundrauschen", weil Presseleute vor Ort sind, die ansonsten niemals eine hausinterne Veranstaltung eines Unternehmens besuchen würden. Mit eigenen Pressemeldungen oder einer Pressekonferenz erhöhen Firmen aber die Chancen auf eine Veröffentlichung.

Das Unternehmen vorstellen und positionieren

Ein Messeauftritt bietet sich vor allem für neu gegründete Unternehmen an, weil sie sich so im direkten Umfeld mit Mitbewerbern präsentieren und positionieren.

Ein Messeauftritt lediglich aus Imagegründen ist in der Regel zu kostspielig. Er sollte aber als begleitende Maßnahme nicht unberücksichtigt bleiben, wenn es darum geht, die Unternehmensphilosophie mit Leben zu füllen. Denn das ist mit anderen Kommunikationsmaßnahmen nicht so leicht umsetzbar. Durch den persönlichen Kontakt entsteht eher ein positives Bild des Unternehmens und es wird für Kunden und Partner besser erlebbar.

Sich dem Wettbewerb stellen

Sich selbst von der besten Seite zeigen und das im Umfeld der Mitbewerber — dieser direkte Vergleich ist nur auf einer Messe möglich. Wo sonst können sich sowohl Besucher als auch Aussteller unterschiedliche Firmen und Angebote ansehen? Sie erleben vor Ort, wie Produkte gezeigt werden, wie Mitarbeiter der Unternehmen auf Fragen reagieren und ob ein Auftritt Vertrauen hinsichtlich der Sorgfalt und Investitionssicherheit vermittelt. Dies sind zwar sicher nicht die alleinigen Faktoren für oder gegen eine Kaufentscheidung. Sie sind aber dennoch sehr wichtig, um etwa die eigenen von vergleichbaren Produkten der Wettbewerber abzuheben.

Fazit:

Unabhängig von der definierten Zielgruppe und den Zielen gilt immer: Die Nähe und das Vertrauen durch den persönlichen Kontakt mit Kunden und Partnern spielen eine sehr wichtige, wenn nicht sogar die wichtigste Rolle bei jedem Messeauftritt. Vor allem Dienstleister, die kein Produkt „zum Anfassen" anbieten, profitieren besonders von dieser persönlichen Note.

9.3   Planung und Budget

Die Planung bis zur letzten Minute aufzuschieben, ist nie gut. Denn wer nimmt schon gerne einen schlechten Standplatz in Kauf, wenn die Messe ein wahrer Publikumsmagnet ist. Bei eigenen Veranstaltungen dagegen ist das Risiko hoch, vermeintlich unwichtige Kleinigkeiten zu übersehen. In beiden Fällen gilt daher: Eine frühzeitige Planung verschafft mehr Kontrolle und erhöht die Chance auf optimale Ergebnisse.

Ein Vorteil von Messen, von denen die Teilnehmer am meisten profitieren, sind die vorgegebenen Termine, Orte und thematischen Rahmen. Für eigene Veranstaltungen gilt es, diese Rahmenbedingungen sorgfältig auszuwählen und zu definieren. Stimmen beim Veranstaltungsort zum Beispiel die Erreichbarkeit, die Anzahl der Parkplätze sowie die Anbindung an öffentliche Verkehrsmittel und sind die Räumlichkeiten gut zugänglich, ist dies schon die halbe Miete für den Erfolg.

9.3.1 Die Anmeldefristen für Aussteller

Die Anmeldefristen sind von Messe zu Messe sehr unterschiedlich. So haben insbesondere führende Branchenmessen Anmeldefristen von bis zu einem Dreivierteljahr vor dem eigentlichen Messetermin. Selbst kleinere, regelmäßig ein- oder zweimal jährlich durchgeführte Messen verlangen meistens eine frühzeitige Buchung der Standplätze. Deshalb sollten Unternehmen eine Messebeteiligungen ein bis eineinhalb Jahre im Voraus planen. Im Gegensatz dazu haben nicht regelmäßig stattfindende und oft kurzfristig angesetzte Ausstellungen entsprechend kürzere Anmeldefristen.

Die folgende Checkliste fasst die wesentlichen Punkte, die Sie bei der Planung einer Messe bzw. Veranstaltung beachten sollten, zusammen:

Eine Checkliste für Planung und Budget

Datum der Messe, Ausstellung, Veranstaltung
Terminplanung (Kollegen, Presse)
Teamplanung
Kontaktlisten
Veranstaltungsort mit Stadtplan und Anreisetipps
Agenda
Registrierungsmöglichkeiten (Web, Telefon, E-Mail)
Qualifizierte Referenten
Präsentationsmaterial (PowerPoint, Videos, Handbücher, USB-Sticks)
Einladungen online oder gedruckt per Post
Technik
Catering
Namensschilder
Kugelschreiber, Bleistifte, Notizpapier vor Ort
Incentives und Give-aways
Feedbackbögen
Aktionsbegleitende Angebote
Personalplanung — je nach Zielsetzung u. U. mit starkem Verkaufsteam, mit Geschäftspartnern, …
Informationsmaterial und Geschäftspapier, Visitenkarten, Pressemappen
…

Damit es bei der Nachbearbeitung eines Messeauftritts kein böses Erwachen gibt, empfiehlt sich eine detaillierte Finanzplanung. Sie gliedert sich in:

Grundkosten
Raum-, Flächen- und Standbaukosten
Marketing- und Werbungskosten
Personal- und Reisekosten

9.3.2 Die Höhe des Budgets: Wunsch und Realität

Die Ziele einer Messe ziehen sich wie ein roter Faden durch eine Messeplanung. Das gilt auch für das Budget. Dabei stellt sich die Frage, ob ein individuell gebauter Messestand unbedingt nötig ist oder ob auch ein günstiger Systemstand reicht? Oder ob vielleicht nur eine Show oder ein Infostand ausreicht?

Entscheidend ist unter anderem, was alles aus einem vorhandenen Budgettopf bezahlt werden soll: Kommunikationsmaßnahmen und Pressearbeit? Personal- und Reisekosten? Um dies genau zu erfassen, hilft ein detaillierter Kostenplan, der alle Phasen eines Messeprojekts berücksichtig. Die Planungs- und Kostentransparenz ist dabei das A und O.

Ein „transparentes Budget" erfasst alle relevanten Kosten. Damit ist jederzeit ein lückenloser Bericht während aller Phasen einer Messeplanung möglich und Budgetabweichungen sind schnell sichtbar.

Aus der Planung muss hervorgehen, wer welchen Part übernimmt. Die Wahl der externen Partner ist deshalb ebenso wichtig wie die Zusammenstellung des internen Messeteams. Ein gut koordiniertes, funktionierendes und qualifiziertes Team wirkt sich positiv auf die Kosten aus und verhindert mit einer professionellen und eingespielten Arbeitsweise unnötige Mehrkosten. Denn auch für Messen gilt: Zeit ist Geld.

Die wesentlichen Kostenfaktoren:

- Standmiete und Grundkosten
- Betriebskosten wie Strom, Wasser, Entsorgung
- Standbau und Ausstattung
- Service und Werbung
- Transport und Entsorgung
- Personal- und Reisekosten

Bezogen auf alle Veranstaltungstypen entfielen im Durchschnitt 21 Prozent der Kosten auf die Standmiete und auf andere Grundkosten wie etwa die Energieversorgung. Standbau, -ausstattung und -gestaltung verursachten 31 Prozent; Personal, Reisen und Übernachtungen knapp 38 Prozent der Kosten. Etwa 7 Prozent der Kosten entstanden durch Werbungmaßnahmen, 3 Prozent durch andere Ursachen.

Der Anteil eines Messebudgets am gesamten Kommunikationsetat von Unternehmen bleibt sehr hoch und wird in den Jahren 2014 und 2015 geschätzte 42 Prozent betragen. Mehr als ein Viertel der Unternehmen planen höhere Ausgaben für Messen, nur 17 Prozent wollen beim Messeauftritt sparen.

Abb. 2: Die wesentlichen Kostenfaktoren[1]

---

[1] Quelle: www.auma.de.

9.3.3 Im Blickfeld: Der Kosten-Nutzen-Aspekt

Der Erfolg eines Messeauftritts hängt von einer guten Budgetplanung und Erhebung des Messenutzens ab. Um den Nutzen zu analysieren, ist eine exakte Zielformulierung und genaue Budgetplanung wichtig:

- Die Grundkosten für Standplätze sind abhängig von der Standgröße, der Standform und der Anzahl der offenen Seiten. Reihenstände mit nur einer offenen Seite sind im Vergleich zu Inselständen mit mehreren offenen Seiten oft um einiges günstiger, haben jedoch nur eine prominente Stelle für eine wirkungsvolle Präsentation.
- Die Kontaktkosten pro Besucher ergeben sich aus der Zahl der geführten Gespräche in Relation zu den Gesamtkosten. Über mehrere Jahre hinweg oder nach Jahren aufgeschlüsselt erlaubt diese Auswertung Rückschlüsse darauf, ob die Entscheidung für die Teilnahme an einer Messe sinnvoll war. Zudem ist so auch ein Kostenvergleich mit anderen Kommunikationswegen wie Anzeigen, Direct Mailings oder Außendienstaktionen möglich.
- Synergien nutzen und Kosten teilen: Die Standfläche mit Partnern zu teilen, optimiert Kosten; unter anderem, weil eine gemeinsame Infrastruktur genutzt wird. Voraussetzung dafür ist jedoch, dass nicht nur die Kostenvorteile durch solidarische Beiträge der Partner im Vordergrund stehen, sondern auch Synergien bezüglich Angebot, Image und Markt genutzt werden.

Fazit:

Die frühzeitige Konzeption und Planung hilft, Kosten zu verifizieren, zudem sind so bereits in der Planungsphase Korrekturen und Optimierungen möglich. Das Messebudget gewinnt daher an Relevanz und kann genau mit den angestrebten Zielen abgestimmt werden.

9.4 Präsentation und Kommunikation

„Was will ich erreichen und wie?" — das ist hier die Frage. Damit sich der Aufwand überhaupt lohnt, ist es wichtig, unbedingt auch die zahlreichen Kleinigkeiten zu beachten. Dennoch ist der wesentliche Bestandteil der Planung und Umsetzung der Standplatz und das Messedesign. Beides entscheidet über den ersten Eindruck der Besucher und ist quasi die optische Visitenkarte eines Unternehmens.

9.4.1 Die Präsentation: Wie sich Unternehmen dem Publikum vorstellen

Das Erscheinungsbild einer Firma und ein aufmerksamkeitsstarkes Motto stehen im Zentrum der Ausgestaltung. Die Umsetzung muss immer einheitlich erfolgen und gilt sowohl für interne als auch für externe Dienstleister. Der Vorteil ist: Ein identitätsstiftender visueller Auftritt prägt sich bei den Besuchern nachhaltig ein.

Auch eine besondere Aktion als Höhepunkt eines Messeauftritts erzeugt bei Besuchern einen positiven Eindruck. Dabei kann es sich um ein Produkt als Publikumsmagnet handeln, ein Give-away, ein Gewinnspiel oder einen Liveauftritt. Der Kreativität sind keine Grenzen gesetzt, außer vielleicht durch das Budget. Sehr viel Aufmerksamkeit erregen auch neueste Präsentationstechniken und Livedemonstrationen.

Es sollte immer genügend Informationsmaterial für Interessenten bereitliegen, entweder in gedruckter oder digitaler Form, als Firmenbroschüren, Produktdatenblätter oder auch in Form der sehr beliebten Kundenreferenzen aus der Praxis. Die letzte Frage, die sich stellt, ist, wie Unternehmen ihren besten Kunden zusätzliche Aufmerksamkeit signalisieren. Diese Aufgabe übernehmen Messepreise oder Geschenke, wobei sich eine Zusammenstellung verschiedener Pakete empfiehlt. Dabei gilt: Der Wert eines solches Pakets sollte der Treue eines Kunden oder dem Umsatz mit einem Kunden entsprechen — und den unternehmenseigenen Regelungen.

Entscheidend ist, dass eine Messe konsequent beworben wird:

Bewerben, bewerben, bewerben ...

- mit einer allgemeinen Pressemeldung
- mit einem Störer auf der Webseite
- mit Hinweisen in regelmäßig erscheinenden Newslettern
- mit der Integration in die E-Mail-Signatur, inklusive einem Link zur Registrierung oder zu weiteren Informationen
- mit der Übernahme eines prägnanten Hinweises, wie etwa das Motto auf dem Geschäftspapier, auf Lieferscheinen oder Rechnungen zu platzieren

Nach dem Auftritt ist vor dem Auftritt ...

... mit einer Nachlese in allen Medien.

Abb. 3: Bewerben der Messe

9.4.2 Die Kommunikation: Ein unverzichtbarer Bestandteil

Die gewählten Kommunikationsinstrumente, also Direktmarketing für Einladungen oder Response-Anzeigen, holen das Zielpublikum an den Ort des Geschehens. Der Vorteil dabei ist, dass sich sowohl die Kosten pro Kontakt als auch die Response-Raten leicht ermitteln lassen. Auch aktuell durchgeführte Kampagnen eignen sich zur Kommunikation, indem darin Hinweise auf Messen und Veranstaltungen integriert werden. Weitere Kommunikationsmittel sind das Lancieren von Pressemeldungen und die Integration in Social-Media-Auftritte.

Für die Kundenpflege eignen sich persönliche Einladungen mit konkreten Terminvereinbarungen, die per E-Mail, Brief oder Postkarte versendet werden oder über ein Telefongespräch vermittelt werden. Drei Tage vor dem Auftritt sollte eine erneute Erinnerung erfolgen, damit erhöht sich die Zahl der tatsächlichen Besucher erfahrungsgemäß um ca. 25 Prozent.

Fazit:

Letztendlich hängt der Erfolg einer Messe von den Besucherzahlen und der Besucherqualität ab. Die Vorlaufzeit für die Bewerbung muss zwar nicht ganz so lang sein wie die Zeit für die Planung und Umsetzung des Messeauftritts, sollte aber dennoch frühzeitig erfolgen.

9.5 Messestand und Personal

Der Messestand als Visitenkarte eines Unternehmens sollte in Größe und Ausstattung den ausgestellten Produkten und der Bedeutung des Unternehmens entsprechen. Hinsichtlich der technischen Ausführung muss ein Stand einwandfrei funktionieren und Wettbewerbsstandards erfüllen.

Vor allem geht es aber auch um eine kundengerechte Präsentation. Deshalb sollte ein Messestand die Sinne ansprechen und bei den Besuchern positive Emotionen erzeugen. Wie dies gewichtet und ausgestaltet wird, hängt von der Zielgruppe, dem Produkt oder der Dienstleistung ab.

9.5.1 Die drei Funktionsbereiche

Jeder Stand, ob groß oder klein, gliedert sich in drei Funktionsbereiche. Sie bestimmen die Gesamtgröße:

- Die Präsentationsfläche: Ihr Platzbedarf ergibt sich aus der Anzahl und Größe der Produkte und Dienstleistungen und auch daraus, ob es ggf. Mitaussteller gibt. Der Präsentationsbereich muss ausreichend Platz für Infotafeln, Videoplätze, Vorführungen und Aktionen bieten.
- Der Besprechungsbereich: Je nach Gesprächsvertraulichkeit kommen dafür Kabinen, Beratungsstände oder Sitzgruppen in Betracht. Zudem sind hierbei auch noch die Empfangs- und Informationstheke sowie Bewirtungsplätze zu berücksichtigen.
- Der Nebenraum: Dazu gehören Küche, Lager, Garderobe, Technikraum, Personalraum und Serviceraum. Weitere Bereiche sind eventuell für Schließfächer, zur Gepäckaufbewahrung oder als Umkleideraum vorzusehen.

Für den Standbau eignen sich fertige Systeme oder eine individuelle Bauweise. Vor der Umsetzung sollte bekannt sein, wie oft und wie lange ein Messestand genutzt wird. Eventuell ist die Entscheidung für ein modulares Baukastensystem besser, weil so einzelne Standmodule auch für andere Ausstellungen und Veranstaltungen zum Einsatz kommen. Entscheidend ist aber immer ein Messedesign, das zum aktuellen Unternehmensauftritt passt. Je präziser und ausführlicher Standbauer über einen Messeauftritt informiert sind, umso besser werden sie das Standkonzept auf das Unternehmen zuschneiden und kalkulieren.

9.5.2 Das Standpersonal: Mit ihm steht und fällt der Messeerfolg

Ein motiviertes und geschultes Standpersonal garantiert qualifizierte Kundengespräche und neue Kontakte. Die gezielte Auswahl und intensive Schulung von Mitarbeitern ist genauso wichtig wie eine wirkungsvolle Präsentation am Messestand. Für viele Tätigkeiten auf einem Messestand lässt sich vor Ort externes Aushilfspersonal verpflichten. Das gilt für den Auf- und Abbau des Stands sowie für Küchenhilfen, Bewirtungskräfte, Hostessen und viele weitere Aufgaben.

Während einer Messe werden Unternehmen ganzheitlich wahrgenommen. Das heißt: Ein Messeteam muss vor, während und nach einer Messe vollen Einsatz bringen. Schon das „dabei sein" ist für die Teammitglieder eine anspruchsvolle und anstrengende Tätigkeit. Sie müssen alle Messeziele kennen, und die individuellen

Aufgaben und Tätigkeiten müssen klar definiert und allen bekannt sein, damit jeder den gestellten Anforderungen gerecht und der Messeauftritt ein Erfolg wird.

9.5.3 Ausgewogenheit und gute Vorbereitung

Ein tolles Design ist nichts wert, wenn die Akteure am Ort des Geschehens nicht mitziehen. Sofern dies der Fall sein sollte, kann dies verschiedene Gründe haben. Entweder harmoniert das Projektteam nicht oder die Entscheidungswege sind nicht klar definiert. Es kann auch daran liegen, dass Personal fehlt oder Mitarbeiter nicht kompetent genug oder falsch eingewiesen sind. Ganz unangenehm wird es, wenn Kollegen auf ein Schwätzchen beieinander stehen oder Pausenzeiten und krankheitsbedingte Ausfälle nicht richtig geplant wurden. Wenn all das nicht so ist: perfekt. Denn dann fühlen sich Besucher nicht nur willkommen, sondern auch ernst genommen und werden zufrieden mit dem Unternehmen sein.

Der Standmitarbeiter

Die Mitglieder eines Messeteams sind die Botschafter, die Beziehungen mit Besuchern pflegen, aufbauen oder abbrechen. Daher sollten sie Produkte und Dienstleistungen hervorragend kennen und vor allem gute Zuhörer sein. Um diese hohen Anforderungen zu erfüllen, empfiehlt sich der Einsatz eines Messetrainers. Zudem muss jedes Messeteammitglied wissen, welche Aufgaben und Ziele es hat. Denn es muss jedem klar sein, was ein Unternehmen mit dem Messeauftritt erreichen möchte. Damit die für eine erfolgreiche Nachbearbeitung wichtige Dokumentation der Messegespräche einheitlich ist und alle nötigen Informationen enthält, sollte allen Teammitgliedern ein Formular für Besuchsberichte zur Verfügung gestellt werden.

Das „Abendgebet"/Team-Warm-up

Bei allem Engagement sollte am Abend und/oder Morgen eines Messetags immer ein zusammenfassender Rückblick auf die vergangenen Tagesaktivitäten erfolgen. Dabei erfährt das Team, ob der Messeauftritt plangemäß läuft, wie es um die Zielerreichung steht, wo es Schwachstellen gibt und wie diese gelöst werden können.

Der Notfallplan

Während einer Messe kann viel passieren. Gut, wenn das Team darauf vorbereitet ist. Die Hardware stürzt ab: Sind Ersatzrechner vorhanden? Es kommen mehr Menschen als erwartet: Ist eine ausreichende Verpflegung möglich, gibt es genügend Materialien und Ansprechpartner? Teammitglieder fallen wegen Krankheit aus: Gibt es vor Ort Ersatz? Diese Liste des Grauens — als solche empfindet sie sicherlich jeder Messeverantwortliche — lässt sich unendlich weiterführen. Wie die Erfahrung zeigt, sind zwar viele dieser Fälle vorausschauend planbar. Aber es wird immer Situationen geben, die so nicht vorhersehbar waren und Improvisationstalent erfordern.

Fazit:

Für eine professionelle Messestandbetreuung gibt es nur eine Prämisse: Die sorgfältige Auswahl von motiviertem und bestens geschultem Messepersonal.

9.6 Leadmanagement und Messenachlese

Unabhängig von den Zielen eines Messeauftritts ist die Nachverfolgung der Gespräche mit Kunden- und Interessenten wesentlich. Denn damit entscheidet sich, ob sich die Investition gelohnt hat. Somit kommt der ausführlichen Dokumentation der Kundengespräche durch das Standpersonal besondere Bedeutung zu. Es reicht nicht, die Visitenkarte eines Besuchers mit einem handschriftlichen Vermerk zu versehen und einzustecken. Eine fundierte Gesprächsdokumentation, die Leaderfassung, ist auf „klassische" oder „elektronische" Weise möglich:

- Leadmanagement klassisch
  Diese Art der Dokumentation setzt auf die gute alte handschriftliche Erfassung mit Papierformularen und ist leicht anzuwenden. Niemand muss dafür besonders geschult werden. Allerdings hat sie mehrere Nachteile: Werden nicht alle Informationen aufgeschrieben, ist ein Lead nicht verwertbar. Manchmal ist es schwierig, die Schrift des Erfassers zu entziffern. Und oft ist für die elektronische Datenerfassung ein weiterer Arbeitsschritt nötig.

- Leadmanagement elektronisch
  Die elektronische Erfassung eines Gesprächs ist immer stringent, weil die auszufüllenden Felder als Pflichteingaben vorgegeben sind. Daher dauert diese Art der Dokumentation etwas länger und es müssen genügend Erfassungsgeräte zur Verfügung stehen. Insgesamt jedoch lohnt sich der Einsatz, weil die digital ausgefüllten Formulare sofort und immer mit allen erforderlichen Informationen zur Verfügung stehen und ihre Weiterverarbeitung deutlich schneller erfolgen

kann. So wird es beispielsweise möglich, Dankesschreiben oder gewünschte Informationen noch während der Messe an den Gesprächspartner zu versenden.
Der folgende Screenshot stammt von einem Leadmanagementsystem:

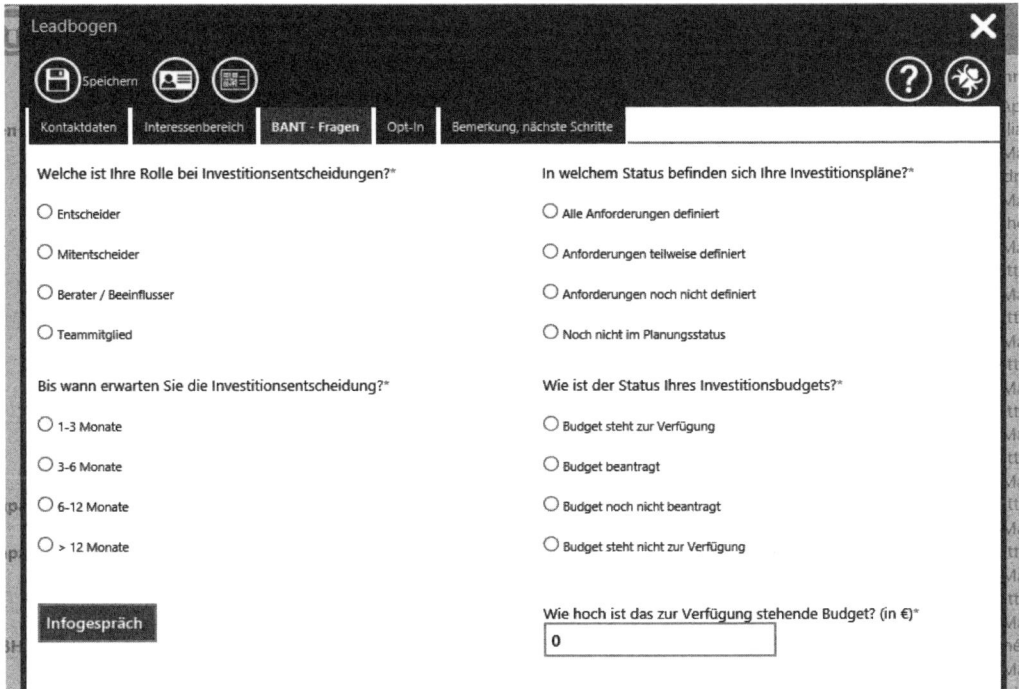

Abb. 4: Screenshot Leadmanagementsystem FairOrg

Es gilt im Vorfeld abzuklären, welche Informationen erforderlich sind, damit die
Leadbögen in das interne System übernommen werden können bzw. der Vertrieb
diese auch weiter bearbeiten kann. Neben den Kontaktdaten sind die Position,
die Branche und natürlich auch das konkrete Interesse von Bedeutung, aber auch
welchen Status das Projekt hat (siehe Abbildung). Abschließend muss noch fest-
gehalten werden, wie der konkrete nächste Schritt aussehen soll, zum Beispiel das
Zusenden von Informationsmaterial oder die Vereinbarung eines Termins.

An dieser Stelle noch ein Hinweis auf den Datenschutz: Sobald Vor- und Nachname
eines Besuchers elektronisch gespeichert werden, ist dafür dessen Einverständnis
nötig. Korrekt ist es, diese Genehmigung schriftlich einzuholen. Das führt sicherlich
bei einigen Standmitarbeitern und Gesprächspartnern zu einem unangenehmen
Gefühl. Weil es aber schon selbstverständlich ist, bei einem Newsletter-Abonne-
ment, einem Onlineeinkauf oder einem elektronischen Ticketsystem auf ähnliche

Art und Weise die Aktion zu bestätigen, sollte der digitalen schriftlichen Erfassung des Gesprächsprotokolls und der ausschließlich dafür genutzten Kundendaten nichts im Weg stehen.

9.6.1 Gemachte Zusagen einhalten

Es ist wichtig, dass gegenüber Besuchern gemachte Versprechungen eingehalten werden und sie die gewünschten Materialien und Informationen erhalten. Die Abläufe dafür müssen standardisiert und dem Messeteam bekannt sein. Nur dann wird der Vertrieb entlastet und muss sich nicht mit administrativen Aufgaben beschäftigen.

Leider klingt das in der Theorie viel einfacher, als es in der Praxis ist. Es fehlt oft an klaren Verantwortlichkeiten und definierten Übergabepunkten. Solch ein Prozess ist kein Hexenwerk, aber er muss definiert werden — und genau das geht leider oft in der Hektik der Messevorbereitung unter.

Es muss eine verantwortliche Person geben, die alle Leads sammelt oder für deren Rücktransport von der Messe ins Unternehmen sorgt. Zudem muss festgelegt sein, was mit den Leads passieren soll: Werden Informationen im Nachhinein an die Besucher versendet oder auf einer Webseite zum Herunterladen bereitgestellt? Welche Vertriebsmitarbeiter rufen potenzielle Kunden an? Oder werden die Leads von einem externen Callcenter für Nachfassanrufe verwendet?

9.6.2 Sammeln und qualifizieren

Es reicht nicht, einfach nur Daten zu sammeln, um potenzielle Interessenten zu qualifizieren. Erst mit einem ergänzenden Messebericht wird ein Lead nutzbar für die Neukundengewinnung. Die Qualifizierung eines Leads setzt einerseits Branchen- und Verkaufswissen voraus, andererseits gilt es aber auch, die richtige Schnittstelle zu finden: Denn eine Leadqualifizierung ersetzt nicht die danach erfolgende Bedarfsanalyse durch den Vertrieb. Für die effiziente Bearbeitung eines Leads sind zusätzliche Erfahrungen und Informationen einzuholen und äußerst sorgfältig in das System einzupflegen.

Zentrales Hilfsmittel und Werkzeug dafür ist eine gut strukturierte und aktuelle Kundendatenbank. Damit erfassen Mitarbeiter lückenlos alle Interaktionen mit Kunden: vom ersten Kontakt über den Versand von Werbematerial und Newslettern bis hin zum Verkauf, zu Rückmeldungen und Reklamationen. Der Sammlung von Daten muss eine Analyse folgen, um vorhandene Potenziale zu erkennen und mit geeigneten Marketingmaßnahmen zu erschließen.

Wenn dieser Prozess gut umgesetzt wird, entsteht eine hervorragende Basis für weitere Aktionen. Unternehmen wissen dann zum Beispiel, welche Produkte und Services gut bei den Besuchern ankamen, welche Zielgruppe die Messe besuchte und welche Verkaufschancen generiert wurden.

9.6.3 Nachfassen und Kaufabschlüsse generieren

Von Anfang an muss feststehen, wie die Nachfassaktion abläuft. Also: Wer spricht wen wann und wie an. Die Grundlage dafür und für eine Erfolgskontrolle ist die systematische Auswertung aller während einer Messe erfassten Informationen eines Kunden oder Interessenten. Ein wichtiger Punkt dabei ist die Umsetzung aller Zusagen, die der Messestandbesucher erhielt. Dies gilt umso mehr, weil eine Messebeteiligung in sehr vielen Fällen der Anfang eines intensiven Geschäftskontakts ist. Je nach Branche erfolgen oft bis zu acht Kontaktaufnahmen bis ein Abschluss getätigt werden kann.

Fünf Schritte von der Leadgewinnung bis zum Kaufabschluss

1. **Erfassung und Erstbetreuung:**
   Kunde signalisiert Interesse – Daten werden erfasst – Kunde erhält eine adäquate Antwort
   Entscheidend ist eine zeitnahe Reaktion, damit sich potenzielle Kunden nicht an Wettbewerber wenden.

2. **Differenzierung und Folgebetreuung:**
   Einteilung der Leads in „Heiß", „Warm" und „Kalt" – danach differenziertes Vorgehen und Ansprache potenzieller Kunden – Ansprache entsprechend der Einteilung – Zuordnung passender Angebote
   Kunden, die mit dem Angebot nicht zu erreichen sind, werden ausgesondert.

3. **Steuerung durch Angebotsvorlage:**
   Ermittlung der relevanten Angebote pro Kunde - Kunde signalisiert Kaufinteresse – Vorlage eines konkreten Angebots
   Vorbereitung zur Übergabe an den Vertrieb für den Kaufabschluss.

4. **Verhandlungen:**
   Leistungen, Lieferbedingungen und Rabatte
   Erleichterung der Kaufentscheidung.

5. **Abschluss:**
   Erfolgreiche Verhandlung – Übergabe an den Vertrieb
   Abverkauf des Produkts bzw. der Dienstleistung.

Abb. 5: Schritte von der Leadgewinnung bis zum Kaufabschluss

Fazit:

Die erste und wichtigste Regel, wenn es um Kunden geht, lautet: Ist erst einmal der Kontakt hergestellt, muss die Kommunikation regelmäßig erfolgen und darf nie abreißen.

9.7 Warum Messen? Oder warum nicht?

Sind Messen noch zeitgemäß? Sind sie Verkaufsplattform oder Bühne für die Markenkommunikation? Lohnt sich ein Messebesuch überhaupt noch? Das sind Fragen, über die Experten gerade in der jüngeren Vergangenheit immer öfter diskutieren. Das digitale Zeitalter versorgt uns immer und überall mit einer schier unendlichen Informationsmenge. Videokonferenzen machen aufwendige Veranstaltungen überflüssig: Reisekosten entfallen, Menschen müssen nicht mehr quer durch Deutschland oder in der Welt herumjetten, sie haben mehr Zeit für ihren eigentlichen Beruf. Eigentlich ist das eine sehr ökonomische und praktische Lösung. Es stellt sich nur die Frage, ob damit das Ende der Messen eingeläutet wird.

Nein: Messen weisen wesentliche Vorteile auf. Das beginnt mit dem persönlichen Treffen, mit dem sich eine Marke „zum Anfassen" präsentiert. „Live-Marketing" ist die persönlichste Art des Kundendialogs, um sich selbst und die eigenen Produkte der Zielgruppe zu zeigen und um sich direkt über Trends und Mitbewerber zu informieren. Allerdings muss geprüft werden, ob und welche Messe für das Unternehmen geeignet ist, um die Unternehmensziele bestmöglich zu erreichen.

10 Marketing-Mix

Die hohe Kunst, drei Welten zu verbinden: Marketing, PR und Vertrieb

Birgit Eckmüller

Mit der klassischen Trennung zwischen Marketing, PR und Vertrieb erreichen Unternehmen ihre Kunden künftig nicht mehr. Unternehmen brauchen eine verzahnte und faktenorientierte Kommunikation, die interessante Geschichten erzählt, anstatt nur Marketingphrasen zu verbreiten.

IT-Beratung zählt nicht zu den einfachen Feldern für Marketing und Kommunikation — und doch ist gerade in dieser Branche der Bedarf dafür besonders groß. Denn der Consultingmarkt ist hart umkämpft. 15.300 Beratungsunternehmen rivalisieren um ihren Anteil am Kuchen, der 2013 einen Umsatz von 23,7 Milliarden Euro in Deutschland ausmachte. Die größten Einzelmärkte sind dabei der Fahrzeugbau (13,7 Prozent) sowie der Bankensektor (12,5 Prozent).[1] Hier herrscht daher ein besonders hoher Wettbewerbsdruck.

Angesichts der Vielzahl an Unternehmensberatungen ist Differenzierung das A und O. Sie nur über das Produkt, die Beratungsleistung zu erreichen, gestaltet sich jedoch schwierig. Beratungsleistungen sind immateriell und sehr individuell auf den jeweiligen Kunden zugeschnitten. Die Kommunikation spielt daher im Consultingumfeld eine besonders große Rolle für die eigene Positionierung. Besonders wichtig ist, durch gezielte Kommunikation seine Bekanntheit bei den potenziellen Auftraggebern zu steigern. Dabei sollte nicht nur der Unternehmensname in allen Köpfen sein, sondern er sollte zusätzlich mit den gewünschten Attributen wie „Experte", „kreativ", „zuverlässig" und „budgettreu" verknüpft werden.

Auf die schiere Größe der Anbieter und der damit fast zwangsläufig einhergehenden Markenbekanntheit kommt es dabei oft nicht an. Kleinere Häuser können ihren vermeintlichen Nachteil in Sachen Bekanntheit wettmachen, in-

---

[1] Quelle: http://www.bdu.de, abgerufen am 21.05.2014.

dem sie aus einem bestimmten Bekanntheitsgrad einen größeren Anteil an Neugeschäft erzeugen als die Wettbewerber. Laut einer PR-Erfolgsmessung unter
100 Führungskräften bei Banken kann das im Verhältnis zu den „Big Boys" eher
kleine Beratungsunternehmen Steria Mummert Consulting seine Bekanntheit
überdurchschnittlich stark in Geschäftserfolg transformieren. Der Prozentsatz
von Befragten, die das Unternehmen kennen, seine Kompetenz wahrnehmen
und grundsätzlich zum Vertragsabschluss bereit sind, ist nur leicht höher als
der Anteil, der tatsächlich die Firma beauftragt. Das heißt: Wer Steria Mummert
Consulting kennt, beauftragt das Unternehmen auch. Oder: Die Investitionen in
Marketing und PR erzeugen weniger Streuverluste, wirken stärker vertriebsori-
entiert. Der Charme dabei: Die Maßnahmen lassen sich so besser vor der Unternehmensleitung vertreten.

Woran liegt das? Indem man es schafft, durch Kommunikation die Kompetenzvermutung bei potenziellen Auftraggebern zu steigern. Beratungsunternehmen
gelangen vor allem durch Branchen- und Fachkompetenz an Aufträge, fand eine
Studie des Marktforschungsunternehmens Lünendonk heraus.

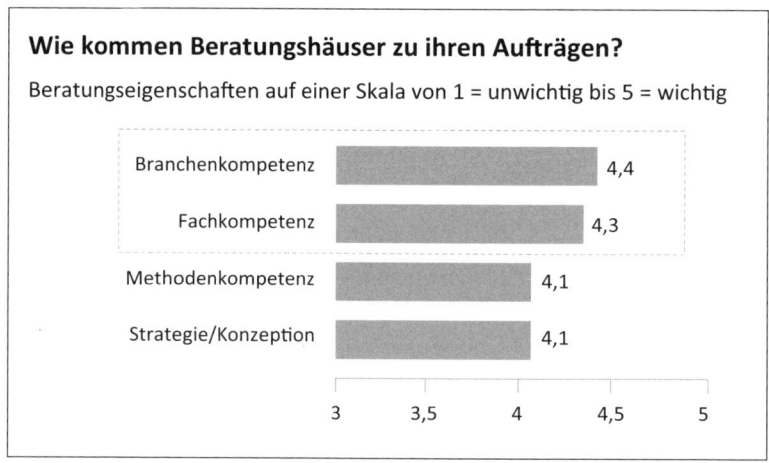

Wie kommen Beratungshäuser zu ihren Aufträgen?

Beratungseigenschaften auf einer Skala von 1 = unwichtig bis 5 = wichtig

Abb. 1: Wie kommen Beratungshäuser zu ihren Aufträgen?[2]

Wer in Unternehmensberatungen für Marketing und Kommunikation verantwortlich ist, sollte wissen, wie wichtig es ist, genau diese Kompetenzen heraus-
zustellen. Die Herausforderung dabei ist vor allem die enge und anspruchsvolle
Zielgruppe: Beratungen werden von Führungskräften und Vorständen beauf-

---

[2]   Quelle: Lünendonk GmbH, Bad Wörishofen.

tragt. Dieses Klientel hinterfragt die Marketingbotschaften sehr genau und lässt sich nicht durch mehrfach wiederholte Werbefloskeln beeindrucken. Zudem sind gerade in den Kernbranchen wie Banken, Versicherungen und Behörden oftmals rationale Entscheider und kühle Rechner anzutreffen. In den IT-Abteilungen sowieso. Diese Entscheider ziehen harte Fakten den bunten und blumigen Markenbotschaften vor. Journalisten, die wichtigen Überbringer der Geschichten aus der Unternehmenskommunikation, sind übrigens ähnlich gestrickt. Die viel strapazierte Floskel „Content is King", an der derzeit kein Marketing-Fachmagazin vorbeikommt, ist deshalb für PR-Leute eigentlich ein alter Hut, denn sie liefern — so sie ihren Job richtig verstanden haben — seit jeher spannende Inhalte. Insofern ist es naheliegend, PR mit Marketing und dem Vertrieb eng zu verzahnen.

10.1 Fakten fischen

Unternehmensberatungen — besonders, wenn sie sich im IT-Umfeld bewegen — sollten daher diese Empfänglichkeit für Analysen und Marktdaten mit relevanten Fakten bedienen. Fact-Finding ist eine bewährte Methode zu mehr Erfolg im Markt. Doch die für die anvisierte Öffentlichkeit relevanten Informationen müssen zunächst gefunden werden. Oftmals sind bereits erstaunlich viele Fakten im Unternehmen vorhanden. Sie müssen identifiziert und bewertet werden. Die Suche beginnt zumeist beim Wissensschatz der Berater des eigenen Unternehmens. Sie sind Experten ihres Fachs und kennen sich in ihrer Zielbranche bestens aus. Häufig stellen sie für ihre Kunden eigene Studien und Untersuchungen an. Mit den gewonnenen Erkenntnissen können Berater Trends häufig besser einschätzen als viele Institute. Aus ihrer Nähe zur Praxis wissen sie zudem, wo der größte Beratungsbedarf besteht. Ob für fundierte Geschichten, Analysen oder Einschätzungen zur Marktentwicklung — mit diesem Wissen kann das Marketing aus einer wahren Goldgrube schöpfen.

Praxisbeispiele (Best Practices) sind bestens dafür geeignet, die eigene Kompetenz erfolgreich zu kommunizieren. Potenzielle Kunden suchen gezielt nach Anwendungen, die bereits an anderer Stelle funktioniert haben und deren Erfolg anschaulich bewiesen werden kann. Wer eine Unternehmensberatung beauftragen will, möchte schließlich wissen, welche Erfahrungen der Kandidat in seiner Branche und in seinem speziellen Themenfeld vorweisen kann. Nach Best Practices muss man gezielt suchen. Denn nicht selten sind die Berater einfach vor allem froh über ein abgeschlossenes Projekt und schon mit den Gedanken bei dem nächsten Auftrag. Über eine Veröffentlichung ihres Erfolgs, egal über welchen Kanal, denken sie nicht nach. Ähnlich ist es bei anderen Erfolgsmeldungen.

Eine Kernaufgabe der Kommunikatoren und Marketers ist es daher, auf die Suche nach spannenden und relevanten Fakten zu gehen, sich umzuhören und zunächst viele Informationen zu sammeln, die dann später erneut auf ihre Verwendbarkeit hin geprüft werden. Nicht alles Wissen der Mitarbeiter liegt auf dem Präsentierteller parat. Nicht selten bedeutet es einigen Aufwand, um den Wissensschatz des eigenen Personals zu bergen und ihnen die relevanten Informationen zu entlocken. So mancher Fachmann denkt, die Nachricht sei jedem bereits bekannt und äußert sie daher nicht ohne spezielle Nachfrage. Andere geben aus Zeitmangel oder fehlendem Bewusstsein um die Wichtigkeit von Kommunikation relevante Informationen nicht weiter.

10.2   Fakten schaffen

Ein zweiter Weg, um an Fakten zu gelangen, sind selbst produzierte Studien und Marktbeobachtungen. Regelmäßig durchgeführte Befragungen von Entscheidern bestimmter Branchen mit wechselnden Schwerpunkten sind ein probates Mittel, um nachhaltig auf der Themenagenda von Journalisten und Unternehmen zu stehen. Gerade bei Zukunftsthemen und um sicher zu sein, den Nerv der Branche zielgenau zu treffen, sind Studien wertvolle Werkzeuge. Die Zahlen und harten Aussagen zu relevanten und aktuellen Themen bilden die Grundlage für das komplette Marketing-Gedeck. Sie speisen Presseinformationen, umfangreiche Artikel, Fachvorträge, Vertriebsmaterialien und Verkaufsgespräche. Werden die Daten gemeinsam mit einem unabhängigen Forschungsinstitut erhoben, gewinnen die Zahlen für Medien und potenzielle Kunden zusätzlich an Glaubwürdigkeit gegenüber blanken und nicht belegbaren Aussagen. Auch wenn die eigene Marktforschungsarbeit einiges an Zeit und Budget in Anspruch nimmt: In der Regel wird dieser Mehraufwand mit vielen Journalisten- sowie Kundenanfragen belohnt.

Manchmal grenzt das Fact-Finding der Kommunikationsabteilung an das Erstellen einer umfangreichen Forschungsarbeit. Die Studie „Wege zum Kunden 2015" hatte beispielsweise beinahe den Charakter eines Forschungsprojekts: Um Vertrieb und Kundenkommunikation bei Kreditinstituten zu untersuchen, ließ Steria Mummert Consulting im März 2011 mehr als 1.000 Deutsche bevölkerungsrepräsentativ befragen und führte zusätzlich Interviews mit Entscheidern mehrerer Branchen durch. Untersucht wurde, inwiefern sich unterschiedliche Kommunikationskanäle für die Befriedigung der Kundenbedürfnisse eignen und über welche Kanäle und Plattformen die Kommunikations- und Vertriebschancen künftig am größten sein werden. Die Studie lieferte umfangreiche Fakten dazu, wie Banken mit ihren Kunden kommunizieren und was sich die Bankkunden wünschen. Es kam beispielsweise heraus, dass jeder dritte Bundesbürger bei Bankgeschäften eine reibungslose Kommunikation über mehrere Kanäle vermisst. Die gewonnenen Erkenntnisse aus der Studie lieferten die Basis für ein wahres Marketing-Feuerwerk: mit einer eigenen Landingpage im Internet mit allen Informationen zur Studie und einem Videointerview mit dem Studienleiter, einer Roadshow in mehreren Städten, zahlreichen Presseinformationen, Fachartikeln und Buchbeiträgen sowie mit einer Verwertung der Studienergebnisse in Kundennewsletters. Viele Anfragen von Kunden kamen, die sonst vermutlich nicht auf das Unternehmen aufmerksam geworden wären. Letztendlich gab die Marktforschungsarbeit den Anstoß für die Presse- und Öffentlichkeitsarbeit, die schließlich in Neugeschäft mündete.

10.3 Kompetenz für Themenmanagement nutzen

Beraterwissen, Best Practices, Studien und Marktbeobachtungen — dies alles muss zusammengetragen werden und bildet das Werkzeug für die Vermittlung von Beratungskompetenz. Welche Kernkompetenzen im Einzelfall wichtig sind, muss zunächst herausgefunden werden. Damit ist nicht gemeint, einfach die „gute Beratung" und das „IT-Know-how" seiner Kompetenzträger darzustellen. Diese Eigenschaften erwarten potenzielle Auftraggeber von jeder Consulting-Firma. Und Journalisten sind sowieso nicht vorrangig am Leistungsportfolio interessiert, sondern an konkretem Markt- und Insiderwissen der Berater.

Wichtiger ist, die Kompetenz in der Form zu vermitteln, dass Entscheider denken: „Ja, die wissen, was meine Branche gerade und künftig umtreibt." Journalisten sollen den Eindruck haben: Ja, hier ist eine zuverlässige Quelle für aktuelle Themen und fundierte Fakten. Das Fact-Finding hilft dabei, denn hier wurden bereits Informationen über Best Practices und Wissen der Berater zusammengetragen.

"Fact-Finding" als Erfolgsstrategie

| Resultat | | Geschäftserfolg | | Erfolgsmessung |

| 3 Säulen der Markenbildung | PR | Marketing | Vertrieb | Markenbildung |

| Marktresearch, Studien etc. sind Werkzeuge für Kompetenz | Kompetenz | | "Fact-Finding" |
| | Marktresearch, Studien, Best Practices, Berater-Know-how etc. | | |

Abb. 2: „Fact-Finding" als Erfolgsstrategie

Ein typischer Prozess kann zum Beispiel so ablaufen: Banken sind für eine Unternehmensberatung eine wichtige Zielgruppe. Sie machen mit über zwölf Prozent den zweitgrößten Anteil am Beratungsmarkt aus, beauftragen also relativ häufig Consultants. Aufgrund der aktuellen Einsätze in Banken und ihres Branchenüberblicks erkennen die Berater den Trend, dass Compliance bei Banken ein wichtiges Thema ist. Die Marktbeobachtung ergibt, dass viele Institute über die Flut an Regulierungen wie Basel III und MiFID sowie die damit verbundenen horrenden (IT-)Investitionen klagen. Um auf die eigene Kompetenz auf den Gebieten Regulierung, Compliance und IT hinzuweisen, bringt die Kommunikationsabteilung diese Themen über Pressearbeit auf die Agenda der Medien. In einer Entscheider-Studie werden die Themen bei den Banken direkt abgefragt.

Steria Mummert Consulting kommuniziert seine Kompetenz zum Thema „Compliance" über die drei Säulen PR, Marketing und Vertrieb gleichermaßen. Die PR-Abteilung versendet Presseinformationen mit Markteinschätzungen ihrer Compliance-Experten an Journalisten. Das Marketing organisiert ein Expertenevent, bei dem unter anderem Zahlen und Fakten zu Compliance präsentiert werden. Und der Vertrieb versendet die Studie zu diesem Thema an Kunden, um eine Grundlage für Gespräche und Angebotspräsentationen zu haben. Presseinformationen sorgen für ein Grundrauschen in der Tagespresse. Gezielt platzierte Artikel und Interviews in Wirtschafts- und Bankmedien vertiefen die Ergebnisse. Veröffentlichungen in den Medien liefern Anlässe für eine direkte Ansprache von Banken. So kann es der Beratung gelingen, sich mit der eigenen Kernkompetenz „Bank-Compliance" nachhaltig bei Kunden und Journalisten zu positionieren. Der Dreiklang aus PR, Marketing und Vertrieb wirkt im Idealfall positiv auf den Geschäftserfolg und lässt sich mit Tools wie dem wissenschaftlich geprüften „PRoof" auf Basis der Werbewirkungsforschung messen.[3]

Abb. 3: Dreiklang aus PR, Marketing und Vertrieb

10.4 Markenbildung durch Kompetenz-PR

Die im eigenen Unternehmen vorhandene Kompetenz trägt damit tiefgreifend zur Markenbildung einer Unternehmensberatung bei. Das Bild der Marke soll in den Köpfen von Kunden, Journalisten und Interessenten möglichst aufgrund dieser Kompetenzen verankert sein. Im oben genannten Fall sollen Entscheider mit dem Markennamen der Beratung das Branchenthema „Compliance" verbinden. Im Idealfall haben Führungskräfte in Kreditinstituten sofort den Markennamen im Kopf, sobald sie sich mit den Herausforderungen wie Basel III, MiFID II und SEPA beschäftigen. Gelingt das, schafft es auch eine Unternehmensberatung mittlerer Größe,

---

[3] Quelle: http://www.absatzwirtschaft.de, abgerufen am 01.06.2014.

dass Entscheider, die die Marke kennen und die Kompetenz wahrnehmen, dieser Beratung am Ende häufiger einen Auftrag erteilen als einem Wettbewerber. Im Fall der Steria Mummert Consulting lag die Bekanntheit gemäß einer Entscheiderbefragung bei 31 Prozent, die Kompetenzwahrnehmung bei 30 Prozent und die tatsächliche Abschlussrate bei immerhin noch 19 Prozent. Der sogenannte Abrieb beträgt somit nur zwölf Prozentpunkte. Bei Konkurrenten sind dies teilweise mehr als 30 Prozentpunkte, so die Umfrage. Den Unterschied schafft vor allem die kontinuierliche Pressearbeit — denn der durch Kommunikation erzielte Effekt macht fast die Hälfte der Markenbekanntheit aus.

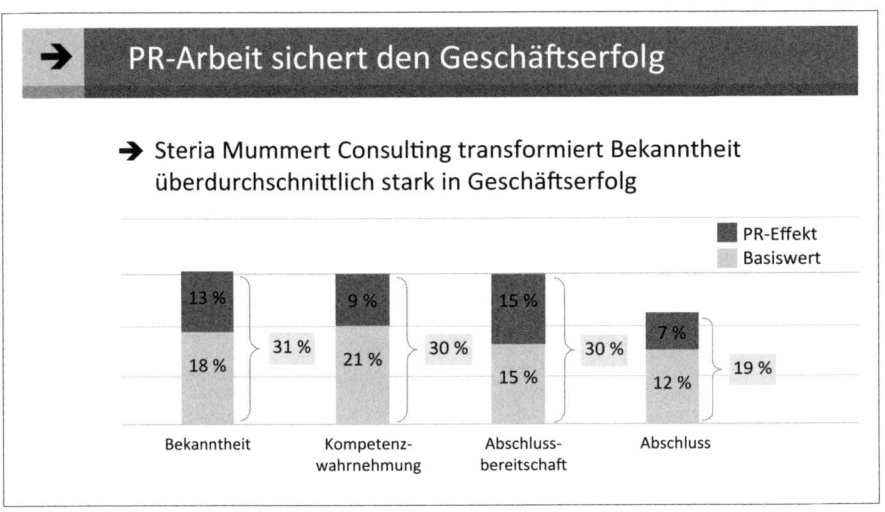

Abb. 4: PR-Arbeit sichert den Geschäftserfolg

10.5 Organisatorisch zusammenwachsen

Damit PR, Marketing und Vertrieb ein gutes Team bilden, sollten traditionelle Rollenbilder über Bord geworfen werden. Viele Unternehmen verharren noch in der strikten Trennung der drei Disziplinen. Die einzelnen Bereiche ringen untereinander um Budget und Aufmerksamkeit und pflegen ihre Vorurteile gegenüber den jeweils anderen Disziplinen. Um den größeren Anteil am Geldtopf zu erhalten, verteidigt jede Abteilung ihre Vorgehensweise gegen die der anderen, anstatt gemeinsam an einem Strang zu ziehen. Die Folge: Der interne Showkampf geht zulasten der eigentlichen Kommunikationsarbeit. Das Marketing organisiert dann Expertenvorträge zu einem Thema, während die PR-Abteilung gerade Pressemitteilungen zu einen völlig anderen Thema lanciert. Und der Vertrieb kennt unter Umständen die erhobenen Marktzahlen nicht, weil sie in der Kommunikationsabteilung gehortet werden. Dadurch entgehen den Key Account Managern wertvolle Gelegenheiten für Gesprächsansätze mit den Kunden. Mit dieser getrennten Arbeit erreichen Firmen aber langfristig ihre Kunden nicht mehr, denn in deren Köpfen kann kein klares Markenbild entstehen.

Den größten vertrieblichen Effekt erzielt die Kommunikationsarbeit also, wenn sich PR, Marketing und Vertrieb zusammentun. Treiber in diese Richtung ist die starke Zunahme der Social-Media-Nutzung. Sie löst die starre Trennung sukzessive auf und fördert eine abteilungsübergreifende Zusammenarbeit. Denn auf Facebook, Twitter und Co. verschwimmen die Grenzen von PR, Marketing und Vertrieb. Dort kann die traditionelle Einweg-Kommunikation des Marketings nicht aufrechterhalten werden, denn die Nutzer suchen den schnellen Austausch, und in eine Twitter-Nachricht passen nur Informationen, keine komplexen Markenbotschaften. Weiterempfehlungen sorgen online für neue Kunden oder zumindest Interessenten, die der Vertrieb dann weiterbetreuen kann. Auch wenn heute noch oft Social Media von PR-Abteilungen gesteuert wird, sollten sie zumindest von allen drei Abteilungen im Auge behalten werden.

Doch der Kommunikationsmix besteht bei weitem nicht nur aus sozialen Medien. Die Anzahl der genutzten Vertriebs- und Kommunikationswege nimmt seit Jahren zu. 60 Prozent der Unternehmen sprechen Kunden über sieben oder mehr Kanäle an, ergab die Potenzialanalyse Channel Management von Steria Mummert Consulting in Kooperation mit dem IMWF Institut für Management- und Wirtschaftsforschung[4]. Darunter befinden sich viele noch junge Kommunikationswege wie mobile Endgeräte. Die Kunst besteht darin, aus vielen verschiedenen Stimmen ein Gesamt-Orchester zu schaffen. Viele der 207 befragten Fach- und Führungskräfte klagen über Kanalkonflikte: 65 Prozent nennen Probleme, die auf die unterschiedlichen Verantwortlichkeiten hinsichtlich der Steuerung zurückzuführen sind. 61 Prozent bemängeln zusätzlich die fehlende Zusammenführung von Informationen der einzelnen Abteilungen und 60 Prozent die unterschiedliche Budgetverantwortung. Damit wird klar: Nur ein konsequenter Austausch der Abteilungen führt zu einer erfolgreichen Kundenkommunikation und einer klaren Markenbildung.

---

[4]   Quelle: PA Channel Management, S. 33.

10.6 Zwei Welten in einer Person

Dieses Miteinander der Kanäle und Kommunikationsdisziplinen beeinflusst die Markenbildung positiv. Sie ist dann stringent und klar, wenn alles aufeinander aufbaut und nicht jede Abteilung ihr eigenes Süppchen kocht. Steria Mummert Consulting bündelt Marketing und PR organisatorisch an einer Stelle. Zudem stehen die Kommunikatoren in engem Kontakt zum Vertrieb. Pro Geschäftseinheit existiert ein Marketingkoordinator, der zugleich auch Vertriebsleiter ist. Die Kommunikationsformate wie Presseinformationen, Fachartikel, Internet, Messen, Vorträge, Kundenmagazin und Online-Newsletter lassen sich auf diese Weise abstimmen. Die Maßnahmen bauen aufeinander auf und basieren auf denselben Fakten und derselben Idee von Fach- und Branchenkompetenz. Widersprüche in der Kommunikation lassen sich so vermeiden. Crossmedial verknüpfte Kommunikationskanäle steigern damit den Kampagnenerfolg.

Diese zentral zuständige Person für Marketing und PR kann die Interessen einer auf die langfristige Markenbildung ausgelegten Marketingstrategie und die auf eher kurzfristige Vertragsabschlüsse getrimmten Interessen von Vertriebsexperten vereinen. Denn gerade im Business-to-Business-Bereich ist die direkte zielgenaue Ansprache der Kunden wichtig. Die Anzahl der Kunden ist geringer und oft kann ein einzelner Auftrag eines überzeugten Geschäftspartners einen hohen Anteil am Gesamtumsatz ausmachen. Daher sind Maßnahmen, die gezielt auf die Kundenvorlieben eingehen und die Themen berühren, die Interessenten bewegen, häufiger von Erfolg gekrönt als eine breitere Ansprache, wie sie in der Konsumentenkommunikation (B2C) sinnvoll sein kann.

Manchmal versäumt der Vertrieb, den Dialog mit Interessenten aktiv zu gestalten. Der Vertrieb muss deshalb in die Vermarktungsprozesse einbezogen werden, damit er Kunden zum richtigen Zeitpunkt mit dem richtigen Angebot beeindrucken kann. Vertriebsteams müssen darauf vorbereitet sein, strategische, problemlösende, wertschöpfende und differenzierte Gespräche zu führen, statt traditionellerweise Produkt, Funktion und Nutzen in den Vordergrund zu stellen. Aufgabe der Kommunikationsexperten ist es zudem, das „Spiel über Bande" zu vermitteln. Manchmal ist es wichtig, endkundenrelevante Inhalte zu verbreiten, die auf den ersten Blick keinerlei Bezug zum eigenen Leistungsportfolio haben. Hier liegen Sichtweisen zwischen Vertrieb und PR oft weit auseinander. Viel Überzeugungsarbeit ist nötig, die sich am Ende aber auszahlt. Steria Mummert Consulting ist zum Beispiel Experte für Reporting-Lösungen für Energieunternehmen. Eigentlich ein sehr abstraktes Thema. Eine Presseinformation mit einer Markteinschätzung zur verbraucherrelevanten Energiewende und zur Smart-Meter-Einführung sorgte dennoch dafür, mit vielen Kunden zum Thema Meldewesen ins Gespräch zu kommen.

Die Zielgruppen Journalisten und Kunden verschmelzen zum Beispiel in der Social—Media-Ansprache ohnehin. Bei einem Facebook-Account lässt sich nur schwer trennen, ob ein Journalist oder ein potenzieller Kunde die geposteten Meldungen liest.

10.7 Bunte Bilder gegen Klinkenputzer

Liegen Unternehmenskommunikation (PR) und Marketingleitung in einer Hand, ermöglicht das ein strategisches und integratives Arbeiten. Dieses Vorgehen erleichtert auch die interne Überzeugungsarbeit. „Marketing? Das sind doch die mit den bunten Bildern", denken so manche Manager. Gerade wenn die Budgets schrumpfen, ist nicht jedem klar, warum die Marketingausgaben nötig sind, welchen Nutzen beispielsweise ein neues Unternehmenslogo oder ein einheitlicher Markenauftritt haben. Gerade in Krisenzeiten wird in vielen Firmen zunächst das Marketingbudget gekappt.

PR halten viele Führungskräfte sowieso für einen verzichtbaren Schaukampf, der nur Geld und Arbeitszeit kostet und mit dem Kerngeschäft wenig zu tun hat. Selbst so mancher Marketingmitarbeiter glaubt, PR sei eine kostenlose Möglichkeit, die Marketingbotschaft abdrucken zu lassen. Und natürlich bekommt auch der Vertrieb über das Image „Klinkenputzer, die nur verkaufen wollen und dabei nicht wirklich wissen, was der Kunde will" sein Fett weg.

Eine zentrale Steuerung mit einer gemeinsamen Strategie hilft dabei, diese sich hartnäckig haltenden Vorurteile abzubauen. Nur mit dem nötigen Respekt für die Funktion des jeweils anderen wird eine gemeinsame Markenbildung überhaupt möglich. Denn eigentlich wollen alle drei dasselbe: Geschäftserfolg. Damit sich der in barer Münze auszahlt, müssen Kunden wirklich überzeugt und nicht überredet werden, damit sie am Ende nicht nur die Botschaft gehört haben, sondern auch den Vertrag unterschreiben. Dabei helfen Fakten, in eine spannende Geschichte verpackt.

10.8 Storytelling statt heißer Luft

Selbst wenn in Unternehmen der Gedanke angekommen ist, integriertes Marketing zu betreiben, heißt das nicht selten, dass die Marketingabteilung die Kommunikation übernimmt. Gerade dann ist Vorsicht geboten, damit nicht nur der Marketinggedanke regiert. Denn Journalisten lehnen platte Werbebotschaften ab. Der Trendmonitor PR besagt: „Sprechblasen" und „heiße Luft" nerven PR-Fachleute an ihrem Job am meisten, weil sie damit nicht von den Redakteuren gehört werden. Das empfinden Mitarbeiter aus Pressestellen und Agenturen fast gleichermaßen.[5]

Doch nicht nur Behauptungen werden von Medien und potenziellen Kunden abgestraft. Auch reine Fakten werden zu einer Massenware. Ihre Kraft zu überzeugen nimmt allmählich ab, weil es inzwischen so viele davon gibt. Das reine Rapportieren von Zahlen und Fakten aus Studien führt nicht automatisch zum Abdruck in der Zeitung oder zum Anruf eines Kunden. Erst fesselnde Geschichten und Informationen mit Erkenntnisgewinn sichern den Kommunikationserfolg.

Storytelling, die Methode, Fakten in eine spannende und für die Zielgruppe verständliche Geschichte zu verpacken, rückt deshalb in den Fokus der PR. Eine gut erzählte Geschichte auf Basis aktueller Marktdaten weckt Aufmerksamkeit, macht Abstraktes begreifbar und überzeugt. Damit ist auch klar: Das Fact-Finding bildet immer nur die Basis für wirksame Pressearbeit. Das rohe Wissen und die Studienergebnisse mit Analysen, Prognosen und provokanten Meinungen zu veredeln, sorgt erst dafür, dass eine Kompetenzvermutung beim Gegenüber entsteht. Bei den Fachleuten ist diese Botschaft vielfach schon angekommen: Rund jeder dritte Pressesprecher von Dienstleistungsfirmen glaubt daran, dass „Storytelling" im nächsten Jahr stark in den Fokus rücken wird.[6]

Ganz im Sinne eines Agendasetting kann die Kommunikationsabteilung dabei aktiv vorgehen und Themen in den Markt setzen, die zuvor wenig beachtet wurden. Journalisten fungieren dabei als Multiplikatoren. Nehmen sie ein Thema auf und drehen es weiter, kommt es auch oft gut bei Kunden und Interessenten an. Eine Presseinformation zu Mobile Payment, die im Januar verbreitet wurde, führte im Juni immer noch zu Medienresonanz.

Gerade für Unternehmensberatungen gilt also, dass Marketing und Vertrieb hier durchaus von der Pressearbeit lernen können. Der Vertrieb hat es beispielsweise leichter, den Kunden zu überzeugen, wenn er zu den Fakten und Zahlen sowohl fundierte Analysen vorlegen kann als auch die traditionellen Werbeflyer. Denn natürlich hören Kunden ebenfalls gern überzeugende Geschichten anstelle der üblichen Formel „Wir sind die Besten".

---

[5] Quelle: Trendmonitor PR, S. 38, http://de.slideshare.net, abgerufen am 01.06.2014.

[6] Quelle: http://de.slideshare.net, abgerufen am 01.06.2014.

10.9 Kommunikation gibt den Kurs beim Agendasetting vor

Doch wer hat den Hut auf beim gemeinsamen Agendastetting durch Marketing, PR und Vertrieb? Das erfolgsversprechende Marketingmix-Modell bei Steria Mummert Consulting sieht die Kommunikation in der Rolle des Themenführers. Denn die Kommunikation sorgt dafür, dass es überhaupt etwas zu erzählen gibt. Sie identifiziert Themen, die zu den Kompetenzen der Berater passen und die Zielbranche bewegen. Und sie steuert die Recherchen im Sinne des Fact-Finding. Mit dem Hintergrund von Studien, Berater-Know-how und dem Ohr an den Medien wissen gute PR-Mitarbeiter, welche Fakten und Geschichten bei der Zielgruppe ankommen. Diese werden überprüft auf ihre Relevanz als Teil des Markenbildes.

10.10 Marketingmix in der Praxis

Wie ein erfolgreicher Marketingmix mit der Kommunikationsabteilung als Themenführer aussehen kann, zeigt die Praxis: Als Beispiel für Kompetenz und Faktenkommunikation dient das Kundenmagazin „Managementkompass" von Steria Mummert Consulting. Es erscheint vier Mal pro Jahr als gedruckte Version und wird an die Kunden versendet. Jeder Managementkompass erscheint zu einem bestimmten Thema, zum Beispiel „Sourcing-Strategien". Dieses Thema wird im Prozess des „Fakten-Findens" aus aktuellen Markttrends, dem Beraterwissen und dem Leistungsportfolio des Unternehmens bestimmt. In dem Kundenmagazin wird dieses Thema aus verschiedenen Perspektiven beleuchtet. Es gibt einen Thinktank, einen Zahlenteil und Best Practices.

Werbeaussagen und direkte Hinweise auf konkrete Beratungsdienstleistungen bleiben bewusst außen vor. Geschichten und konkrete Handlungsempfehlungen stehen im Vordergrund, um das Wissen zum gewählten Themenkomplex verständlich und prägnant darzustellen. Damit sichergestellt wird, dass die Darstellungen dem aktuellen Forschungsstand entsprechen, wird das Magazin gemeinsam mit dem renommierten F.A.Z.-Institut herausgegeben. Unternehmensberater, aber auch Wissenschaftler diskutieren in einzelnen Beiträgen einen Teilaspekt wie beispielsweise die Risiken von IT-Outsourcing. Zusätzlich werden Praxisbeispiele aus unterschiedlichen Branchen dargestellt, wie etwa das Auslagern von IT-Applikationen bei einem Telekommunikationsdienstleister ablief, wie eine Kooperationsgesellschaft von Gasnetzbetreibern funktioniert oder wie erfolgreiche Shared-Service-Center von Krankenhäusern arbeiten.

Der Managementkompass erscheint bereits seit mehr als zehn Jahren, die erste Ausgabe entstand im Jahr 2003 zum damals größten Thema „Kosteneffizienz". Der Managementkompass enthält immer auch einen kleinen Zahlenteil. Um die Inhalte mit Fakten anzureichern, lässt Steria Mummert Consulting vom IMWF Institut für Management und Wirtschaftsforschung stets eine Potenzialanalyse in Form einer Umfrage unter rund 200 Führungskräften aus Unternehmen mit mehr als 100 Mitarbeitern durchführen. In diesem konkreten Fall wurden die Erkenntnisse aus der Potenzialanalyse vertextet und als extra Studienband „Erfolgsmodelle im Outsourcing" veröffentlicht. Outsourcing-Experten mit tiefen Fachkenntnissen werten die nackten Zahlen aus und reichern sie gemeinsam mit der Kommunikationsabteilung mit Hintergründen und Interpretationen an.

Mit diesen vielfältigen Inhalten aus Managementkompass und Potenzialanalyse liegen die Fakten für die Arbeit in PR, Marketing und Vertrieb vor. Für die Pressearbeit wird ein Verwertungsplan erstellt, der Zahlen und Expertenwissen für die Redaktionen aufarbeitet. Das Endprodukt sind auf Fakten basierende Pressemitteilungen, die an Agenturen und Redaktionen versendet werden. Über die sozialen Medien (Facebook, XING, Twitter) wird die Reichweite verlängert und für das Linkbuilding auf die Firmenwebseite genutzt. Presseinformationen bilden häufig die Basis für ausführlichere Fachartikel in Wirtschafts- und Branchenmedien. Parallel werden Redaktionen direkt mit einem separaten Themenangebot versorgt.

Vertriebsmitarbeiter können die in den Studien gefundenen Zahlen bei Kundengesprächen als Argumentationsgrundlage nutzen. Denn auch die Entscheider lieben Fakten. Um Kunden gebündelt mit den Erkenntnissen aus Studien und internem Wissen zu versorgen, werden die journalistischen Inhalte in veränderter Form im Newsletter noch einmal aufgegriffen. Hier besteht die Möglichkeit, gezielt auf Beratungsdienstleistungen und entwickelte IT-Lösungen aufmerksam zu machen. Die Ansprache ist hier eindeutig vertriebsorientierter.

Die Offline-Kommunikation darf im Beratungsgeschäft nie fehlen. Der direkte Kontakt zum Kunden ist geschäftsentscheidend. Das sollte sich auch im Kommunikationsmix widerspiegeln. Steria Mummert Consulting lädt hierzu regelmäßig Kunden zu der Veranstaltung „Managementkompass im Dialog" ein. Bezogen auf den erwähnten Fall hielten eigene und externe Experten Vorträge zur Entwicklung im Outsourcing. Dazu gab es Workshops sowie eine Podiumsdiskussion zum Thema „Offshoring". Der Vertrieb hat hier den direkten Kontakt zum Kunden und kann mit Unterstützung der Zahlen aus der Studie die richtigen Argumente für die eigenen Outsourcing-Dienstleistungen finden. Zudem wird das Thema durch diesen Mix auf allen Kanälen in die Köpfe und in die Diskussion gebracht.

10.11   **Marketingmix mit Kundenkontakt**

Eine weitere Idee, dem Vertrieb Gesprächsanlässe mit Kunden zu verschaffen, fußt auf einem ähnlichen Konzept wie dem Managementkompass. Für den Wettbewerb „Deutschlands kundenorientierteste Dienstleister" wurde ebenfalls ein unabhängiges Forschungsinstitut ins Boot geholt. Gemeinsam suchten die Schweizer Universität St. Gallen und Steria Mummert Consulting Unternehmen, die sich in verschiedenen Ausprägungen besonders kunden- und serviceorientiert aufstellen. Auf Grundlage eines wissenschaftlichen Modells, des 7-K-Modells (Kundenorientierung, Kompetenz, Kontrolle, Konfiguration, Kommunikation, Kooperation und Kommerzialisierung) wurden sowohl Unternehmen als auch Endkunden befragt und bei den Besten wurden Unternehmensaudits durchgeführt. Bekannte Unternehmen wie Otto, Alte Leipziger, Citibank oder Wüstenrot haben teilgenommen.

Zum Start wurde der Wettbewerb durch eine Studie unterstützt, die Mängel in der Kundenorientierung untersuchte. Heraus kam zum Beispiel, dass es Dienstleistern oft schwerfällt, erfolgversprechende Kundenzielgruppen zu identifizieren. Das Thema traf den Puls der Zeit, denn es hielt sich über Wochen in den Medien, wurde von vielen Redaktionen aufgegriffen und damit vermutlich auch von vielen Kunden gelesen. Es war aber nicht nur ein willkürlich herausgegriffenes Trendthema. Es passte gleichzeitig zur Zielbranche. Denn nicht nur Steria Mummert Consulting selbst ist ein Dienstleistungsunternehmen, das auf diesem Wege seine Kompetenz im Bereich der Kundenorientierung darstellen konnte. Bei der Preisverleihung und im Rahmen der weiteren Presse- und Marketingarbeit hatte der Vertrieb die Chance zur direkten Kundenansprache. Die Tür zu Verkaufsgesprächen lieferten wieder die Zahlen aus der Studie, aufbereitet in einer spannenden Geschichte.

Fazit:

Für Unternehmen, deren Produkt das abstrakte Wissen und die Erfahrung seiner Mitarbeiter ist, kommt es also darauf an, Kompetenz als Ware zu vermitteln. Sichtbar wird Kompetenz durch harte Fakten. Ein Erfolgsfaktor in der Kompetenzkommunikation ist damit Fact-Finding. Die Verantwortlichen in den Kommunikations- und Marketingabteilungen sollten hierfür enge interne Netzwerke pflegen und in Gesprächen laufend neues Wissen abschöpfen. Durch Studien, kurze Umfragen oder eigene Analysen und Recherchen lassen sich zudem neue Fakten schaffen. Der zweite Faktor ist, die Fakten für das Themenmanagement und das Storytelling zu nutzen. Die Fakten müssen in die aktuelle Themenlandschaft passen, sollten immer gepaart mit einer Analyse und als Geschichte verpackt transportiert werden. Die Wirkung von Daten ohne Interpretation und kanalgerechte Aufbereitung verpufft. Und ein dritter Erfolgsfaktor, der allerdings für Unternehmen insgesamt immer wichtiger wird, ist eine organisatorische Verbindung der drei Disziplinen Marketing, PR und Vertrieb. Nur wenn Marketing, PR und Vertrieb wie Zahnräder eines Getriebes ineinandergreifen, bringen sie das Unternehmen gemeinsam voran. Für alle drei Bereiche gilt: Zahlen und Fakten sind wertvolle Grundzutaten für Geschichten. Gut vermengt helfen sie mit, die Kompetenzvermutung bei Journalisten und Kunden nachhaltig zu verankern.

11 Marketing und (Welt-)Markt

Wie sich die Globalisierung der Märkte und der Unternehmen auf das Marketing auswirkt

Corinna Voges

11.1 Einleitung

Die Globalisierung der Märkte und die damit einhergehende globale Transparenz erfordern hohe Sensibilität bei der Ausgestaltung des Marketings von international agierenden Unternehmen. Was müssen solche Unternehmen tun, um eine stringente, konsistente Positionierung über die Ländergrenzen hinweg zu etablieren, ohne aber die für die jeweiligen Standorte und Zielgruppen geltenden Besonderheiten unter den Tisch zu kehren? „Glocalization" als Mittelweg zwischen dem häufig amerikanisch geprägten „One-fits-all-Ansatz" und lokaler „Bei-uns-ist-alles-anders-Mentalität" heißt die Antwort. Konkret bedeutet dies: Botschaften und Kampagnen, die aus dem Headquarter kommen, müssen bei ihrer lokalen Implementierung auf sinnvolle Weise an die lokalen Gegebenheiten adaptiert werden — ohne die inhaltlichen Aussagen zu verzerren. Dabei ist für den Erfolg insbesondere wichtig, dass ein gemeinsames Verständnis hinsichtlich der zentralen Kernbotschaften und der übergreifenden Positionierung des Unternehmens geschaffen wird.

Wenn das Headquarter-Marketing und die Marketingeinheiten der Länder konstruktiv zusammenarbeiten, lässt sich eine weltweit konsistente und glaubwürdige Positionierung nachhaltig in den jeweiligen Zielgruppen verankern. Das Aufsetzen einer weltweiten Marketing-Community und echter virtueller Teams ist dafür eine wichtige Grundvoraussetzung. So können gegenseitige Anerkennung der Kompetenzen und Fähigkeiten beider Gruppen zusammen mit offener, regelmäßiger Kommunikation und Transparenz dabei helfen, die berühmten „Synergieeffekte" tatsächlich zu generieren und gemeinsam weltweit erfolgreich zu sein.

Nur durch ein intelligentes Zusammenspiel mit dem zentralen Marketing werden lokale Marketingverantwortliche in die Lage versetzt, mit ihren häufig sehr begrenzten Ressourcen effektiv und effizient in den lokalen Märkten erfolgreich zu agieren.

11.2 Die fortschreitende Globalisierung der Märkte erhöht den Druck für ein international ausgerichtetes Marketing

Die Globalisierung der Märkte ist ein hinlänglich bekanntes Phänomen, aber was genau bedeutet sie für das Marketing? Märkte und Kundengruppen lassen sich durch ihre globale Präsenz immer weniger lokal begrenzen und damit auch immer weniger lokal bearbeiten. In komplexe Kaufentscheidungen insbesondere im B2B-Bereich sind häufig länderübergreifende Entscheidungsteams involviert. Als Beispiel seien hier Outsourcing-Überlegungen genannt. Häufig sitzen die IT-Abteilungen der Kunden an verschiedenen Standorten. Zusammen mit der in derartige Entscheidungen grundsätzlich involvierten Zentrale entsteht oft ein bunt gemischtes Buying-Center, das nicht nur von den Einzelinteressen der jeweiligen Personengruppen geprägt ist, sondern auch kulturelle Unterschiede sowie verschiedene lokale Wahrnehmungen und Erfahrungen mit sich bringt. Umso wichtiger ist es, dass es Anbietern bereits vor der eigentlichen Verhandlung des jeweiligen Deals gelungen ist, bei den Entscheidungsträgern des potenziellen Auftraggebers ein konsistentes Bild ihrer Positionierung und Fähigkeiten verankert zu haben.

Stellen Sie sich vor, wie diffus das Bild ist, wenn der brasilianische Vertreter im Buying-Center Ihr Unternehmen für einen Cloud-Spezialisten hält, weil er das lokal so gelernt hat, während Sie in Spanien als Desktop-Service-Provider und im Headquarter als Telekommunikationsanbieter bekannt sind. Es kostet viel Zeit, während des bereits laufenden Entscheidungsprozesses beim Kunden diesen unterschiedlichen Impressionen entgegenzuwirken und sie in Einklang zu bringen. Schon daher muss es Ziel sein, eine übergreifende Positionierung in allen Märkten zu etablieren. Diese kann und sollte dabei lokale Ausprägungen berücksichtigen und entsprechende Adaptionen enthalten, aber die Grundaussage muss sich auf überall gültige zentrale Botschaften zurückführen lassen. Gerade deshalb ist es wichtig, bereits während der Entwicklung der eigenen Positionierung bzw. der eigenen Kampagnen lokale Gegebenheiten zu berücksichtigen und für eine Verprobung in den unterschiedlichen Märkten zu sorgen.

Ist die Positionierung als Ausgangspunkt etabliert, so kann darauf aufbauend ein gezieltes dealunterstützendes Marketing helfen, den verschiedenen Gruppen/Personen im Buying-Center die jeweils notwendigen Informationen auf kreativem Weg näherzubringen.

11.3 Zentrale Vorgabe versus lokale Individualität – „Glocalization" als Erfolgsweg

Grundsätzlich sind die Sichtweisen und Kompetenzen zwischen dem Headquarter-Marketing und den Marketingeinheiten in den Ländern unterschiedlich. Das liegt schon in den jeweiligen Kernaufgaben begründet. Während das Headquarter-Marketing die „große Story" im Blick hat, ist die Hauptaufgabe eines Ländermarketings häufig eher vertriebsnah und besteht aus der Generierung qualitativ möglichst hochwertiger Leads und der Unterstützung konkreter Deals.

Bei der Entwicklung der Positionierung und zentraler Kampagnen wird häufig der Fehler gemacht, diese isoliert von den lokalen Einheiten im „Elfenbeinturm" voranzutreiben. Die Besonderheiten lokaler Märkte finden hier nur selten Berücksichtigung. Lokale Einheiten werden in der Regel erst in der sogenannten Roll-out-Phase adressiert und eingebunden, wenn es darum geht, das Entwickelte möglichst schnell zu implementieren. Oftmals herrscht im Headquarter Verwunderung, wenn dann nicht alle Lokaleinheiten den neuen Ansätzen den gleichen Enthusiasmus entgegenbringen und die in der Zentrale entwickelte Botschaft hinterfragt wird.

Im Gegensatz zu dieser meist praktizierten Vorgehensweise ist eine frühzeitige Einbindung der lokalen Einheiten bereits in der Entwicklungsphase sinnvoll. Dabei geht es nicht um „basisdemokratische" Entscheidungen und das Headquarter soll und muss der Eigentümer und Initiator der „großen Story" bleiben. Vielmehr ist die Einbindung der lokalen Einheiten notwendig, um deren Know-how über die lokalen Gegebenheiten bereits in der Phase der Storyentwicklung einfließen zu lassen. Des Weiteren können über den frühzeitigen Austausch der Ideen und der jeweiligen Entwicklungsstände mögliche Sackgassen („No-go-Areas") schnell identifiziert und vermieden werden. Diese Vorgehensweise hat den angenehmen Nebeneffekt, dass zum einen die Akzeptanz in den Ländern wesentlich höher ist und zum anderen auch der Prozess des Roll-outs deutlich schneller vonstatten geht. Zudem sind die Landeseinheiten früher mit den Inhalten vertraut und können sich entsprechend frühzeitig mit der lokalen Adaption und Kommunikation auseinandersetzen. Alleine die Nutzung von im jeweiligen Land bekannten Referenzen und Anwendungsbeispielen macht dabei häufig einen großen Unterschied, was die interne wie auch externe lokale Akzeptanz betrifft.

11.4 Der stufenweise Aufbau eines „International Marketing" bis hin zu fachspezifischen Communitys sind die Grundlage für den Erfolg

In vielen Unternehmen sind die Marketingabteilungen der Länder häufig sich selbst überlassen. Es werden zwar zentrale Kampagnen eingesteuert, eine Hilfestellung für die lokale Anwendung gibt es aber nur selten. Dies führt dazu, dass Kampagnen, wenn überhaupt, halbherzig eingesetzt werden — und das häufig auch nur, wenn es Co-Finanzierungen durch das Headquarter gibt. Ein Enablement der Marketingabteilungen in den Ländern zu Inhalten und Botschaften wird entweder nicht einmal in Erwägung gezogen oder findet aus Zeitgründen nicht statt.

Das Headquarter interessiert sich im Hinblick auf die Länder mehr für Reportingfragen, wobei der Aufwand des internen Reportings häufig die Möglichkeiten einer in der Regel kleinen Landeseinheit übersteigt. Seien es Budget-, Sponsoring- oder Internetanfragen — oft landen alle bei der gleichen Person, die durch die vielfältigen Abfragen aus den unterschiedlichsten Headquarter-Abteilungen lahm gelegt wird. Neben der verlorengegangenen Zeit ist die Frage nach der Sinnhaftigkeit dieser Abfrage- und Kontrollflut zu stellen.

Die Lücke zwischen Headquarter-Marketing und Ländermarketing ist oftmals groß. Das liegt zum einen in den unterschiedlichen Aufgabenschwerpunkten begründet, zum anderen unterscheiden sich die Ressourcen und Möglichkeiten oft dramatisch. Während im Headquarter vielfach Spezialisten für bestimmte inhaltliche Marketingthemen oder Kanäle arbeiten, trifft man in den Ländern schon aufgrund der oft geringen Teamgröße auf mehr Generalisten. Ähnlich gestaltet sich die Budgetverteilung: Während der Großteil der finanziellen Mittel vom Headquarter verantwortet wird, verfügen die Landeseinheiten über sehr kleine Budgets, was sie gezwungenermaßen oftmals zu kreativen Lösungen inspiriert. Es gestaltet sich häufig schwierig, zwischen diesen beiden Polen — Headquarter-Marketing auf der einen und lokalem Marketing auf der anderen Seite — eine gute und vertrauensvolle Zusammenarbeit zu etablieren.

Implementierung eines „International Marketing"

Schritt 1 Transparenz und Guidance

Sinnvoll ist es — zumindest bis zur nachhaltigen Verankerung einer internationalen Sichtweise im ganzen Marketing — einen Bereich einzurichten, der sich mit der Vermittlung der unterschiedlichen Interessen und Möglichkeiten zwischen Headquarter und Lokaleinheit beschäftigt. Das „„International Marketing"" gehört dabei zwar auch zum Headquarter, interagiert aber täglich sowohl mit den Landeseinheiten als auch mit den anderen Headquarter-Einheiten. Dabei geht es darum, möglichst frühzeitig neue Entwicklungen in der Zentrale zu identifizieren und diese auf ihre Relevanz und Tauglichkeit hin für die Länder zu bewerten. Gleichzeitig werden gute Ideen aus den Ländern in den jeweiligen HQ-Einheiten publik gemacht. Es ist somit eine Art Mittlerfunktion, die hier wahrgenommen wird.

Daneben ist es sinnvoll, das „International Marketing" mit der Steuerung der Landeseinheiten zu beauftragen. Dies beinhaltet sowohl die Marketingplanung als auch die Budgetsteuerung. Insbesondere im Rahmen der Marketingplanung kann sichergestellt werden, dass alle Aspekte der Positionierung Berücksichtigung finden und vom Headquarter geplante Aktivitäten in die lokale Planung einfließen. Dabei ist es wichtig, dass das „International Marketing" als „Consultant" der Länder agiert, indem es den Rahmen für die Planung vorgibt, gleichzeitig aber wichtige Einblicke in die Planungen des Headquarters und inhaltliche Zusammenhänge herstellt. So lässt sich ein einheitlicher Planungsstandard etablieren, der die Pläne der Zentrale von vornherein berücksichtigen und darauf aufbauen kann. Dies hilft, Ressourcen sinnvoller zu planen und nicht für die Entwicklung gleichartiger Dinge an verschiedenen Stellen parallel Geld auszugeben.

Abfragen anderer Bereiche können ebenfalls im „International Marketing" gebündelt und häufig schon direkt von dort ohne weitere Einbindung der lokalen Einheiten beantwortet werden. Das hält den Ländern den Rücken frei und hilft die dort ankommenden Anfragen deutlich zu reduzieren. Darüber hinaus ist das „International Marketing" für die Aggregierung und Konsolidierung der lokalen Anforderungen sowie deren Kommunikation an die Headquarter-Einheiten zuständig.

Je nach Unternehmensgröße und Anzahl der Länderpräsenzen kann es sinnvoll sein, das internationale Marketing nach Regionen zu strukturieren. Dies bietet sich insbesondere dann an, wenn eine Einzelbetreuung aufgrund der Menge an Ländern nicht mehr fundiert leistbar ist. Über Regionalverantwortliche können oftmals auch Spezifika für bestimmte Regionen besser identifiziert werden und ggf. Synergien in der Region, zum Beispiel durch das Aufsetzen und Nutzen gemeinsamer Plattformen, erzielt werden.

Auf jeden Fall ist es essenziell, die Aufgaben der verschiedenen Teams klar zu definieren und zu kommunizieren. Nur so lässt sich Doppelarbeit vermeiden und die Suche nach den jeweilig richtigen Ansprechpartnern beschleunigen. Darüber hinaus ist es sinnvoll, den Marketingbereichen der Länder eine ihren Aufgaben folgende einheitliche Struktur zu geben und für die Präsenz der benötigten Kompetenzen zu sorgen. Diese Thematik erfordert einiges an Fingerspitzengefühl, da derartige Veränderungen in der Regel ja in bereits bestehenden Einheiten durchzuführen sind.

Schritt 2 — Aufbau einer internationalen Marketing-Community als Plattform einer übergreifenden Zusammenarbeit

Während es bei der initialen Gründung eines „International Marketings" zunächst darauf ankommt, die richtigen Rahmenbedingungen zu schaffen und ein bestimmtes Maß an Transparenz herzustellen, muss es in einem nächsten Schritt darum gehen, die richtigen Voraussetzungen für eine dauerhafte Zusammenarbeit zwischen den Experten der jeweiligen Headquarter-Bereiche mit den Landeseinheiten sowie der Landeseinheiten untereinander zu schaffen. Dabei ist das Augenmerk zunächst auf den Aufbau einer echten Marketing-Community zu richten, die von den Erfahrungen der jeweils anderen Einheiten lernt und profitiert und so ressourcensparend lokale Adaptionen umsetzen kann.

Die Einrichtung themenbezogener virtueller Teams, die sich aus Mitgliedern lokaler Einheiten und zentraler Experten zusammensetzen, bildet die Voraussetzung für die weiter oben geschilderte gemeinsame Entwicklung neuer Ideen. Dabei geht es zunächst darum, festzustellen, in welchen Ländern zum Beispiel PR-Kompetenz vorhanden ist. Diese Mitarbeiter werden Mitglied in der PR-Community, der unbedingt auch Mitglieder des zentralen PR-Teams angehören müssen. Sinn und Zweck einer solchen themenbezogenen Community ist zunächst wieder das Best-Practice-Sharing, hier zum Beispiel geplante Veröffentlichungen frühzeitig zu teilen und so Möglichkeiten zur zeitnahen Wiederverwendung in anderen Märkten zu schaffen.

Während das Einrichten derartiger Communitys zumindest in der Theorie relativ einfach zu sein scheint, scheitert es häufig an der praktischen Umsetzung. Oftmals kennen sich die Mitglieder der Community nicht oder nur teilweise persönlich und haben bisher wenig bzw. gar nicht miteinander gearbeitet. Das sind schwierige Startbedingungen, die nicht sofort bei jedem zu Vertrauen und Offenheit führen. Gleichwohl ist ein offener und transparenter Umgang miteinander ein kritischer Erfolgsfaktor. Insofern sind insbesondere in der Startphase massive Anstrengungen zu unternehmen, um eine solche Community ins Laufen zu bringen. Dazu bedarf es in der Startphase auf jeden Fall eines Community-Leiters, der sich um Organisation, Agenden, Austausch von Dokumenten, Nachverfolgung vereinbarter Aktionspunkte etc. kümmert. Versuche, eine Community ohne diese Funktion zu etablieren, scheitern in der Regel und führen zusätzlich zu Frustpotenzial bei allen Beteiligten, was deren Bereitschaft für einen erneuten Versuch deutlich reduziert.

Wichtig ist es auch, gerade zu Beginn Erfolgserlebnisse für jeden Beteiligten zu schaffen, die die investierte Zeit rechtfertigen und die grundsätzliche Bereitschaft zur Mitarbeit verstärken. Nur wenn ein individuell wahrnehmbarer Nutzen entsteht, wird die Zusammenarbeit in der Community einen entsprechenden Stellenwert erhalten, der mit den Basisaufgaben der jeweiligen Person auf gleichem Niveau steht. Gelingt dies nicht, ist für die Community immer nur dann Zeit, wenn die Basisaufgaben „on track" sind — also fast nie.

Bei internationalen Communities kommt zu den „normalen" Problemen auch noch das Problem der Sprachunterschiede hinzu. Auch wenn man sich auf Englisch als Unternehmenssprache geeinigt hat, heißt das noch lange nicht, dass alle Ausarbeitungen, wie zum Beispiel Texte, auch in Englisch vorhanden sind. Eine Wiederverwendbarkeit beispielsweise von Kampagnenelementen, PR-Texten etc. ist aber nur möglich, wenn der Inhalt von allen verstanden wird. Um horrende Übersetzungskosten zu vermeiden, kann es eine Lösung sein, eine kurze Zusammenfassung zu jedem Dokument zu erstellen, die den inhaltlichen roten Faden beschreibt und auf Highlights, wie zum Beispiel das Zitat eines Kunden oder Analysten, hinweist. Auf dieser Basis können die Mitglieder der Community dann selbst beurteilen, ob das Dokument für ihren Markt relevant ist und entscheiden, ob sie den vollständigen Text übersetzen.

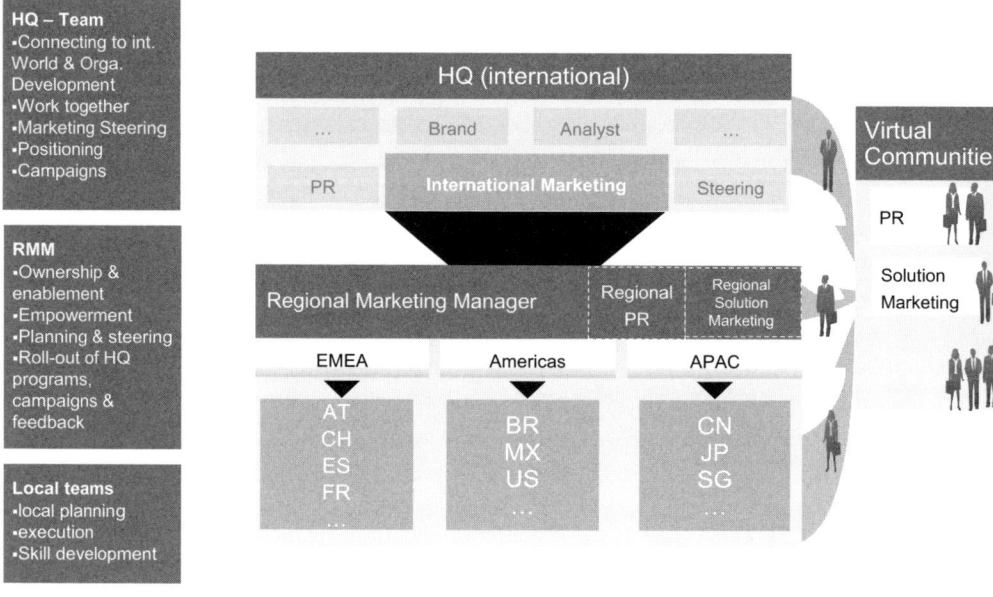

Abb. 1: Aufbau internationales Marketing

11.5 Steuerung ist wichtig – aber der Erhalt der lokalen Eigenständigkeit ebenfalls

Je nach Unternehmensmodell sind die lokalen Einheiten eher enger oder loser in das Gesamtkonstrukt eingebunden. Lokale Einheiten sind häufig auch als rechtlich eigenständige Unternehmen aufgesetzt, was die offizielle Steuerung aus einer anderen Gesellschaft heraus erschwert. In der Regel wird dann eine Art „Fachsteuerung" durch das in der Zentrale angesiedelte „International Marketing" etabliert. Dabei ist unbedingt darauf zu achten, dass die klassischen Instrumente der Personalführung, wie beispielsweise Beurteilungsgespräche und Zielvereinbarungen, in der Verantwortung des „International Marketing" liegen. Nur über die Steuerung dieser für jeden Mitarbeiter persönlichen Einflussgrößen ist die notwendige teilweise „Abnabelung" aus der Lokaleinheit und eine stärkere Zuwendung zur internationalen Marketing-Community zu erreichen.

Insbesondere über die Zielvereinbarung können die Rahmenbedingungen für die Schwerpunkte der inhaltlichen Arbeit festgelegt und gesteuert werden. Zusätzlich ist eine Incentivierung des Verhaltens in der Community möglich und empfehlenswert. Diese Ziele können zwar eine funktionierende Steuerung und Infrastruktur der Community nicht ersetzen, helfen aber dabei, die Mitwirkung in der Community zu priorisieren.

Während die Gesamtverantwortung für die Ressourcen und deren Vergabe beim „International Marketing" liegt, sollte den Ländern auf Basis des abgestimmten Marketingplans bei der Operationalisierung der jeweiligen Maßnahmen und dem lokalen Einsatz der genehmigten Ressourcen weitgehend freie Hand gelassen werden. Eine zu starke Einmischung aus der Zentrale würde neben dem entsprechenden Frustpotenzial auf Landesseite auch zu einem unnötigen Aufblähen der internationalen Headquarter-Einheit führen.

Statt kleinteiliger Anweisungen muss es vielmehr darum gehen, die grundsätzliche Ausrichtung und die inhaltlichen Kernbotschaften in den Marketingbereichen der Länder zu verankern, sodass diese als Rahmenwerk des täglichen Handelns dienen. Dazu bedarf es der regelmäßigen Vermittlung der Inhalte ebenso wie des Trainings im Umgang mit denselben.

11.6 Gegenseitiger Respekt und Wertschätzung sind essenziell für die effiziente Nutzung der unternehmensweiten Kompetenzen

Headquarter-Marketing hat grundsätzlich viel größere Möglichkeiten als die Landeseinheiten, Kampagnen auf- und umzusetzen. Dies zeigt schon die vorhandene Budget- und Ressourcenverteilung. Gleichzeitig ist das Headquarter-Marketing der Ideengeber für die inhaltliche Ausarbeitung der Unternehmenspositionierung und der Storys. Diese vermeintliche Macht über Inhalte und Ressourcen führt manchmal zu einer gewissen Arroganz gegenüber den Landeseinheiten. Ohne das Know-how über die Spezifika der Landesmärkte haben die Headquarter-Einheiten allerdings große Probleme bei der internationalen Implementierung der von ihnen entwickelten Kampagnen. Nur die lokalen Einheiten kennen die Märkte und können so dabei helfen, Kampagnen sehr zielgruppenfokussiert und somit budgetschonend aufzusetzen. Die Summe der Mittel, die aufgrund der Ignoranz gegenüber dieser Tatsache bereits verschwendet wurde, ist extrem hoch.

Lokale Marketingeinheiten kennen ihre Märkte, ihre Kunden und die lokalen Besonderheiten, die es zu berücksichtigen gilt. Aufgrund ihrer stark eingeschränkten Ressourcen sind sie zudem häufig sehr kreativ und hoch fokussiert bei der

Auswahl und Gestaltung ihrer Maßnahmen. Sie sind in der Lage, die zentrale Story besser als jeder andere auf die Spezifika ihres Marktes auszurichten und die zentralen Botschaften entsprechend zu transportieren.

Lokale Marketingmitarbeiter müssen gute Generalisten und Marktkenner sein. Darauf sollten sie sich konzentrieren, statt wie manchmal zu beobachten, den Versuch zu unternehmen, die Arbeit der jeweiligen HQ-Spezialisten komplett selbst leisten zu wollen. Die Marketingbereiche der Länder sollten vielmehr versuchen, die entsprechenden Headquarter-Abteilungen für die Ausarbeitung spezifischer Themen und die Bespielung der von ihnen gewählten Kanäle heranzuziehen und so die Fachkompetenz der Kollegen für ihre lokalen Planungen nutzbar zu machen.

Das Headquarter-Marketing muss hingegen lernen, zu akzeptieren, dass die Marktkenner im Land sitzen, und damit beginnen, die Headquarter-Arroganz abzulegen. So haben beide Seiten ihre Stärken, aber erst in deren Kombination gelingt die bestmögliche Nutzung der unternehmensweit verfügbaren Kompetenzen.

11.7 Praxisbeispiel internationale Kampagne – wie 1+1=3 werden

Die praktische Umsetzung einer internationalen Kampagne ist eine große Herausforderung. Alleine mit dem theoretischen Wissen über den vermeintlich richtigen Weg und die möglichen Hürden, die es dabei geben kann, ist es nicht getan. Bei der Implementierung kann es jederzeit zu Problemen kommen — häufig solche, mit denen man nicht gerechnet hat.

Bei dem hier skizzierten Praxisbeispiel geht es um die erste Implementierung einer echten internationalen Kampagne, d. h., sie wurde nicht erst im Headquarter vollständig entwickelt und dann in den Ländern ausgerollt, sondern ist parallel im Headquarter entwickelt und auch in den Ländern adaptiert worden. Wichtig war dabei die Fokussierung auf inhaltliche Aspekte im Gegensatz zu oftmals rein werblich getriebenen Kampagnen. Eine fundamental wichtige Voraussetzung für diesen Ansatz war der vorausgehende Aufbau einer internationalen Marketing-Community. Von dem dort bereits etablierten Vertrauensverhältnis zwischen den Ländern und dem Headquarter konnte stark profitiert werden.

Kampagnenplanung

Allein aufgrund der Anzahl der Länder war schnell klar, dass ein solches Unterfangen nicht parallel in allen gleichzeitig stattfinden konnte, zumal von Beginn an mit einem hohen Personaleinsatz gerechnet wurde. Daher wurden frühzeitig sogenannte Fokusländer ausgewählt, die sowohl budgetär als auch personell vom Headquarter unterstützt wurden. Die Auswahl erfolgte auf der Basis klar definierter Kriterien, was den Prozess transparent und nachvollziehbar machte und die Akzeptanz auch in den nicht ausgewählten Ländern steigerte. Insgesamt wurden acht Länder ausgewählt, die im Fokus standen. Zusätzlich wurde sichergestellt, dass eine regelmäßige Kommunikation auch mit den „Non-focus-Countrys" erfolgte und diese mit Ideen für Best Practices und neuen Inhalten versorgt wurden.

Die Planung der Kampagne erfolgte pro Land, wobei auf einem gemeinsamen Rahmenkonzept aufgesetzt wurde. Zum einen war die inhaltliche Story, die das Headquarter bis dahin entwickelt hatte, ein entscheidender Faktor, zum anderen wurde ein einheitliches Planungsvorgehen zugrunde gelegt. Dieses sah vor, ein sogenanntes „Highlight Event" im lokalen Markt zu identifizieren und um dieses herum vor- und nachbereitend die Botschaften über verschiedene Kanäle zu spielen. Während der grundsätzliche Ansatz der Planung um ein „Highlight Event" herum für alle Länder gleich war, oblag die Identifikation der dafür am besten geeigneten Plattform den Ländern.

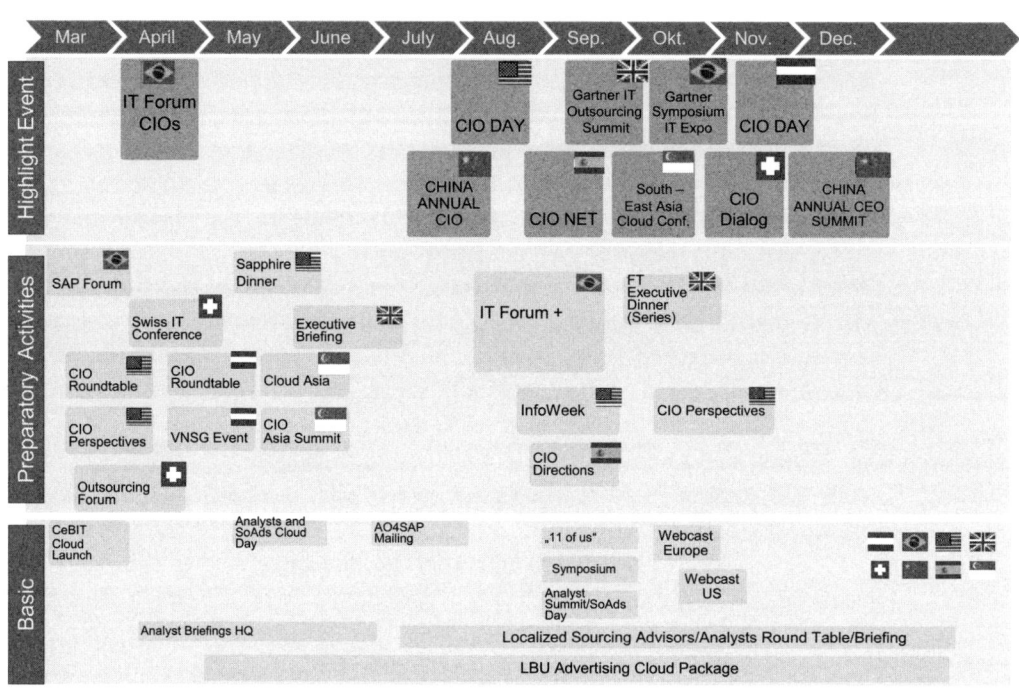

Abb. 2: Maßnahmenplan international

Übergreifendes Ziel war eine integrierte Planung, bei der die Maßnahmen eng miteinander verzahnt sind und deren Wirkung in der Zielgruppe über das ganze Jahr hinweg spürbar ist. In dieser Komplexität hätten die Länder eine derartige Kampagne nicht alleine aus eigenen Mitteln bestreiten können. Insbesondere das sogenannte „Highlight Event" war sehr kostenintensiv. Eine klare Vorgabe war es, große und prägnante Auftritte inklusive eines maßgeblichen inhaltlichen Anteils, wie etwa einer Keynote-Präsentation oder eines Roundtables, zu bestreiten. Um die Veranstaltung herum wurden zusätzlich verschiedene Maßnahmen zur Steigerung der Bekanntheit (Stichwort: „Awareness") durchgeführt, die insbesondere aufgrund des zum Teil geringen Bekanntheitsgrads in den Ländern ergriffen wurden.

Die Planung auf Länderebene erfolgte in enger Abstimmung zwischen dem Headquarter-Marketing und den Marketingbereichen der Länder. Beide brachten dabei in einem kollaborativen Ansatz ihre jeweiligen Stärken und Kompetenzen ein. Das Ergebnis wurde in einer zehnseitigen Präsentation aufbereitet, die dann auch Grundlage für die Erläuterung in anderen Bereichen war. Neben einer Beschreibung der Zielgruppe und der jeweiligen Marktbedingungen wurden die vereinbarten Ziele sowie die gewünschten Erfolgsfaktoren und Messgrößen (KPIs) erläutert. Darauf basierend wurde ein Maßnahmenplan entwickelt, der zum einen die für diese Kampagne relevanten Maßnahmen aus dem Headquarter integrierte und zum anderen auch die Verknüpfung mit den normalen Marketingaktivitäten des Landes aufzeigte. Die visuelle Darstellung auf einer Zeitleiste war dabei eingängig und sehr hilfreich bei der Vermittlung des Gesamtplans in den unterschiedlichen internen Stakeholder-Gruppen. Die Einbindung der Landeschefs war der erste wichtige Schritt — nur durch deren Zustimmung und die Einigung auf die gemeinsamen Ziele war es möglich, Ressourcen aus den anderen Abteilungen zu gewinnen. Exemplarisch seien hier nur Portfoliomanagement (Sicherstellung der Verfügbarkeit der adressierten Dienstleistung bzw. des Produkts) und Vertrieb (Nutzung der Plattformen zur Leadgenerierung sowie Nachverfolung der Leads) genannt.

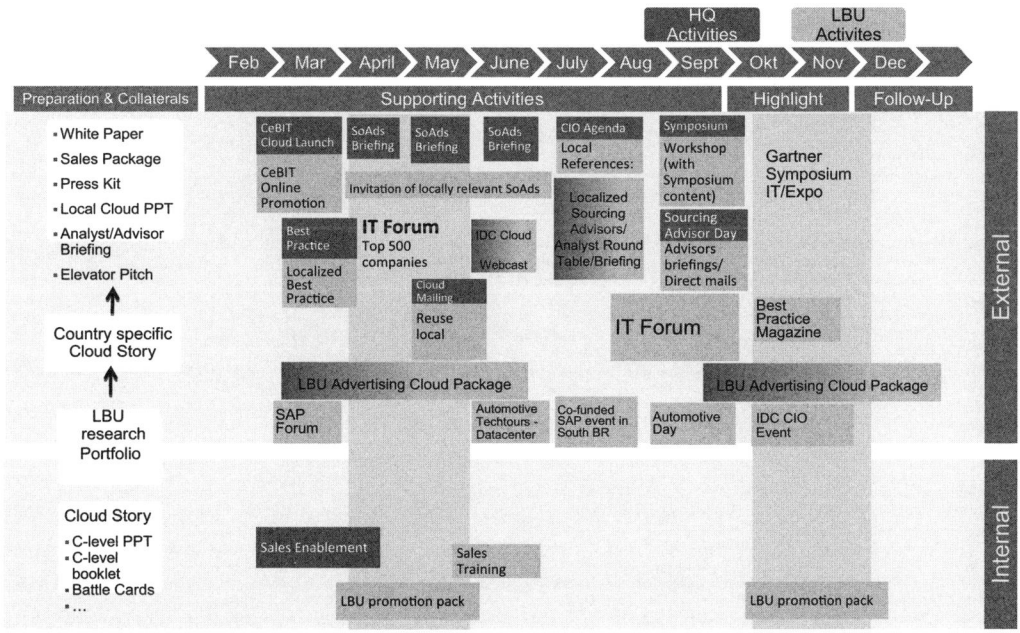

Abb. 3: Beispiel Kampagnenplanung Land

Umsetzung/Durchführung der Kampagne

Gleich zu Beginn des Projekts wurden klare Verantwortlichkeiten definiert und Rollen beschrieben. Für jedes Land wurde ein individuelles Projektteam mit entsprechenden lokalen Beteiligten aufgesetzt. Auch die Rollen und Verantwortlichkeiten im Headquarter wurden geregelt und man benannte Kollegen, die Teil des Projektteams wurden. Für jedes Land wurde in der Zentrale ein individueller Projektleiter identifiziert. Die Projektleitung erfolgte dabei grundsätzlich in enger Kooperation zwischen dem Marketingleiter im Land und dem Projektleiter aus dem Headquarter. Dieser „Tandem-Ansatz" hat sich bewährt und die Beteiligten im Verlauf des Projekts wesentlich enger zusammengebracht. Beide Seiten haben die Stärken des jeweils anderen erkannt und diese gemeinsam genutzt. Darüber hinaus wurde ein zentrales Projekt-Management-Office eingerichtet, das mit der Konsolidierung der verschiedenen Teilprojekte ebenso beauftragt wurde wie auch mit dem Monitoring des allgemeinen Projektfortschritts.

Abb. 4: Beispiel Projektteam

Während die operative Umsetzung in der Verantwortung der Landeseinheiten lag, galt es sicherzustellen, dass alle weiteren Entwicklungen aus den Headquarter-Einheiten regelmäßig auf ihre Relevanz im Hinblick auf den Länderplan geprüft wurden. Dies war aufgrund der parallelen Entwicklung der Basiskampagne und der lokalen Adaptionen eine besondere Herausforderung und bedingte eine enge Kommunikation. Sehr wichtig waren dabei zum einen die zweiwöchigen Telefonkonferenzen mit den Verantwortlichen aus allen Ländern und dem Headquarter, zum anderen wurden die allgemeinen Erkenntnisse in den Abstimmungen der jeweiligen Landesteams weiter detailliert.

Für das Monitoring des Projekterfolgs wurden im Vorfeld KPIs (Key Performance Indikatoren) festgelegt. Diese wurden in der Planungsphase definiert und von allen Seiten — inklusive der jeweiligen Landeschefs — akzeptiert und abgesegnet. Eine klare Ausrichtung am Geschäftserfolg war dabei immer ein wesentlicher Bestandteil, was sich durch KPIs im Hinblick auf Lead- und Pipelinegenerierung manifestierte. Dabei stand die Generierung sogenannter „Sales-accepted-Leads" im Vordergrund. Diese Ausrichtung am Wertbeitrag zum geschäftlichen Erfolg trug stark zur Akzeptanz im Management und Vertrieb bei und half, dass diese Gruppen aktiv an der Umsetzung der Kampagne mitwirkten.

Auf der anderen Seite war die Kampagne klar auf Visibilität in der vorher definierten, recht eng gesteckten Zielgruppe ausgerichtet. Dies war insbesondere vor dem Hintergrund des oftmals geringen Bekanntheitsgrads des Unternehmens selbst wie auch des Angebotsspektrums notwendig. Die Definition und die Messung der KPIs war insbesondere im Awareness-Bereich nicht immer einfach, was aber zumindest dazu beigetragen hat, dass sich die Sensibilität für bestimmte Themen, wie zum Beispiel die Anzahl unterjähriger Kontaktpunkte mit der Zielgruppe deutlich erhöhte.

An dieser Stelle sei noch einmal herausgestellt, dass die Kampagne sehr stark von den Inhalten und der hinter der zentralen Kernaussage liegenden Botschaften lebt. Daher war die inhaltliche Komponente im kompletten Verlauf der Kampagne von herausragender Bedeutung. Angefangen mit der Erläuterung der großen Idee und dem Enablement der lokalen Marketingverantwortlichen zur Storyadaption für ihr Land wurden immer neue Elemente, wie beispielsweise Fallbeispiele und Referenzen entwickelt, die regelmäßig erläutert und nachgepflegt werden mussten. Während die Hoheit für die zentrale Story dem HQ oblag, war die lokale Adaption Aufgabe der Marketingbereiche der Länder. Das geschah Hand in Hand, wobei immer wieder auf den eigentlichen Kern der Botschaften zurückgegriffen wurde, um zu prüfen, ob die Adaption diese noch transportiert. Insbesondere dieser Teil der Aufgaben wurde zunächst stark unterschätzt.

Learnings

Sehr positiv war der gemeinsame Planungsprozess zwischen Ländermarketing und Headquarter, der immens dazu beigetragen hat, dass sich diese beiden Gruppen wesentlich näher gekommen sind als jemals zuvor. Die Unterstützung aus der Zentrale erfuhr von den Ländern dabei eine besonders hohe Wertschätzung, insbesondere auch bei der inhaltlichen Arbeit. Der Marketingleiter eines Landes äußerte sich dazu wie folgt: „It was a very good joint work between Headquarter and Country. It was great because it was the first time that we had really a direct support from the Headquarter, and not just with budget, but also with ideas. I can really say that the involvement and the engagement of the Headquarter in this campaign was very important. A new Headquarter that we never had before and this is great!"

Gutes Feedback zum gemeinsamen Planungsprozess kam auch vom Headquarter: „It was very partner-like. We worked very closely together and it wasn't like the Headquarter was giving the instructions and the other side had to follow them." Grundsätzlich war im Verlauf der Kampagne ein Rollenwechsel zu beobachten: Das Ländermarketing wurde vom „Befehlsempfänger" zum Marktexperten mit entsprechender Anerkennung bei den Headquarter-Kollegen. Auch auf Managementseite im Headquarter gab es positives Feedback: „We managed with this campaign that understanding and tolerance were developed from both sides. "

Die Kampagne wird als die erste echte integrative Kampagne zwischen Headquarter und den Ländern gesehen, die eine wesentlich engere und intensivere Zusammenarbeit mit sich brachte. Eine wichtige Voraussetzung war dabei die gleichmäßige Machtverteilung zwischen Headquarter und Ländern beim Aufsetzen des Projekts — das wurde insbesondere durch das Einrichten einer „Tandem-Projektleitung" und eine klare Definition der Verantwortlichkeiten ermöglicht.

Eine weitere wichtige Erkenntnis ist, dass die Inhalte der Kampagne und die Notwendigkeit der Lokalisierung der zentralen Botschaften der Startpunkt sein müssen. Die adaptierte Landesstory muss zentraler Ausgangspunkt aller geplanten Maßnahmen sein und ist somit als erster Schritt zu verstehen, der mit Hochdruck vorangetrieben werden muss. Sonst operiert man nur an der Oberfläche, häufig mit Fokus primär im werblichen Bereich. Die parallele Arbeit von HQ und lokaler Marketingorganisation an den Inhalten der Kampagne wurde dabei als äußerst positiv wahrgenommen. Diese Vorgehensweise hat dazu beigetragen, die sonst häufig anzutreffende zeitliche Verzögerung zwischen Start im HQ und in den Ländern deutlich zu verringern. So konnten lokale Adaptionen bereits gestartet werden, während die Gesamtstory noch finalisiert wurde. Außerdem hat die inhaltliche Zusammenarbeit dazu beigetragen, ein viel engeres Verhältnis und gegenseitiges besseres Verständnis zwischen den unterschiedlichen Marketing-Bereichen zu erzeugen.

Gleichwohl hat die inhaltliche Adaption durch die Länder sehr lange gedauert und einen extrem hohen Ressourceneinsatz gefordert. Dies wurde beim Aufsetzen des Projekts deutlich unterschätzt. Grundsätzlich ist dafür zu sorgen, dass alle Botschaften klar kommuniziert und auch diskutiert werden. Die Länder müssen sich dabei auch stärker trauen, für sie unklare Zusammenhänge zu hinterfragen und Probleme bei der lokalen Adaption frühzeitig aufzuzeigen. Zusätzlich müssen in den Marketingbereichen der Länder Kompetenzen aufgebaut bzw. vertieft werden, die eine Storyadaption ermöglichen. Insbesondere PR-Kompetenzen sind hier hilfreich. So lief die inhaltliche Anpassung in den Ländern, in denen bereits PR-Kenntnisse vorhanden waren, wesentlich besser.

Eine weitere Erkenntnis betrifft den Bereich der zentralen Vorgaben, hier insbesondere die Anzeigenmotive. Diese wurden im Headquarter relativ früh entwickelt und freigegeben — für eine lokale Anpassung gab es nur sehr eingeschränkte Möglichkeiten. Das war insbesondere deshalb von Nachteil, da in den Ländern aufgrund des wesentlich geringeren Bekanntheitsgrads ein anderer Aufsatzpunkt für die Kommunikation besser gewesen wäre als der des Headquarters, wo ein hoher Bekanntheitsgrad die Ausgangsbasis bildet. Positiv war, dass dies bei der Ausarbeitung der Länderkampagnen sukzessive auch im Headquarter erkannt wurde. Grundsätzlich sollten internationale Herausforderungen und die Ausgangssituation in den Ländern bereits in der Kampagenentwicklung berücksichtigt werden. Das kann auch bedeuten, dass für die Länder ein eigenes Motiv entwickelt wird.

Die Messung der KPIs und das Reporting stellten eine weitere Herausforderung für das Projektteam dar. Die Kampagne wurde neben den normalen Aktivitäten des lokalen Marketingplans separat nachverfolgt, was zu Mehraufwänden im Reporting führte. Dabei kamen — auch durch die lokale Überlastung — die Informationen aus den Ländern oft zu spät oder nur auf vielfaches Nachfragen. Dies stellte wiederum das internationale Marketing vor Probleme, das seiner Verantwortung eines regelmäßigen Projektcontrollings inklusive der Kommunikation ins Headquarter nicht immer zeitgerecht nachkommen konnte. Insgesamt muss der „Level of Control" gut durchdacht werden — Mikromanagement gilt es auf jeden Fall zu vermeiden. Es ist empfehlenswert, sich lieber auf wenige, klar messbare KPIs zu konzentrieren, anstatt den Versuch zu unternehmen, alle Aspekte gleichermaßen abdecken zu wollen. Gegenseitiges Vertrauen spielt hier erneut eine wichtige Rolle.

Das gilt auch für Abstimmungs- und Freigabeprozesse, die insbesondere in der Anfangsphase sehr langwierig und zeitaufwendig waren. Dazu gehörten auch schriftliche Vereinbarungen über die zur Verfügung gestellten Budgets und die damit verknüpften KPIs, die zu erreichen waren. Es sollte versucht werden, die Aufwände für alle Seiten auf ein Minimum zu reduzieren und die Ressourcen vielmehr auf die gewünschte externe Wirkung auszurichten.

Neben der Etablierung klarer Projektstrukturen und Verantwortlichkeiten ist ein Augenmerk auf die technischen Möglichkeiten für den Austausch im Projektteam zu richten. So mussten in dem vorliegend Fall Plattformen für den einfachen Austausch auch großer Dateien erst während des Projekts gefunden werden, da die üblichen IT-Werkzeuge schnell an den Rand ihrer Leistungsfähigkeit kamen.

In Summe lässt sich festhalten, dass die in dem Projekt gemachten Erfahrungen extrem wertvoll waren und geholfen haben, nachfolgende Kampagnen besser aufzusetzen und zu steuern. Die Zusammenarbeit zwischen HQ-Einheiten und lokalen Marketingverantwortlichen hat zu einem wesentlich besseren Verständnis und Miteinander geführt und das Unternehmen der angestrebten „Glocalization" deutlich näher gebracht.

Fazit:

Die Implementierung eines „International Marketing" ist vor dem Hintergrund der zunehmenden Globalisierung heute unumgänglich. Dabei kann das Marketing zu einem relevanten Wettbewerbsfaktor werden, insbesondere dann, wenn es um länderübergreifende Deals geht.

Im Zwiespalt zwischen zentraler Steuerung durch das Headquarter und lokaler Individualität ist „Glocalization" der empfohlene Mittelweg. Diese Mischung aus zentral gesteuerten gleichen Kernbotschaften und Inhalten kombiniert mit einem gesunden Maß an lokaler Adaption wird als optimale Lösung zur besseren Akzeptanz in den jeweiligen Zielgruppen empfohlen.

Gleichwohl stellt dieser Weg hohe Anforderungen an den respektvollen Umgang der unterschiedlichen Marketingabteilungen in der Zentrale und in den Ländern untereinander und setzt darüber hinaus die Schaffung geeigneter Plattformen für die vertrauensvolle Zusammenarbeit voraus.

Die Unterschiede zwischen Headquarter-Marketing und Ländermarketing sind sowohl in Art und Tiefe der Aufgabenschwerpunkte als auch im Hinblick auf die budgetäre Ausstattung eklatant. Dies führt häufig zu gegenseitigen Missverständnissen und steht einer kollegialen Zusammenarbeit im Weg. Aber erst die integrative Zusammenarbeit unter Nutzung beider Kompetenzfelder ermöglicht den Weg zu „Glocalization".

Eine funktionierende internationale Marketing-Community ist die Grundvoraussetzung für die übergreifende Zusammenarbeit. Der Aufbau benötigt Zeit und muss stetig begleitet werden — geht es hier doch insbesondere um den Aufbau gegenseitigen Vertrauens. In einem ersten Schritt steht zunächst im Fokus, Transparenz und Guidance zu schaffen. Das „International Marketing" nimmt dabei eine Mittlerfunktion zwischen Headquarter-Abteilungen und dem Ländermarketing wahr. Sehr wichtig ist es bereits in dieser Phase, beiden Seiten einen wahrnehmbaren Mehrwert deutlich zu machen. Sukzessive lassen sich die Inhalte der Community dann auf das Teilen sogenannter „Best Practices" erweitern, wodurch sich das Nutzenempfinden zusätzlich steigern lässt. Die Einrichtung themenspezifischer Communitys, die zu bestimmten fachlichen Aspekten abteilungs- und länderübergreifend regelmäßig zusammenarbeiten, ist die optimale Ausbaustufe des Modells.

Die Verantwortung für den Aufbau und das Betreiben einer International Marketing Community liegt beim „International Marketing". Dies beinhaltet insbesondere:

- Vermittlung zwischen Interessen und Möglichkeiten von Headquarter und Ländermarketing
- Identifikation und Weitergabe von Best Practices aus allen Bereichen
- Schaffung von Transparenz und Steuerung
- Marketingplanung
- Aufgabenbeschreibung und Rollendefinition zur Vermeidung von Doppelarbeit
- Aufbau übergreifender themenbezogener virtueller Teams

Die Wahrnehmung dieser Aufgaben setzt „echte" Personalverantwortung inklusive des Zielvereinbarungs- und Steuerungsprozesses voraus.

Basierend auf einer funktionierenden internationalen Marketing-Community ist die gemeinschaftliche Entwicklung und Implementierung internationaler Kampagnen möglich. Die konstruktive und vertrauensvolle Zusammenarbeit zwischen Headquarter-Marketing und Ländermarketing ist der Schlüssel für eine weltweit glaubhafte Positionierung, die die gleichen Kernbotschaften adressiert, dabei aber lokale Adaptionen zulässt. So können die Kompetenzen aller Beteiligten bestmöglich genutzt und im Sinne des Gesamtprojekterfolgs eingesetzt werden.

12 Marketing und Mittelstand

Große Projekte mit großem Geld kann jeder, aber wie ist es im Mittelstand?

Frank Braun

Marketing kostet kein Geld. Fast. Zumindest erfordert es kein hohes Werbebudget. Das ist die gute Nachricht. Die schlechte: Marketing kostet Zeit und ist komplexer als eine Werbeanzeige. Das Kapitel zeigt auf, welche Mythen weit verbreitet sind und wie kleine und mittelständische Unternehmen mit eingeschränkten Ressourcen vorgehen können, damit sie von einem Hidden Champion zu einem echten Champion werden.

In keinem anderen Land der Welt gibt es so viele Hidden Champions wie in Deutschland, also Unternehmen, die zwar in ihrem Segment Weltmarktführer, aber außerhalb des Kundenkreises nahezu unbekannt sind. Das spricht für die hohe Produktkompetenz der deutschen Industrie, aber auch für eine gewisse Schwäche in der Vermarktung. Hidden Champions sind trotz ihrer geringen Markenbekanntheit erfolgreich und nicht wegen ihres Marketings. Woher kommt diese geringe Marketingorientierung? In der Unternehmenspraxis begegne ich immer wieder gewissen Mythen, die vor allem im Mittelstand über Marketing existieren. Dieser Beitrag soll helfen, anhand dieser Mythen einen Methoden-Baukasten zu entwickeln, mit dem Marketingentscheider in der Praxis arbeiten können.

12.1 Mythos 1: Marketing kostet viel Geld

Don Draper, der Star aus der Fernsehserie Mad Men, verkörpert das klassische Bild des Marketing-Mannes. In seiner New Yorker Agentur präsentiert er seinen Kunden — in der Regel grauhaarigen Konzernchefs — auf Tafeln die neuesten Kreativkampagnen, die kurz darauf in Zeitungen, Zeitschriften, im Radio und im Fernsehen laufen. Denkt man selbst an Marken, fallen einem die üblichen Verdächtigen ein

— Apple, Coca Cola oder Porsche. Ein Blick auf die von Interbrand errechneten Markenwerte zeigt, dass deren Markenwerte den Jahresumsatz der meisten Unternehmen in Deutschland um das Vielfache übersteigen. Selbst der Markenwert der Nummer 97, Mastercard, ist demnach 4,2 Milliarden Euro wert! Marke und Marketing insgesamt scheinen etwas für Großunternehmen zu sein.

Marketing kostet aber kein Geld. Wenigstens, wenn man darunter kundenorientierte Unternehmensführung versteht und den Begriff nicht nur auf Fernsehwerbung oder Werbemittel beschränkt. Der Marketingmix besteht aus den 7 P:

Product, also das Produkt- oder Dienstleistungsangebot. Das eigentliche Produkt stellt zumeist den Kern des Marketingmixes dar, ist für sich alleine heute allerdings nur selten wirklich differenzierend.

Place, der Vertriebskanal. Wer beispielsweise auf direkten Vertrieb setzt, verkauft über Händler oder nur über das Internet. So ist es in der Regel für exklusive Produkte grundlegend, nur über exklusive Kanäle verfügbar zu sein, beispielsweise über eigene Shops.

Price, der Preis ist ein wichtiges Leistungsversprechen und damit ein bedeutendes Element des Marketingmix, vielleicht sogar nach dem eigentlichen Produkt das wichtigste. Oft ist es ein gutes Zeichen, wenn Kunden den Preis als hoch empfinden, sofern das eigentliche Produkt überzeugt.

Promotion, die eigentliche Marketingkommunikation, also mit welchen Farben, Bildern, Sprache, Geschichten etc. die Marke kommuniziert wird.

Process, die Geschäftsprozesse. So gibt es zum Beispiel erhebliche Unterschiede zwischen den Geschäftsprozessen einer Systemgastronomie und eines Sternerestaurants, aber auch zwischen einer Online-Bank und der Vermögensverwaltung für gehobene Privatkunden.

People, die Menschen, die für die Marke arbeiten. Sind sie fachlich kompetent, hilfsbereit und haben sie die gleiche Leidenschaft für den Lebensstil der Marke?

Physical Facilitys, schließlich sollte die Architektur der Geschäftsräume oder die Ausrüstung der Mitarbeiter zu dem Leistungsversprechen der Marke passen. Ein Strategieberater, der einen Tagessatz von mehr als 3.000 Euro aufrufen möchte, Ihnen sein Konzept aber auf einem Billig-Notebook präsentiert und Gesprächsnotizen mit einem Plastikkugelschreiber mit Werbeaufdruck notiert, wird wenig Vertrauen erwecken.

Die 7 P sind in der Theorie altbekannt, selten werden sie aber gerade im Mittelstand bewusst und konsequent im Marketing angewendet. Anhand dieses Marketingmixes kann man sehr strukturiert das Markenerlebnis steuern. Denn nur wenn es über alle sieben Dimensionen stimmig ist und die Marke fühlbar macht, entfaltet die Marke ihre volle Kraft. Dafür ist es natürlich grundlegend, dass ein Unternehmen bzw. eine Marke über eine gemeinsame „Ideallinie", also über eine Positionierung verfügt.

In der Praxis stelle ich fest, dass es diese stimmige Markenpositionierung in mittelständischen Unternehmen oft nicht gibt, zumindest ist sie nicht dokumentiert. Um diese Positionierung festzulegen und umzusetzen, benötigt man allerdings Weitblick, Disziplin, Ausdauer und eine Idee. Eine Idee, die sich in allen sieben P wiederfindet wie es zum Beispiel für Sportlichkeit bei Porsche, Eleganz bei Apple oder preiswert bei Aldi zutrifft — eine Idee, die sie im besten Fallen von anderen unterscheidet und von Relevanz ist.

● **TIPP**

Prüfen Sie, welches Markenerlebnis Ihre Marke über die 7P des Marketingmixes bietet und wie einheitlich es ist.

12.2 Mythos 2: Marketing hat nichts mit dem Kerngeschäft zu tun

In der Regel haben die Unternehmensgründer eine Idee. Sie haben eine neue Technologie entwickelt oder zur Marktreife gebracht, sie designen ein Produkt anders als am Markt üblich oder sie kreieren aus vorhandenen Komponenten eine ganz neuartige Lösung, vielleicht bieten sie bekannte Produkte einfach nur billiger an, weil sie über noch effizientere Produktionsmethoden verfügen. In jedem Fall hat ein Unternehmen eine Gründungsidee!

In der Gründungsphase machen sich Unternehmer viele Gedanken über ihren Geschäftszweck. Nach der ersten Phase überwiegt dann allerdings das Tagesgeschäft. Zufällige Entwicklungen werden zuweilen wichtiger als die ursprüngliche Geschäftsstrategie, die zwar noch implizit vorhanden ist und praktisch im Bauch weiterentwickelt wird, nicht aber explizit gemanagt wird. Das Unternehmen wächst. Die neuen Mitarbeiter verlieren mehr und mehr den Bezug zur Gründungsidee.

Und hier kommt nun Marketing ins Spiel. Der Geschäftszweck, den der Gründer verfolgt hat, muss explizit gemacht werden. Was ist die Mission des Unternehmens? Warum ist es auf dem Markt? Was soll es den Kunden bringen? Welche Eigenschaften und Werte hat das Unternehmen? Wie will es in Zukunft die Welt verändern?

Hier — in Fragen der Positionierung — sind Geschäftsstrategie und Marke bzw. Marketing ganz besonders eng miteinander verbunden. Denn der Geist oder neudeutsch der Spirit des Unternehmens ist prägend für die Marke. So wird sie authentisch. Formulieren Sie also Ihre Mission, Vision und Ihre Values, also den eigentlichen Geschäftszweck (**Mission**), Ihr Wunschbild, wie Ihr Unternehmen die Zukunft Ihrer Kunden mitgestaltet (**Vision**) und die Werte, die Ihr Unternehmen charakterisieren (**Values**).

Achten Sie bei der Formulierung darauf, dass es wenige und prägnante Sätze sind. Ergänzen Sie nicht, sondern reduzieren Sie lieber Schritt für Schritt. Und verzichten Sie auf Selbstverständlichkeiten wie „Kundenorientierung", „Qualität" oder „Innovation". Ein schlechtes Zeichen ist es immer, wenn das Gegenteil Ihrer Aussage albern ist: „Wir sind kundenorientiert" kann — und sollte — jedes Unternehmen von sich behaupten.

TIPP

Schreiben Sie auf einer Seite auf, warum es das Unternehmen gibt (Mission), wohin es will (Vision) und wofür es steht (Values). Je kürzer und konkreter Sie dies formulieren, desto besser.

12.3 Mythos 3: Marketing steht am Ende der Wertschöpfungskette

In den guten alten Zeiten ging es im Marketing darum, Produkte an den Mann zu bringen. Es war die große Zeit der Erfinder, Ingenieure und Techniker. Danach war es die große Aufgabe der Werbeabteilung, diese Produkte zu bewerben. Das ist in manchen Unternehmen heute noch so. In der Praxis ist es unheimlich schwierig, ein fertiges Produkt zu vermarkten, das an den Bedürfnissen der Zielgruppen vorbei entwickelt wurde. Hier nützt dann in der Regel die beste Werbekampagne nichts. Das Produkt wird zum Ladenhüter.

Am Beispiel der deutschen Automobilindustrie kann man sehr gut aufzeigen, wie sich die erfolgreichen Spieler von produktorientierten Unternehmen in marktorientierte Unternehmen gewandelt haben. Auch wenn Technik noch sehr wichtig bleibt, werden die Automodelle nicht mehr nach den Vorstellungen der Ingenieure designt, sondern nach den Anforderungen der Zielgruppen und der jeweiligen Marke. Bei Volkswagen basieren die Modelle von Seat, Skoda und VW auf dem gleichen Baukasten und werden dann für die verschiedenen Zielgruppen ausgerichtet, damit ein Seat sportlicher ist als ein Skoda.

Das erfordert allerdings, dass das Marketing an der Produktentwicklung von Anfang an beteiligt ist. Umgekehrt muss das Marketing dafür über exzellente Kenntnisse von Absatzmärkten, Wettbewerbern und vor allem Zielgruppen verfügen. Dann werden Produkte und Dienstleistungen entwickelt, designt und optimiert, die den Anforderungen der Kunden gerecht werden — oder noch besser: ihre Wünsche und Sehnsüchte ansprechen. In der Praxis erkennen Sie den Stellenwert des Marketingbereichs daran, wie intensiv er sich mit den Zielgruppen und dem Wettbewerb befasst. Wenn die Kenntnisse schlecht sind, ist das Marketing nur der Juniorpartner des Vertriebs.

Ich sehe den Marketingbereich immer auch als Anwalt der Zielgruppen im Unternehmen. Würde ich das Produkt aus dem eigenen Hause nehmen? Warum finde ich es interessant? Warum nicht? Welche Wünsche und Sehnsüchte der Zielgruppe können von dem Produkt oder der Dienstleistung angesprochen werden. Hier hat sich eine einfache Systematik bewährt, die früh eine konsequente Zielgruppenorientierung sicherstellt. Sie hat nur einen Nachteil, dass eben auch hier wieder Ps zum Einsatz kommen:

Pain — An welche genau definierte Zielgruppe wende ich mich? Welcher Herausforderung sieht sich die Zielgruppe gegenüber? Was sind ihre Bedürfnisse und ihre Wünsche? Wer genau entscheidet denn über den Kauf? Wie sind die verschiedenen Pains des gesamten Buying-Centers?

Position — Was ist an meinem Produkt oder an meiner Dienstleistung denn für die Zielgruppen besonders relevant und was ist noch dazu differenzierend gegenüber dem Wettbewerb?

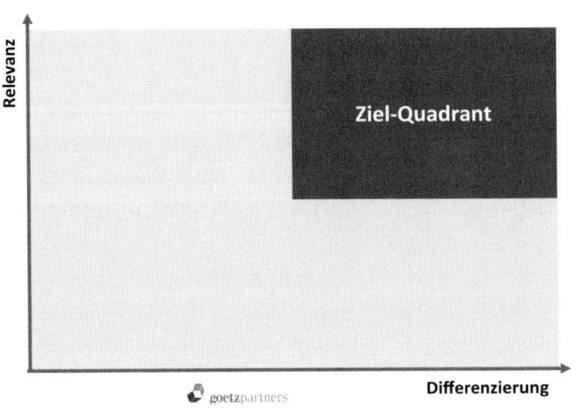

Abb. 1: Differenzierung ist im Marketing ein zentraler Erfolgsfaktor

Promise — Welchen Nutzen hat der Kunde von meinem Angebot konkret? Was spart er dadurch konkret? Oder was sind wichtige kommunizierbare Funktionen und Leistungsmerkmale?

Proof — Woran kann die Zielgruppe erkennen, dass die Versprechungen auch eingehalten werden? Gibt es Beispiele, unabhängige Studien, Gutachten oder Tests, gibt es Testimonials oder Produktvorführungen?
In Diskussionen mit technisch-orientierten Produktmanagern, Ingenieuren, Entwicklern und Themenverantwortlichen ist es sehr erfolgversprechend, sich an dieser 4-P-Systematik zu orientieren. Denn oft konzentrieren sich die Kollegen sehr auf das eigene Produkt und die Dienstleistung, weniger auf die Anforderungen der Zielgruppe oder den Wettbewerb. Bei Produkten lassen sich die 4 P recht einfach durchdeklinieren. Schwieriger sieht es im Dienstleistungsmarketing aus, insbesondere im Beratungsmarketing. Nehmen wir ein Beispiel aus der Praxis:

Ein Beratungsunternehmen möchte im Bereich eCommerce mehr Umsatz generieren. Bislang war es als führende Beratung für Supply-Chain-Management bekannt und positioniert. Dadurch waren die Consultants schon sehr eng mit den Supply-Chain-Leitern vernetzt, im Zuge der Einführung von IT-Systemen bestanden auch gute Kontakte zur IT-Leitung. Ein Vorteil für das Beratungsunternehmen, da beide Zielgruppen bei eCommerce-Projekten bei der Auswahl der Beratung (mit) entscheiden.

Betrachten wir erstens die Pain: Die Anforderungen beider Zielgruppen, SCM-Leiter und IT-Leiter, sollten berücksichtigt werden. Sie haben beim Thema eCommerce jedoch durchaus verschiedene Interessen. Die IT legt bei IT-Lösungen Wert auf

Standardisierung, Sicherheit und Zukunftsfähigkeit. Der Bereich SCM möchte Prozesse wie Retouren perfekt unterstützen, die Transparenz über die Supply Chain verbessern, um das System flexibel anpassen zu können.

Zweitens Position: Wie kann das Beratungsunternehmen auf den Punkt bringen, dass es eben einfach der bessere Partner ist? In Sachen Tagessätzen ist es jedenfalls teurer als reine IT-Dienstleister. Deshalb muss es auf die eigenen Stärken fokussieren: Das Beratungsunternehmen sollte auf seine führende Kompetenz im Supply-Chain-Management setzen und die Bedeutung der fachlichen SCM-Kompetenz bei eCommerce-Projekten hervorheben. Da in vielen SCM-Projekten außerdem immer Prozesse und IT gemeinsam optimiert werden, könnten die Consultants auch diese Verbindung von Management- und IT-Beratung als wichtig herausstellen. Und letztlich ist es durchaus sehr relevant in eCommerce-Projekten, die Supply Chain von Handelsunternehmen und Logistikunternehmen zu kennen. Diese drei relevanten und differenzierenden Argumente sollten also in das Zentrum der Argumentation gestellt werden.

Drittens Promise: Jetzt folgt das eigentliche, möglichst quantifizierbare Leistungsversprechen. Mit dem SCM-Berater an der Seite wird die eCommerce-Lösung zwar mit der bewährten Standardsoftware realisiert — was der IT wichtig ist — sie wird aber dennoch den hohen Anforderungen aus dem Business gerecht — was für die SCM-Leitung essenziell ist. Die SCM-Prozesse werden im Rahmen der Implementierung auf die neuen Anforderungen angepasst und optimiert — wiederum ein wichtiges Argument für den SCM-Bereich. Darüber hinaus werden auch zukünftige Anforderungen des Fachbereichs bereits berücksichtigt und können später sukzessive integriert werden, was das Projekt zukunftssicher macht.

Viertens der Proof. Die Kompetenz im SCM ist durch verschiedene Referenzen und Rankings nachgewiesen. Durch das konkrete Darstellen von ähnlichen Projekten im Bereich eCommerce und durch Zitate von SCM-Leitern und IT-Verantwortlichen kann die Beratung außerdem nachweisen, dass die versprochenen Verbesserungen eintreten werden.

Sie sehen, selbst bei einem so speziellen und abstrakten Fall lässt sich die 4-P-Methode anwenden. Ich habe sehr gute Erfahrung damit gemacht, die 4 P nicht nur in der Kommunikation einzusetzen, sondern insbesondere bei der Entwicklung von neuen Dienstleistungsangeboten oder bei strategischen Portfoliofragen anzuwenden. Sie sichert die Zielgruppenorientierung. Und wenn Sie im Marketing diese Methode anwenden, sichern Sie sich Ihre Position als Anwalt der Zielgruppe.

> **TIPP**
>
> Gehen Sie im Marketing immer von der Zielgruppe aus. Versetzen Sie sich in ihre Lage und prüfen Sie die Argumente des Produktmanagements und des Vertriebs aus ihrer Perspektive.

12.4 Mythos 4: Im Marketing lässt sich Erfolg leicht replizieren

In Meetings mit den Kollegen aus dem Finanzbereich, aus der Produktion und aus der IT haben es die Kollegen aus Personal, Vertrieb und Marketing immer ein wenig schwerer. Man ist auf Menschen, zumeist nicht einmal aus dem eigenen Team, angewiesen. Kontrolle, Replizierbarkeit und Prognose sind hier naturgemäß schwieriger. Bei einem IT-Programm kann ich das Ergebnis bestimmen, mechanische oder chemische Abläufe lassen sich unendlich replizieren und die Balanced Scorecard ist eine durchaus komplexe — aber dennoch beherrschbare Aufgabe. Im Marketing kann man die Wahrscheinlichkeit erhöhen, aber die Sicherheit auf Erfolg hat man nicht, da es keine Laborbedingungen gibt und zu viele Einflussfaktoren existieren. Das ist das kreative Element im Marketing.

Ich glaube, dass es sich eher mit Fußball vergleichen lässt. Fußball kann man trainieren. Taktik und Spielsystem sind wichtig. Ein Fußballverein kann sich aus vielen erfolgreichen Spielern eine Mannschaft zusammenstellen. Dennoch gibt es noch viele Faktoren, die nicht kontrollierbar sind, und vor allem gegnerische Mannschaften, die nicht mechanisch planbar agieren bzw. reagieren. Diese leidvolle Erfahrung hat nicht zuletzt Pep Guardiola mit dem FC Bayern München beim Ausscheiden im Halbfinale der Champions League gegen Real Madrid 2014 machen müssen. Auch wenn im Marketing — und im Fußball — bestimmte Muster gültig sind: Kundenanforderungen, Märkte, Wettbewerber und vieles andere mehr ändern sich. Hinterher wissen Sie sicher, warum es nicht funktioniert hat, und sind klüger. Genauso wie jeder Fußballtrainer.

Ich bin dennoch ein großer Fan von Planung und Standardisierung. Insbesondere bei bestimmten Prozessen und Formaten sollte man das Rad nicht immer wieder neu erfinden. Selbstverständlich benötigen Sie bestimmte Best Practices. Dennoch muss Raum bleiben für das Besondere, Überraschende und Differenzierende. Warum ist dies beim Menschen so? Forscher haben herausgefunden, dass Männer, die etwas anders (nicht schlechter) aussehen als die breite Masse, bei Frauen als attraktiver eingeschätzt werden. Darüber hinaus fällt man auch mehr auf. Denken

Sie an das **AIDA**-Prinzip: **Attention — Interest — Desire — Action**. Es ist also nicht nur für die menschliche Reproduktion, sondern auch für den Markterfolg durchaus vielversprechend, etwas anders zu machen als die Masse und dadurch das AIDA-Prinzip erfolgreich einzusetzen.

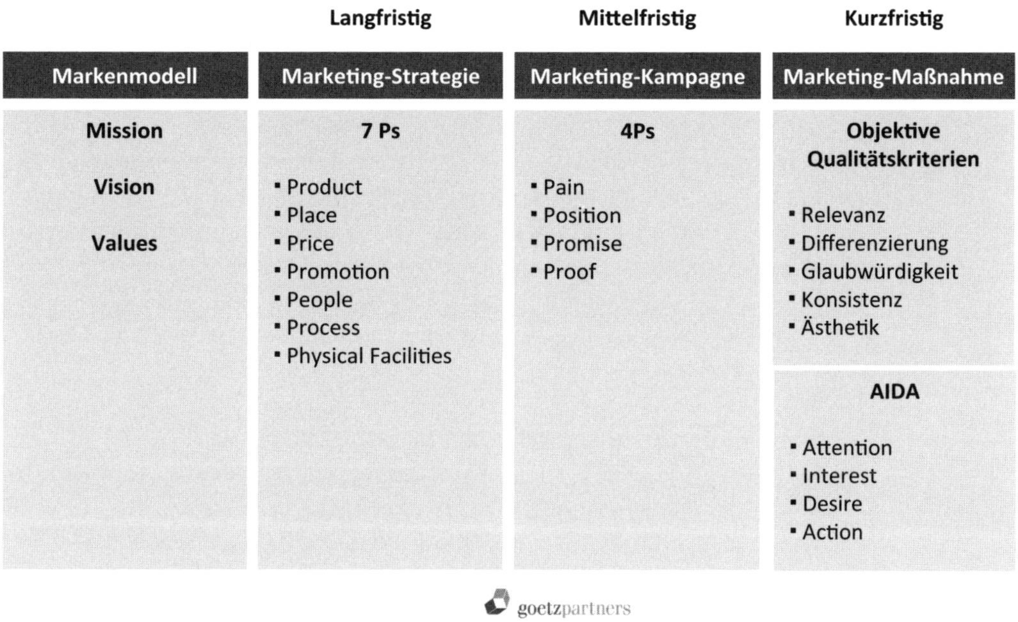

	Langfristig	Mittelfristig	Kurzfristig
Markenmodell	**Marketing-Strategie**	**Marketing-Kampagne**	**Marketing-Maßnahme**
Mission **Vision** **Values**	**7 Ps** • Product • Place • Price • Promotion • People • Process • Physical Facilities	**4Ps** • Pain • Position • Promise • Proof	**Objektive Qualitätskriterien** • Relevanz • Differenzierung • Glaubwürdigkeit • Konsistenz • Ästhetik **AIDA** • Attention • Interest • Desire • Action

*goetz*partners

Abb. 2: Die wichtigsten Methoden für erfolgreiches Marketing – von der Strategie zur Praxis

Und die Beispiele aus der Marketingpraxis sind Legende: Der Bekleidungshersteller H&M hatte in den 1990er-Jahren die Plakatwerbung wiederentdeckt und damit große Erfolge erzielt. Das Motiv mit dem Model Anna Nicole Smith wurde sogar vielfach gestohlen - selbst bei Johannes B. Kerner führte das Verlangen (Desire) nach ihrem Plakat schließlich zur Action. Die Molkerei Weihenstephan ist davon abgekommen, wie jeder andere Früchte auf seine Joghurt-Becher abzubilden. Und Apple hat das Technikprodukt PC nicht mehr über technische Angaben wie Prozessorschnelligkeit oder Arbeitsspeicher verkauft, sondern stark emotionalisiert.

Überlegen Sie sich also, was Sie anders machen können, was aber dennoch zu Ihrem Produkt und Ihren Zielgruppen passt. Anders ist nämlich nicht zwingend immer nur besser, wie der gescheiterte Relaunch der Zigarettenmarke Camel in den 90ern gezeigt hat, oder der holprige Start des Smart-Automobils als neues Mobilitätskonzept.

● **TIPP**

Definieren Sie Ihre Differenziatoren? Sie müssen nicht alles anders machen. Aber in gezielten, für den Kunden erkennbaren Punkten benötigen Sie Alleinstellungsmerkmale.

12.5 Mythos 5: Marketing muss kreativ sein

Jedes Jahr in Cannes werden die kreativsten Werbekampagnen ausgezeichnet. Übrigens auch die Camel-Werbung, die in 1991/1992 zu einem Marktanteilsrückgang von 6,3 auf 5,3 Prozent führte, wurde mehrfach ausgezeichnet. Kreativität besagt nämlich nicht zwingend, dass Kampagnen dadurch erfolgreicher werden.

Wenn Ihnen Werbeagenturen neue Konzepte präsentieren, muss man offen und vorsichtig zugleich sein.

1. Die Mode-Falle. Auf einmal waren überall diese QR Codes auf Anzeigen, Plakaten und Broschüren. Haben Sie diese jemals verwendet? Ich kein einziges Mal und die Mehrheit der Mitbürger auch nicht. Die wenigsten waren laut einer amerikanischen Studie unter Studenten in der Lage, diese richtig einzuscannen. Es waren — obwohl Studenten — nur 22 Prozent der Teilnehmer. Inzwischen sieht man sie seltener. Solche Modeerscheinungen betrifft neben den QR Codes die meisten Twitter-Accounts oder auch Corporate Seiten auf Facebook. Solche Experimente kann man machen, man muss aber nicht jede Mode mitmachen. Im Gegenteil.
2. Die Kreativ-Falle. Werbeagenturen wollen kreativ sein und immer etwas Neues machen. Das ist ihre Aufgabe und treibt sie an. Achten Sie aber darauf, dass das, was ein Mittzwanziger in einer Hamburger Agentur gut findet, nicht unbedingt bei einem Produktionsleiter aus dem Schwarzwald genauso gut ankommt. Gute Ergebnisse erzielt man, wenn die Agentur neue Impulse liefert und das unternehmenseigene Marketingteam die Kompatibilität mit der Zielgruppe berücksichtigt.
3. Die Disziplin-Falle. Werbeagenturen und Marketingleute sind kreativ. Dadurch, dass sie sich ständig mit den Marketingmaßnahmen befassen und besonders offen für kreative Vorschläge sind, verändern sie die Kommunikation zu oft. Es langweilt die Verantwortlichen, wenn man immer die gleichen Slogans, die gleichen Bilder, die gleichen Formate und Maßnahmen kommuniziert. Im Gegensatz zu den beteiligten Marketingprofis haben die Zielgruppen jedoch deutlich weniger Kontakt mit Marketingmaßnahmen und daher einen deutlich geringeren Begeisterungsabrieb. Ändern Sie daher Ihr Marketing nicht, nur weil Sie es auswendig können.

Erwarten Sie daher nicht zu viel an Wirkung. Nur weil Sie eine Anzeige geschaltet, ein Mailing versendet und einen Presseartikel veröffentlicht haben, hat Ihre Zielgruppe noch kein neues Image von Ihnen. Raider ist dann immer noch nicht Twix. Seien Sie froh, wenn Ihre Zielgruppe Ihre Marke einigermaßen richtig einordnen kann und die wichtigsten Produkte bzw Dienstleistungen kennt. Und bleiben Sie im Zweifelsfall bei Bewährtem: „Freude am Fahren" und „Vorsprung durch Technik" sind Slogans, die bekannt sind, weil sie jahrelang konsequent kommuniziert wurden. Das Nivea-Blau wurde nicht verändert und einheitlich durchgezogen. Coca-Cola hat im Gegensatz zu Pepsi das Logo nur sehr moderat weiterentwickelt. Überlegen Sie sich also zweimal, ob die Veränderung nötig ist..

Das Dilemma, differenzierend und attraktiv, aber dennoch konsistent und wiedererkennbar zu sein, das ist die Kunst. Mit der Zeit zu gehen, ohne unreflektiert jede Mode zu übernehmen. Neue Impulse zu setzen, aber sich darin treu zu sein. Dieses Erfolgsrezept gilt für die wirklich langfristig erfolgreichen Marken.

● **TIPP**

Modernisieren Sie behutsam. Überlegen Sie sich genau, wenn Sie etwas fundamental ändern. Oder wie es der berühmte Architekt Adolf Loos formuliert hat: Eine Veränderung, die keine Verbesserung ist, ist — da unnötig — eine Verschlechterung.

12.6   Mythos 6: Marketing ist subjektiv

Marketing ist nicht nur so unberechenbar wie Fußball, es gibt noch — mindestens — eine Parallele zwischen Fußballtrainer und Marketingentscheider: Jeder kann mitreden. Insbesondere in kleinen und mittleren Unternehmen wird gerne über jede einzelne Marketingmaßnahme mitdiskutiert. Empfehlenswert ist hier die Objektivierung dieser Diskussionen anhand einer Handvoll Kriterien:

Relevant — Ist die Marketingmaßnahme relevant für die anvisierte Zielgruppe. Eine Frage die man objektiv beantworten kann.

Differenzierend — Unterscheidet sich die Marketingmaßnahme in Form und/oder Inhalt vom Wettbewerb?

Glaubwürdig — Ist sie überhaupt glaubwürdig für die eigene Marke? Einen Doppelkorn als gesundes Produkt zu positionieren, wäre schwierig.

Konsistent — Passt die Marketingmaßnahme in Form und Inhalt zu den anderen? Sind Ihre Marketingmaßnahmen wiedererkennbar über alle Kanäle?

Ästhetisch — Ist die Marketingmaßnahme angenehm und attraktiv? Im Idealfall ist sie sogar ein wenig überraschend. Manche Leser mögen an dieser Stelle die Schock-Werbung von Benetton als unästhetisches Gegenbeispiel anführen. Allerdings stützt der geringe Erfolg dieser Kampagne wieder die These, dass eine Marketingmaßnahme attraktiv sein sollte.

Sollten Sie also mit Ihrer Geschäftsführung über eine Marketingmaßnahme diskutieren, sollten Sie diese fünf Kriterien besprechen. Damit objektivieren Sie die Diskussion ein gutes Stück.

TIPP

Objektivieren Sie Entscheidungen anhand einer überschaubaren Zahl an definierter Kriterien.

12.7 Mythos 7: Marketing hat nichts mit IT zu tun

Die Kenntnisse über die Zielgruppe sind entscheidend. Der Schlüssel zu einem besseren Verständnis liegt in der IT. Viele Unternehmen arbeiten noch mit rudimentären Systemen für ihr Customer-Relationship-Management (CRM). Um diese Informationen sammeln, analysieren und dann in 1:1-Marketing umsetzen zu können, ist IT der einzige Weg: Webanalytics, Big Data, Marketingautomatisierung und E-Mail-Marketing, am Ende sind die meisten innovativen Themen auch im Marketing IT-getrieben. Erfolgsentscheidend ist, was Sie mit Ihren Kundendaten machen. Nehmen Sie einmal Amazon als Beispiel. Wenige Unternehmen kennen ihre Kunden so gut wie Amazon und nutzen das Wissen für eine individuelle (und vollautomatisierte) Kundenansprache. Amazon kann heute sogar schon mit einer sehr hohen Wahrscheinlichkeit prognostizieren, ob ein Konsument ein bestimmtes Produkt kaufen wird oder nicht. Das Drücken des Bestellbuttons ist dann nur noch der offizielle letzte Schritt. Wahrscheinlich werden Sie Ihre Kunden noch nicht so gut kennen. Die Ambition sollten Sie haben. Selbst im B2B.

Interessiert sich Ihr Marketing also für IT? Hat es Einfluss auf das CRM-System oder ist die Webseite das einzige IT-System, das der Marketingbereich verantwortet? Man muss nicht jeden Trend mitmachen. Aber die Digitalisierung des Marketings ist unaufhaltsam. Aktuellen Prognosen führender IT-Anbieter zufolge wird in Zukunft das Marketing und nicht mehr der Finanzbereich für die meisten IT-Investitionen verantwortlich sein.

TIPP

Digitalisieren Sie Ihr Marketing konsequent.

12.8 Mythos 8: Marketing ist nicht entscheidend

Menschliche Entscheidungen sind letztlich fast nie rational, sondern zum großen Teil emotional, wie die Neurowissenschaft nachgewiesen hat. In der heutigen Zeit wird darüber hinaus der Unique Selling Proposition, der USP, immer seltener. Die wenigsten Unternehmen verfügen über echte Alleinstellungsmerkmale, die nicht kopiert werden können. Hier gewinnt die Marke an Bedeutung. Denn wo rationale Differenzierung fehlt, gewinnen emotionale Alleinstellungsmerkmale an Gewicht. Marketing ist meines Erachtens angewandte Psychologie und hat die Aufgabe, diese Emotionen zu steuern. Bei Konsumgütern ist dies nichts Neues. Ich rauche eine Zigarettenmarke, weil sie ein Statement ist. Aber auch in anderen Bereichen sind Marken eine Botschaft. Wenn ich die Berater von McKinsey für ein Projekt engagiere, ist die Botschaft eine andere als bei der Beauftragung von Ernst & Young. Mit den „Mackies" signalisiert der Vorstand immer auch, dass es ihm sehr ernst und wichtig ist. Bei Ernst & Young fehlt diese implizite Botschaft.

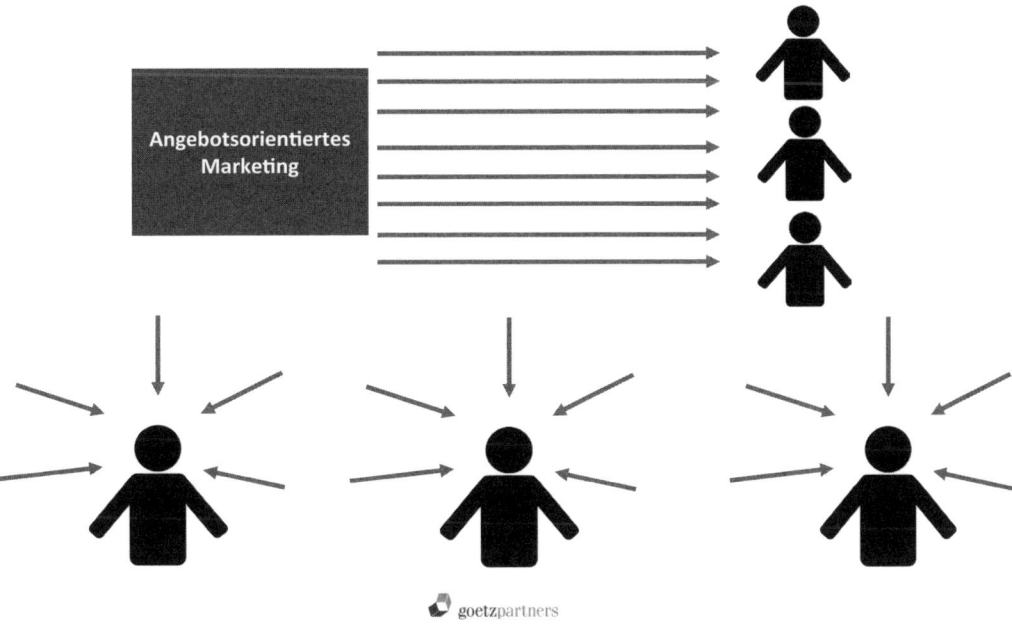

Abb. 3: Angebotsorientiertes Marketing versus zielgruppenorientiertes Marketing

Psychologen arbeiten zwar auch mit Zahlen, aber es gibt vieles, das sich in der Unternehmenspraxis nicht einfach in Zahlen ausdrücken lässt. Hier muss man sich auf seine Intuition verlassen oder eine aufwendige und auch teure Studie durchführen. Manchmal ist selbst dies nicht möglich. Denken Sie beispielsweise an die

Entscheidung für eine Unternehmensberatung, die SAP einführen soll. Warum hat das Buying-Center die Entscheidung nach einem einjährigen Auswahl- und Angebotsprozess an ein bestimmtes Beratungsunternehmen vergeben? Warum wurde das abgegebene Angebot als so attraktiv und passend angesehen? Zahlen sind im B2C-Marketing entscheidend, gerade in FMCG-Industrien. Aber auch hier zählt manchmal die Intuition und Emotion. Auch das, was sich nicht (einfach) messen lässt, existiert — und ist manchmal eben das entscheidende. Denken Sie beispielsweise an den Erfolg von Sixt. Mietwagen waren früher wenig emotionale Dinge. Durch Sixt hat sich dies geändert. Die Marke war daher entscheidend für den Erfolg des Unternehmens. Das beste Beispiel ist Apple. Durch konsequentes Marketing, das mehr auf Intuition als auf Marktforschung basierte, wurden sehr profane Technik-Produkte wie PCs, MP3-Player oder Mobiltelefone zu begehrenswerten Kultprodukten überhöht. Auch wenn Sie in Ihrer täglichen Arbeit in Zielgruppen denken, am Ende sind es keine Konsumenten oder Kaufentscheider, sondern Menschen, die als solche angesprochen werden wollen.

TIPP

Denken Sie bei aller Rationalität an die Emotionen, die Sie bei den Zielgruppen erzielen wollen. Nehmen Sie sie als Menschen wahr. Vertrauen Sie dabei auch Ihrer Intuition.

Fazit:

Professionalisierung des Marketings im Mittelstand

Marketing hat eine wichtige strategische Dimension. Und Marketing ist in der Umsetzung vor allem Handwerk, das auch kreativ und innovativ ist. Seine maximale Wirkung erzielt Marketing, wenn es strategisch ausgerichtet ist und dann konsequent und mit großer Ausdauer sowie Disziplin umgesetzt wird. Das geht nicht mit einer einzelnen Kampagne.

Wenn der Mittelstand das ganze Potenzial des modernen Marketings erkennt, in seine Geschäftsstrategie integriert und effektiv umsetzt, wird er noch erfolgreicher werden. Die aufgeführten Methoden und Tools sollen helfen, die Marketingtheorie mit der Unternehmenspraxis zu verbinden und das Marketing noch ein Stück professioneller zu machen. Trotz des technokratischen Rüstzeugs: Am Ende sind die Zielgruppen oder Konsumenten vor allem Menschen. Wenn der Marketingbereich hilft, die Menschen und ihre Anforderungen in den Mittelpunkt zu stellen, dann kann er noch besser zum Geschäftserfolg beitragen. Dann werden Unternehmen auch international leichter wachsen und sich als Champions etablieren.

13 Marketing und Moral

Was bedeutet Corporate Responsibility und was erwarten die Stakeholder heute von den Unternehmen?

Sabine Reuss

> *„It takes 20 years to build a reputation and five minutes to ruin it. If you think about that, you'll do things differently.“*

Warren Buffett

13.1 Einleitung

Die zunehmende Globalisierung der Unternehmen und insbesondere die letzte Finanz- und Wirtschaftskrise haben das Thema der unternehmerischen Verantwortung und damit verbunden die Diskussion um die ökologische und soziale Nachhaltigkeit von Unternehmen und Institutionen angefacht. Das Vertrauen der Bürger in die Wirtschaft war schwer erschüttert, da viele von den sozialen Folgen wie steigende Arbeitslosigkeit und Einkommensverlusten betroffen waren.[1] Die Reputation — sie gilt als zentraler immaterieller Vermögenswert — einiger Unternehmen hat in dieser Zeit sehr gelitten. Dabei ist für viele Unternehmen die Wahrnehmung moralischer Pflichten bereits gelebte Praxis. Dennoch war dies für etliche Unternehmen der Anlass, sich dem Thema der Nachhaltigkeit stärker zuzuwenden und sich systematisch damit auseinanderzusetzen. Denn, so fand Diamond in einer großangelegten Studie heraus, zwei Faktoren haben einen wesentlichen Einfluss auf die Überlebensfähigkeit von Gesellschaften: Dies sind die Fähigkeit zu langfristiger Planung und der Wille zur Veränderung fundamentaler Werte.[2] Milton Friedmans veröffentlichter Satz „The social responsibility of business is to increase

---

[1] Bundesministerium für Familien, Senioren, Frauen und Jugend: Erster Engagementbericht 2012.

[2] Jared Diamond, Kollaps – Warum Gesellschaften überleben oder untergehen, S. Fischer, 2011.

its profits" würde heute kaum ein Unternehmen in der Form äußern. Im Gegenteil ist die Wahrnehmung der Verantwortung bei Unternehmen inzwischen meist Bestandteil der Unternehmensstrategie. Inwieweit die Umsetzung dann ebenso stringent verfolgt wird, sei zunächst einmal dahingestellt.

Vielfach wird die unternehmerische Verantwortung mit dem Managementansatz Corporate Social Responsibility (CSR) gleichgesetzt, welcher aber unterschiedlich definiert und ausgelegt wird. Von daher gilt es zunächst, den Begriff zu spezifizieren, die Zielsetzung und damit verbundene Handlungsfelder sowie die organisatorische Einbettung in ein Unternehmen aufzuzeigen. Welche Instrumente zur Berichterstattung zur Verfügung stehen, wird im Anschluss daran erläutert. Hier wird das besondere Augenmerk auf die neuen Richtlinien zur Nachhaltigkeitsberichtserstattung GRI G4 gelegt. Dabei sollen auch die Vorteile aufgezeigt werden, die ein systematisches Nachhaltigkeitsmanagement mit sich bringt und es soll auf ein paar Schlüsselfragen eingegangen werden, die für die praktische Umsetzung notwendig sind, wobei hier der Fokus auf Professional Services Firms gelegt wird.

13.2   Was ist Corporate Social Responsibility?

Schon im Mittelalter galt der Grundsatz des ehrbaren Kaufmanns. In den 1950er-Jahren begann die Diskussion um „Social Responsibility of the Businessman", die von Bowen veröffentlicht wurde. Bowen sah die soziale Verantwortung von Unternehmen in Abhängigkeit von den gesellschaftlichen Erwartungen und Werten. Bei Carroll (1999) rückte die Auswirkung des gesamten Unternehmens auf die Gesellschaft in den Mittelpunkt der Betrachtung.[3] Porter und Kramer stellten später CSR stärker in Bezug zum Kerngeschäft und entwickelten hierzu den Begriff „strategisches CSR".[4] In Wissenschaft und Praxis werden unterschiedliche Begriffe verwendet, die das unternehmerisch verantwortliche Handeln oder Teilaspekte davon beschreiben, die in der folgenden Darstellung abgegrenzt werden sollen.

---

[3]   Archie B. Carroll, Corporate Social Responsibility – Evolution of a Definitional Construct, Business & Society, 1999, 38 (3).

[4]   Michael E. Porter/Mark R. Kramer, Strategy and Society: The link between competitive advantage and Corporate Social Responsibility, Harvard Business Review, Boston, 2006.

Abb. 1: Corporate Responsibility und Sponsoring[5]

Während in 2011 **Coporate Social Responsibility** (CSR) von der EU als die Verantwortung der Unternehmen für ihre Auswirkungen auf die Gesellschaft definiert wird und dies als freiwillige Selbstverpflichtung im Rahmen der eigentlichen Geschäftstätigkeit gesehen wird, beschreibt **Corporate Citizenship** (CC) das gesellschaftliche Engagement eines Unternehmens. Hierzu gehören auch **Coporate Giving** (Spenden und Sponsoring), **Stiftungen** (Corporate Foundation) und **Corporate Volunteering** (das bürgerliche Engagement der Mitarbeiter). Immer mehr Unternehmen gehen dazu über, den strategischen Oberbegriff **Corporate Responsibility** (CR) zu verwenden, zum Teil ersetzt oder ergänzt um den Begriff **Nachhaltigkeit** wie Corporate Responsibility & Sustainability. **Corporate Governance** bildet das Fundament für die Leitung und Überwachung des Unternehmens, wozu auch das ethische Verhalten und Wertesystem eines Unternehmens zählt.

Im Folgenden soll der Oberbegriff **Corporate Responsibility** (CR) gewählt werden, da das Wort social zum einen eher irreführend ist, weil es mit sozialen und caritativen Aktivitäten verbunden wird und nicht den unterschiedlichen Handlungsfeldern von CSR gerecht wird. Zum anderen kann die Nachhaltigkeit nur durch die Integration eines systematisches Compliance- und Wertemanagement im Unternehmen sichergestellt werden. Reputation und Vertrauenswürdigkeit sind für ein nachhaltiges Wirtschaften und eine verantwortungsbewusste Unternehmensführung unerlässliche Kapitalgüter, die nur mühsam aufgebaut, aber schnell verspielt werden können. Auch wenn die EU-Kommission und Titel vieler Publikationen immer noch den Begriff CSR verwenden, nähern sich die Inhalte von CSR, CR und Nachhaltigkeit immer weiter an und werden vielfach synonym verwendet.

---

5   Sabine Reuss/Stefanie Wismeth, Corporate Responsibility und Sponsoring. In: Schieblon, C. (Hrsg.): Marketing für Kanzleien und Wirtschaftsprüfer, Gabler, 2013.

Somit kommt es weniger auf die formale Definition an, als dass Unternehmen sich systematisch mit CR auseinandersetzen und die Umsetzung nicht willkürlich erfolgt. „Analysierten Manager das soziale Engagement ihrer Firmen mit denselben Methoden, die sie bei der Entscheidung über die Wahl von Kerngeschäftsbereichen zugrunde legen, würden sie feststellen, dass CR mehr sein kann als ein Kostenfaktor, ein Zwang oder reine Wohltätigkeit. Sie würden erkennen, dass die Aufgabe neue Chancen eröffnet, dass sie eine Quelle von Innovationen und Wettbewerbsvorteil sein kann."[6] CR ist kein kurzfristiger Marketinghype, sondern sichert langfristig die Reputation eines Unternehmens und muss entscheidender Bestandteil der Unternehmensstrategie sein.

13.3 Kernthemen und organisatorische Einbindung von CR in das Unternehmen – CR ist ein Querschnittthema

Das Fundament aller CR-Aktivitäten ist die Definition von Vision, Mission, den Unternehmenswerten — und auch den Zielen einer Gesellschaft. Der Zusammenhang zu CR ist vielfach aber nicht klar. Gemäß der ISO 26000 umfasst ein ganzheitlicher CR-Ansatz sieben Kernthemen:

- Organisationsführung,
- Faire Betriebs- und Geschäftspraktiken,
- Menschenrechte,
- Konsumentenanliegen,
- Arbeitspraktiken (zum Beispiel Gesundheit und Sicherheit am Arbeitsplatz),
- Einbindung und Entwicklung der Umwelt (zum Beispiel Reduzierung von Umweltbelastungen),
- Gemeinschaft (Corporate Volunteering),

die in 37 Handlungsfelder untergliedert sind. Auch wenn nicht alle Handlungsfelder für Professional Services Firms eine Relevanz haben, da es sich hier um Beratungsunternehmen ohne Produktionsstätten handelt, sind sie eine sehr gute Grundlage der systematischen Analyse des eigenen Geschäftsmodells in den verschiedenen Stufen des Wertschöpfungsprozesses. Darüber hinaus ist die Auseinandersetzung mit den Erwartungen und Bedürfnissen der Stakeholder unabdingbar.

---

[6]   Michael E. Porter/Mark R. Kramer, Wohltaten mit System, Harvard Business Manager, 1/2007.

Stakeholder können juristische oder natürliche Personen sein, bei denen davon ausgegangen werden kann, dass sie in beträchtlichem Maße von Aktivitäten, Produkten und Dienstleistungen der Organisation betroffen sind. Ferner kann hinsichtlich ihrer Handlungen davon ausgegangen werden, dass sie die Fähigkeit der Organisation in Bezug auf die erfolgreiche Umsetzung von Strategien und die Erreichung von Zielvorgaben beeinflussen können. Stakeholder können sowohl als Investoren in einem Verhältnis zu einer Organisation stehen (zum Beispiel Angestellte, Anteilseigner, Lieferanten) als auch anderweitig mit ihr verbunden sein (zum Beispiel schutzbedürftige Gruppen in lokalen Gemeinschaften, die Zivilgesellschaft, aber auch die Kunden).[7] Nicht nur produzierende Unternehmen, sondern auch Professional Services Firms kommen zunehmend unter Druck, ihr moralisches Verhalten und damit die Nachhaltigkeit gegenüber den verschiedenen Stakeholdern unter Beweis zu stellen, so auch bei öffentlichen Ausschreibungen, Lieferantenbewertungen von Kunden, bei Arbeitgeberumfragen, durch Bewerber und immer häufiger auch von den einzelnen Mitarbeitern selbst.

Was bei der Entwicklung von CR-Maßnahmen oft noch verbesserungsnotwendig ist, ist die detaillierte Analyse der unterschiedlichen Stakeholder und ihrer Erwartungen, die in die Konzeption und Umsetzung einer CR-Strategie einfließen sollten. Um einen Überblick über die unterschiedlichen Bedürfnisse der Stakeholder zu gewinnen, ist eine Befragung ausgewählter Gruppen sinnvoll. Zu schnell wird bei CR-Aktivitäten nur über das gesellschaftliche Engagement gesprochen, werden einzelne Interessen verfolgt oder Maßnahmen nur unter Kostengesichtspunkten diskutiert. Die weitergehenden Auswirkungen der CR-Maßnahmen in Bezug auf die einzelnen Stakeholder-Gruppen werden vielfach nur unzureichend bewertet. Für die Professional Services Firms sind die Mitarbeiter das wichtigste Kapital und bilden damit auch eine der wichtigsten Stakeholder-Gruppen, denen eine hohe Aufmerksamkeit geschenkt werden muss.

Nach der Stakeholder-Analyse muss die Positionierung des Unternehmens in den einzelnen Handlungsfeldern festgelegt werden. Dabei sind die verschiedenen Anforderungen der Anspruchsgruppen dahingehend zu bewerten, welchen Beitrag die einzelnen Maßnahmen zum Erreichen der CR-Strategie leisten können. Diese einzelnen CR-Maßnahmen sind hinsichtlich ihres möglichen Beitrags zum Unternehmenserfolg zu bewerten. Zudem werden die dazu gehörigen Risiken und Chancen abgewogen. Ein Unternehmen kann nicht alle möglichen Handlungsfelder in gleichem Maße bedienen, sondern muss entsprechend der eigenen Strategie Schwerpunkte setzen. Das kann aber auch bedeuten, dass einzelne Handlungsfelder nur innerhalb des gesetzlich vorgegeben Rahmens berücksichtigt werden oder man sich in Teilaspekten nur darauf beschränkt, dass das Unternehmen nicht negativ auffällt.

---

[7] Global Reporting Initiative, GR4 – Leitlinien zur Nachhaltigkeitsberichterstattung, 2013, S. 94.

Marketing und Moral

Beim Stakeholder-Dialog geht es vor allem darum, aus dem Austausch mit den Stakeholdern Erkenntnisse zu gewinnen, die in die eigene Strategie mit einfließen. Über eine gezielte Kommunikation soll darüber informiert und vor allem Vertrauen aufgebaut werden.

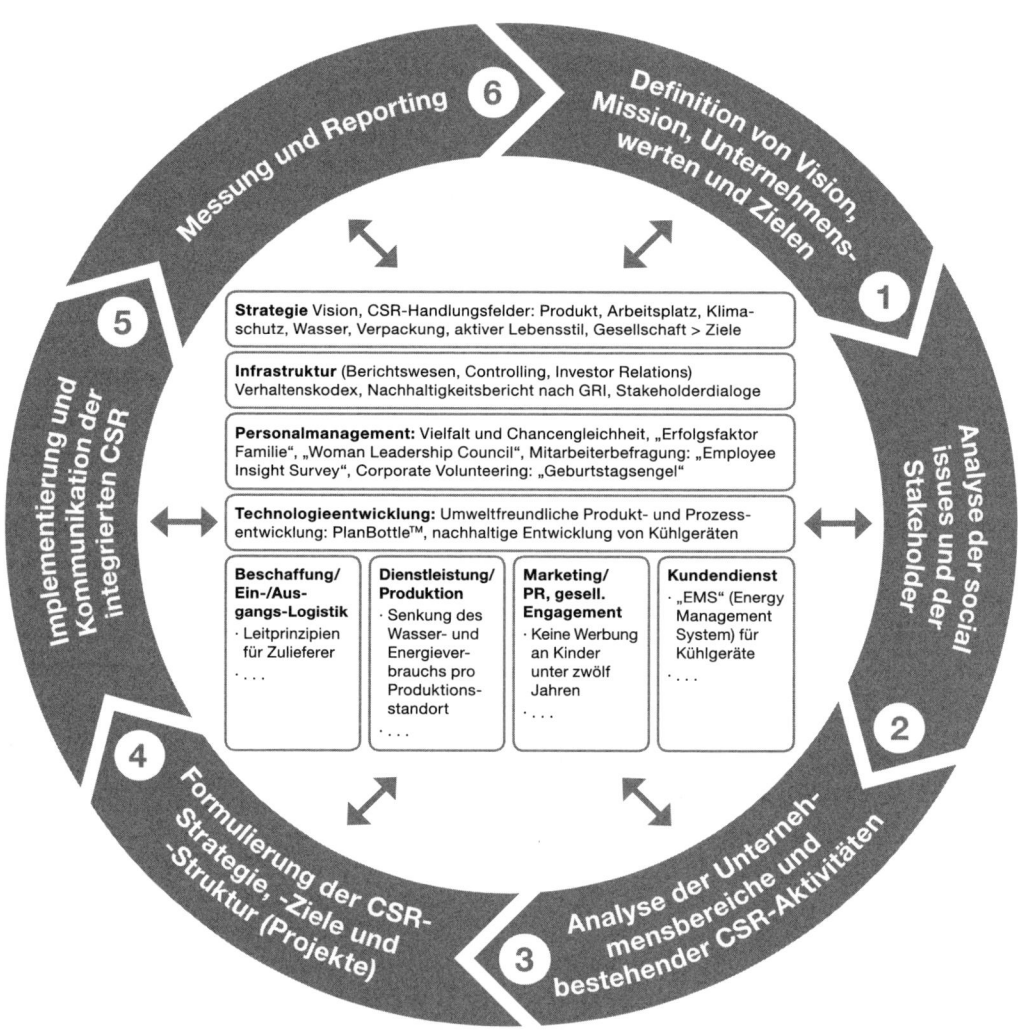

Abb. 2: Prozess der strategischen Integration von CSR in das Unternehmen[8]

8   Anja Schwerk, Prozess der strategischen Integration von CSR in das Unternehmen (Beispiel Coca-Cola). In: Schmidpeter, R./Schneider, A.(Hrsg.): Corporate Social Responsibility – Theoretische Grundlagen und praktische Anwendung einer verantwortungsvollen Unternehmensführung, Springer Gabler, 2012.

Es genügt nicht, die Betätigungsfelder lediglich aufzuzeigen. Daneben muss auch eine entsprechende **Organisationskultur** entstehen, die die Maßnahmen von der Strategie bis zur Umsetzung plant, umsetzt und im Anschluss bewertet. Dabei handelt es sich um einen laufenden Prozess, der Reflexion und Anpassung beinhaltet. Deutlich wird, dass CR ein Querschnittthema ist, das in allen Geschäftsprozessen zu berücksichtigen ist und alle Geschäftsbereiche betrifft — einschließlich Finanz- und Rechnungswesen, Human Resources, Marketing & Communications, Sales, Procurement, Facility. Organisatorisch muss ein geeignetes Management die Umsetzung der CR-Strategie garantieren. In der Regel ist ein Verantwortlicher im Top-Management für CR zuständig, unterstützt — sofern vorhanden — durch eine CR-Abteilung oder einen CR-Beauftragten.

Die Voraussetzung für eine erfolgreiche CR-Umsetzung ist, dass das Top-Management eine Vorbildfunktion einnimmt und die ausgewählte Führungskraft sich mit dem Thema identifiziert und zudem zeitlich ausreichend Kapazitäten hat. In vielen Unternehmen hat sich die Einrichtung eines zentralen Steuerungsgremiums für die CR-Aktivitäten bewährt. Bei Capgemini beispielsweise ist ein CR-Board gegründet worden, in dem aus jedem Geschäftsbereich ein entscheidungsbefugter Vertreter sitzt, unterstützt durch einen CR-Manager, der die Maßnahmen koordiniert. Dieses Gremium stimmt sich in regelmäßigen Abständen ab. Der Vorteil ist, dass das Gremium ausschließlich CR-Themen diskutiert und nicht, wie oft, CR als ein Thema von vielen Themen auf der Agenda ist und als „any other business" behandelt wird. Im CR-Board werden die CR-Strategie, Maßnahmen und deren Umsetzung diskutiert, bewertet und entschieden. Natürlich müssen die lokale Strategie und die Maßnahmen auf der globalen Strategie aufbauen, nicht zuletzt wird auch das Nachhaltigkeitsreporting in der Regel auf globaler Ebene konsolidiert. Der Dialog einerseits mit Kollegen aus anderen Ländern, aber auch über die eigene Gesellschaft hinaus zum Austausch von Best Practice ist empfehlenswert. Zudem müssen — zumindest wäre es wünschenswert — bei den für Strategie und Teilstrategie verantwortlichen Führungskräften und Mitarbeitern diese CR-Aktivitäten entsprechend auch in Zielvereinbarungen mit einfließen.

13.4 Der Stakeholderansatz als Fundament der CR-Kommunikation

Da CR zu einer verbesserten Reputation der Unternehmen beitragen kann, ist die gezielte Einbindung der Stakeholder und der Dialog mit ihnen bezüglich Strategie und Umsetzung der CR-Maßnahmen wichtig. Zum einen sind die Mitarbeiter Botschafter des eigenen Unternehmens — sowohl nach innen als auch nach außen. Dies gilt ebenso für andere Stakeholder wie Kunden, Lieferanten und andere Vertragspartner, die die Akzeptanz und Glaubwürdigkeit eines Unternehmens stärken oder schwächen können.[9] Darüber hinaus soll durch CR-Kommunikation Transparenz geschaffen werden, damit ein Einblick in das unternehmerische Handeln möglich ist. Dies wird durch externen Druck immer stärker eingefordert, nicht zuletzt, um die Auswirkungen dieses Handelns bewerten und ggf. Unternehmen dafür verantwortlich machen zu können (Accountability).[10] Zudem kann sich ein Unternehmen gegenüber dem Wettbewerb gezielt positionieren. In Zeiten des demografischen Wandels und des zunehmenden „War of Talents" ist dies von großer Bedeutung, wenn es um die Gewinnung neuer Mitarbeiter geht. Auch kann dies bei der Erschließung neuer Kundengruppen oder für eine bessere Kundenbindung hilfreich sein.

Es gibt eine Vielzahl unterschiedener Ratings, die die Nachhaltigkeit von Unternehmen bewerten. Diese können als Instrument der Kapitalmarktkommunikation zur besseren Wahrnehmbarkeit der Nachhaltigkeitsperformance eingesetzt werden, so beispielhaft der Dow Jones Sustainability Index, der FTSE4Good oder der Deutsche Nachhaltigkeitspreis.

Neben der externen Kommunikation darf die interne Kommunikation nicht vernachlässigt werden, um den Mitarbeitern die Bedeutung von CR für das Unternehmen nahezubringen. Nur so kann erreicht werden, dass die Mitarbeiter die CR-Rahmenbedingungen verstehen und aktiv die Bewusstseinsbildung innerhalb des Unternehmens gefördert wird. Ziel ist ferner, die Mitarbeiter zu motivieren, CR-Maßnahmen zu unterstützen.

Die CR-Kommunikation muss zielgruppenspezifisch ausgerichtet sein, glaubwürdig, transparent und nachvollziehbar sowie in Einklang mit der bestehenden Kommunikation sein. Die Stakeholder wollen in der Regel nicht nur informiert sein, sondern im Zeitalter von Social Media auch an der Kommunikation teilnehmen. Dabei geht es keineswegs darum, alles nur von der besten Seite darzustellen. Nein, im Gegenteil, die Anspruchsgruppen erwarten eine offene Kommunikation, die nichts zu verbergen hat. Selbst bei Krisen darf ein Unternehmen nichts verbergen, auch wenn nicht alles optimal läuft. So hat beispielsweise PwC auf seiner Webseite spezielle Informationen über die wichtigsten CR-Aktivitäten und deren Status, auch wenn nicht alle Aktivitäten die Zielvorgaben erreichen. Dabei sollen nicht nur Fort-

---

[9] Annette Kleinfeld/Johanna Schnurr, CSR erfolgreich umsetzen. In: Kleinfeld, A./Hardtke, A. (Hrsg.): Gesellschaftliche Verantwortung von Unternehmen, Springer Gabler, 2011.

[10] Matthias S. Fifka, CSR – Kommunikation und Nachhaltigkeitsreporting. In: Heinrich, P. (Hrsg.): CSR und Kommunikation, Springer Gabler, 2013.

schritte einzelner CR-Maßnahmen kommuniziert werden, sondern beispielsweise auch vernachlässigte Themenfelder oder noch nicht erreichte Ziele. Zu einer transparenten Kommunikation gehört auch, über Ergebnisse von Mitarbeiterumfragen zu berichten, Nicht-Erfolge, Verbesserungsbereiche, ggf. auch Fehlverhalten zu beschreiben. Diese Authentizität wird als Aufrichtigkeit und damit in der Regel als sehr positiv wahrgenommen und bewertet.

Die Informationen über das CR-Engagement können in vielfältiger Art und Weise verbreitet werden. Bestehende klassische Möglichkeiten sind die eigene Webseite, Beiträge in Zeitungen und Zeitschriften wie natürlich der Dialog mit den Stakeholdern selbst. Hinzu kommt die CR-Berichterstattung, dies sind Nachhaltigkeits- oder CR-Berichte, Blogs etc.

13.5 CR-Berichterstattung – Die Forderung nach Transparenz

Je zielgerichteter und transparenter die Nachhaltigkeitsberichterstattung ist, desto mehr Glaubwürdigkeit genießt das Unternehmen bei Mitarbeitern, Kunden und anderen Stakeholdern. Derzeit erfolgt die Berichterstattung über Nachhaltigkeitsthemen meist freiwillig. Es ist jedoch zu erwarten, dass die Anforderungen weiter zunehmen werden. Die Europäische Kommission forderte alle großen europäischen Unternehmen auf, sich bis 2014 zu verpflichten, zumindest eines der nachstehenden **Regelwerke** bei der Entwicklung ihres CR-Konzepts zu berücksichtigen: Entweder die OECD Guidelines for Multinational Enterprises, den „Global Compact" der Vereinten Nationen, die Richtlinien der Global Reporting Initiative oder die ISO-Norm 26000 zur sozialen Verantwortung.

Als Standard für die freiwillige Berichterstattung über nicht-finanzielle Themen hat sich der Leitfaden der **Global Reporting Initiative (GRI)** etabliert. In 2013 wurde die vierte Version der GRI mit ihrer Richtlinie zur Nachhaltigkeitsberichtserstattung GRI G4 vorgestellt. Sie wurde im Februar 2014 offiziell für Deutschland eingeführt. Diese neue Richtlinie wurde durch Themen wie Klimawandel, Menschenrechte und andere Änderungen notwendig, die hier nun Berücksichtigung finden. Bis Ende 2015 sollen die vorherigen GRI-Standards abgelöst bzw. die Nachhaltigkeitsberichte in Übereinstimmung mit den G4 Guidelines erstellt werden.[11] Diese Richtlinie ist als Ergänzung zur finanziellen Berichterstattung zu sehen und hat inzwischen welt-

---

[11]   www.globalreporting.org, abgerufen am 03.05.2014.

weite Bedeutung. Sie ist mit anderen etablierten Reportingstandards gut abgestimmt.[12] Dennoch sind mit der Umsetzung derzeit noch ein paar Unsicherheiten verbunden. Die Nachhaltigkeitsberichterstattung hatte bisher weitgehend freiwilligen Charakter, jedoch setzen schon heute einige Staaten auf eine gesetzliche Berichterstattung. So muss zum Beispiel Capgemini, als französischer Konzern, in Ergänzung zur der finanziellen Berichterstattung auch einen Nachhaltigkeitsbericht abgeben. Im Wesentlichen ist die Nachhaltigkeitsberichterstattung als Instrument der Unternehmen gegenüber seinen Stakeholdern zu sehen. Die Umstellung von der Geschäfts- und Nachhaltigkeitsberichterstattung auf ein Integrated Reporting benötigt ausreichend Zeit und ein strukturiertes Vorgehen.

Durch die neue GRI-Richtlinie soll die Nachhaltigkeitsberichterstattung klarer, transparenter und vermutlich auch besser werden und vor allem praxistauglicher sein. Es wird auch von einem Paradigmenwechsel hin zum Thema Wesentlichkeit und Materialität gesprochen. Dabei sollen die wesentlichen wirtschaftlichen, ökologischen und gesellschaftlichen Auswirkungen eines Unternehmens, die die Stakeholdergruppen beeinflussen, aufgezeigt werden. Für die ermittelten Handlungsfelder müssen die Unternehmen auch darlegen, wie sie diese Herausforderungen analysieren und managen. Das heißt, dass sich die Unternehmen auf die für das Geschäftsmodell relevanten Nachhaltigkeitsaspekte fokussieren können.[13]

Die **internationale DIN-Norm 26000**, die 2011 in Deutschland als „Leitfaden für das gesellschaftlich verantwortliche Handeln von Unternehmen" veröffentlicht wurde, hat sich zunehmend etabliert. Mit dieser Norm wird ein einheitlicher Standard gesetzt. Sie dient als Grundlage für die Entwicklung einer eigenen CR-Strategie und eignet sich sehr zur Bestandsaufnahme der CR-Aktivitäten. Sie soll über die juristisch notwendigen Maßnahmen hinausgehen. Ihre Einhaltung beruht auf Freiwilligkeit. Anders als der Begriff vermuten lässt, stellt sie keine Management-System-Norm dar, die, wenn sie eingehalten wird, mit einer Zertifizierung versehen wird. Vielmehr definiert diese Norm die gesellschaftliche Verantwortung als die „Verantwortung einer Organisation für die Auswirkungen ihrer Entscheidungen und Aktivitäten auf die Gesellschaft und die Umwelt durch transparentes und ethisches Verhalten, das

---

[12] Isabelle Hirs-Schaller/Silvan Jurt. In: Audit Commitee News, Ausgabe 43/Q4 2103, KPMG Holding AG/SA.

[13] PwC (Hrsg.), Neuer Leitfaden zur Nachhaltigkeitsberichterstattung rückt das Wesentliche in den Mittelpunkt, http://www.pwc.de, abgerufen am 31.05.2014.

- zur nachhaltigen Entwicklung, Gesundheit und Gemeinwohl eingeschlossen, beiträgt,
- die Erwartungen der Anspruchsgruppen berücksichtigt,
- anwendbares Recht einhält und im Einklang mit internationalen Verhaltensstandards steht,
- in der gesamten Organisation integriert ist und
- in ihren Beziehungen gelebt wird".[14]

Damit stehen nicht nur die ökonomischen Faktoren wie langfristige Rentabilität der Unternehmen und Institutionen im Fokus, sondern in gleichem Maße stehen auch soziale Gerechtigkeit und Umweltschutz im Blickpunkt der Anspruchsgruppen.

Die Bestandsaufnahme und der Aufbau eines Nachhaltigkeitsreporting bilden die Grundlage für Transparenz. Dazu gehört auch, den Nachweis zu erbringen, rechtliche Rahmenbedingungen einzuhalten sowie den Unternehmenswerten zu entsprechen. Ein aktives CR-Management muss aber darüber hinausgehen und zur nachhaltigen Entwicklung beitragen sowie Potenziale zur Steigerung der Wettbewerbsfähigkeit heben. Das schließt auch ein, dass nicht nur Teile einer Richtlinie, die für die eigene Gesellschaft gut passen, genutzt werden und andere Anforderungen einfach unberücksichtigt bleiben, weil sie unbequem sind oder nicht unterstützt werden. „Unternehmen verfügen über zahlreiche Strategien, die ihnen ermöglichen, den Zumutungen ihrer Umwelt mit Mythen und Lippenbekenntnissen, Fassaden- und Attrappenbau zu begegnen."[15] Damit muss erst noch bewiesen werden, dass die neue Berichterstattung zu größerer Transparenz führt. Mit dem Reporting soll auch erreicht werden, dass etwaige negative Auswirkungen aufgezeigt, verhindert oder abgefedert werden.

Ziel muss das integrierte Reporting sein, das die finanziellen und nicht-finanziellen Themen eines Unternehmens verknüpft und die Integration von Nachhaltigkeit in Geschäftsstrategie und Geschäftstätigkeit glaubwürdig und transparent darstellt (Integrated Reporting).

---

[14] ISO 26000, Leitfaden zur gesellschaftlichen Verantwortung, 2010.

[15] Claus-Heinrich Daub, Integrierte Berichterstattung als trügerische Verheißung. In: CSR Magazin Nummer 01/2014, Heft 13.

13.6 Vom Shareholder Value zur strategischen Differenzierung – CR erfolgreich umsetzen

CR kann sowohl zur Steigerung der Attraktivität als Arbeitgeber — Steigerung der Mitarbeitermotivation sowie Anziehen und Halten von Talenten — beitragen als auch zur Differenzierung und langfristigen Kundenbindung eine wertvolle unterstützende Maßnahme sein. Darüber hinaus kann durch ein erfolgreiches CR-Management die Kosteneffizienz gesteigert werden. Zudem können Innovationen gefördert, Risiken minimiert, Investor Relations verbessert werden und auch der Aufbau und Schutz von Reputation und Marken kann positiv beeinflusst werden.[16] Damit CR in der Unternehmensstrategie funktioniert, muss zudem über sie zielgerichtet, transparent und glaubwürdig kommuniziert werden. Für die Glaubwürdigkeit ist es unerlässlich, die einzelnen Nachhaltigkeitsaktivitäten zu einer unternehmensübergreifenden und dauerhaft angelegten Nachhaltigkeitsstrategie zu entwickeln.[17] Wichtig ist, wie in vielen Gesellschaften noch üblich, den Fokus nicht auf den Shareholder Value und damit auf die Ausrichtung an rein ökonomischen Werten der Wertschöpfung zu legen. Um den Anforderungen des rasanten Wandels des unternehmerischen Umfelds gerecht zu werden, kommt dem Stakeholder-Value-Ansatz, der die unterschiedlichen Anspruchsgruppen eines Unternehmens einbezieht, mehr Bedeutung zu. Damit geht der Stakeholder-Ansatz über das reine Reputationsmanagement hinaus und ist Grundlage für die strategische Differenzierung.[18]

---

[16] Thomas Loew/ Friederike Rhode, CSR und Nachhaltigkeitsmanagement. Definitionen, Ansätze und organisatorische Umsetzung im Unternehmen, Berlin, 2013.

[17] Peter Heinrich/RenéSchmidpeter. In: Heinrich, P. (Hrsg.): CSR und Kommunikation, Springer Gabler, 2014, S. 2.

[18] Klaus Lintemeyer/Ansgar Thiessen/Lars Rademacher, Stakeholder Integration. Zum Wertschöpfungsbeitrag von Unternehmenskommunikation und Nachhaltigkeitsmanagement, Macromedia, 2013.

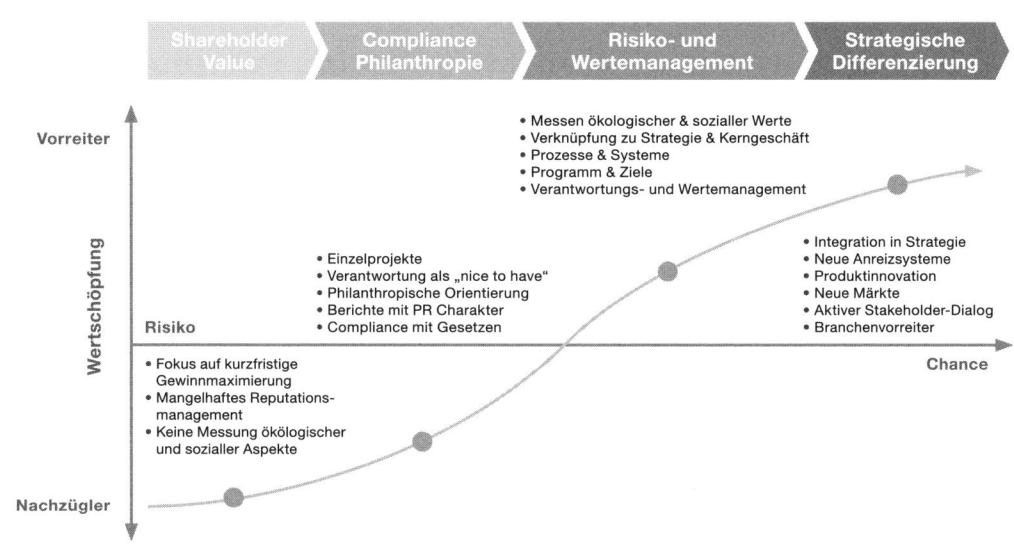

Abb. 3: Die vier Entwicklungsstufen des Nachhaltigkeitsmanagements nach PwC (2011), entnommen aus Gastinger und Gaggl (2012)[19]

Während sich bei vielen Unternehmen CR noch auf das Management von Chancen und Risiken beschränkt, haben andere Unternehmen die Möglichkeiten wahrgenommen, CR in ihre Geschäftsstrategien zu integrieren und dahingehend ihr Portfolio zu erweitern. So haben einige Professional Services Firms entsprechende Beratungsschwerpunkte im Bereich Nachhaltigkeitsmanagement aufgebaut. Wirtschaftsprüfungsunternehmen wie zum Beispiel PwC und KPMG haben den Bereich Sustainability Services in ihr Portfolio aufgenommen, Capgemini bringt sein Expertenwissen bei Green IT Services ein, da IT eine entscheidende Rolle bei der Erfüllung der ökologischen Anforderungen spielt, die von Kunden, Anlegern und Regulierungsbehörden verlangt werden. Hierzu gehören beispielsweise auch Smart Cities, Smart Meter Services, die Optimierung von Rechenzentren hinsichtlich Umweltschonung, die Steigerung der Energieeffizienz und Klimaverträglichkeit. McKinsey hat sich in Feldern wie Klimawissenschaft, Energiegewinnung, Landwirtschaft oder ökologische Stadtentwicklung spezialisiert. Fehlendes strategisches Vorgehen bedingt vielfach, dass es eine Anzahl hervorragender Einzelmaßnahmen in den Firmen gibt, die aber losgelöst voneinander sind oder auch nicht immer im Einvernehmen mit den Unternehmenszielen stehen. Die Ausprägungen bei den Professional Services Firms sind sehr unterschiedlich und bergen noch weiteres Differenzierungspotenzial.

---

[19] Katrin Gastinger/Philipp Gaggl, CSR als strategischer Managementansatz. In: Schneider, A./Schmidpeter, R. (Hrsg.): Corporate Social Responsibility. Verantwortungsvolle Unternehmensführung in Theorie und Praxis, Springer Gabler, 2012.

13.7 Erfolgsmessung und Überwachung der CR-Aktivitäten – Qualitative Faktoren sind kaum messbar

Auch wenn die Unternehmen vielfach CR-Ziele im Rahmen ihrer Unternehmensstrategie definieren, so fehlt es oft noch an einem konsequenten Controlling. Zum einen handelt es sich nicht nur um quantitativ messbare Faktoren. Zum anderen werden die wesentlichen CR-relevanten Entwicklungen oft noch nicht systematisch analysiert, um aus den daraus resultierenden Anforderungen sowohl Handlungsfelder als auch die Umsetzung der CR-Aktivitäten abzuleiten, zu koordinieren und zu überwachen. Mit der weltweit ersten ökologischen Gewinn-und-Verlust-Rechnung sorgte Puma für großes Aufsehen, was zur Steigerung der Reputation des Unternehmens beigetragen hat, aber auch die Diskussionen um die Messbarkeit von CR weiter angefacht hat. Puma hat die Umweltbelastung eines konventionell und eines nachhaltig produzierten Schuhs sowie eines T-Shirts genau analysiert. Das Unternehmen hat den Ressourcenverbrauch von der Produktion der Rohstoffe bis zur Entsorgung der Artikel konkret bewertet. Nicht immer lassen sich kausale Zusammenhänge zwischen nachhaltigen Strategien und Maßnahmen sowie deren direkte Auswirkung auf den Unternehmenserfolg darstellen. Jedoch sollten Unternehmen sicherstellen, dass in den Geschäftsprozessen angemessene Kontrollen angewendet und Maßnahmen ergriffen werden, die eine zielgerichtete Planung, Steuerung und Überwachung der Umsetzung der CR-Strategie ermöglichen.[20]

Hierzu hat PwC einen ganz neuen Ansatz (TIMM) entwickelt, anhand dessen die Folgen unternehmerischen Handelns für Umwelt, Gesellschaft, Steuern und Wirtschaft mit Hilfe von 20 Kerngrößen bewertet werden, was dann in monetäre Einheiten übersetzt wird.[21]

---

[20] PwC (Hrsg.): Unternehmerische Verantwortung praktisch umsetzen. Leitfaden zum Nachhaltigkeitsmanagement. 2. Auflage, 2010.

[21] PwC, http://www.pwc.de, abgerufen am 01.06.2014.

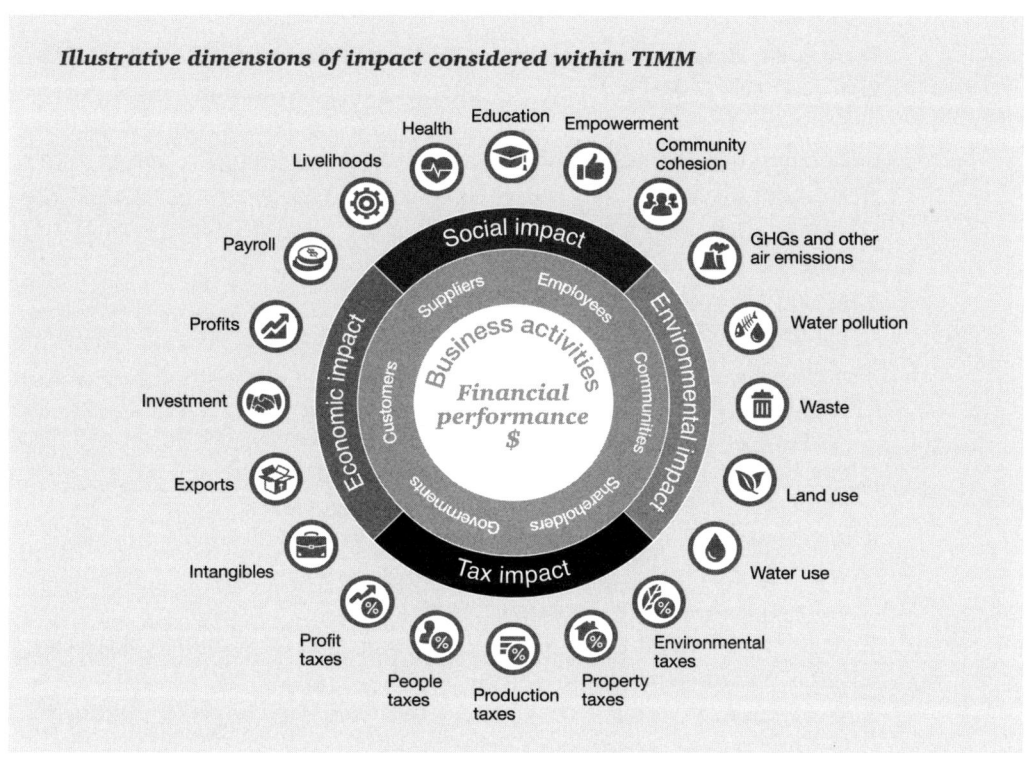

Illustrative dimensions of impact considered within TIMM

Abb. 4: Illustrative dimensions of impact considered within TIMM[22]

Dieses Modell soll beispielhaft aufzeigen, wie umfassend heute die CR-Bewertung erfolgen kann, um anhand von für ein Unternehmen definierten Kennzahlen eine langfristige CR-Strategie zu entwickeln. Aber auch bei dieser komplexen Analyse bleiben die weichen Faktoren noch weitgehend unberücksichtigt. Direkte Zusammenhänge zwischen nachhaltigen Strategien und Maßnahmen sowie eine direkter Kausalzusammenhang zum Unternehmenserfolg lassen sich nicht immer in der Praxis herstellen.[23] Dennoch gibt es Möglichkeiten für eine auf die unterschiedlichen Stakeholder ausgerichteten quantitative Messung und Darstellung des CR-Engagements von Unternehmen entlang betriebswirtschaftlicher Kennzahlen, die sich sehr gut zur Kommunikation eignen.

---

[22] PwC (Hrsg.), Measuring and managing total impact: A new language for business decisions, 2013.

[23] Bundesministerium für Arbeit und Soziales (Hrsg.): Forschungsbericht 425, Entwicklung einer Studie zur Messung und Darstellung der Korrelation zwischen CSR-Engagement und Wettbewerbsfähigkeit von Unternehmen in Deutschland.

Fazit:

Wichtig ist, dass die Unternehmen CR in der Unternehmensstrategie verankern und die CR-Maßnahmen aus Überzeugung machen und nicht nur zur Reputationssteigerung und Absatzförderung. Der Schlüssel zur erfolgreichen Umsetzung des Themas Nachhaltigkeit ist die Ausrichtung an der gesamten Wertschöpfungskette eines Unternehmens sowie an den verschiedenen Stakeholdern. Dem systematischen Controlling der CR-Maßnahmen kommt eine wachsende Bedeutung zu, damit die Entwicklung des Unternehmens aufgezeigt und die Nachhaltigkeit belegt werden kann.

Folgende Schlüsselfragen sollen dazu dienen, die CR-Strategie und die daraus resultierenden Konsequenzen zu bewerten[24]:

Aufsichtsrat

- Welches sind die größten Haftungs- und Reputationsrisiken, die sich aus den Bereichen Umwelt, Soziales und Gesellschaft ergeben?
- Verbessert oder verschlechtert sich unsere Reputation?
- Welche Vorteile erwarten wir durch unsere Nachhaltigkeitsbemühungen?
- Wie erfolgreich reagieren wir mit neuen Produkten oder Dienstleistungen auf sich ändernde Kundenbedürfnisse?
- Hemmt oder unterstützt unsere Unternehmenskultur unsere Nachhaltigkeitsbemühungen?
- Versteht unser Vorstand die Konsequenzen des Megatrends der Nachhaltigkeit und reagiert er angemessen?

Vorstandsvorsitzender

- Wie verfolgen, messen, integrieren und interpretieren wir die Auswirkungen unserer Nachhaltigkeitsprojekte?
- Wie verändern sich Kundenerwartungen und welche neuen Anforderungen entstehen dadurch?
- Klimawandel, Arbeitssicherheit, Korruption, Menschenrechte, Produktsicherheit, Regulierung und andere Aspekte unternehmerischer Verantwortung — wie werden sich die gesetzlichen Vorgaben weiterentwickeln?
- Mit welchen alternativen Technologien oder Energiequellen müssen wir uns jetzt beschäftigen?
- Wie reagieren wir, wenn jemand behauptet, dass wir unsere Verantwortung nicht ausreichend wahrnehmen?
- Wie können wir die Nachhaltigkeitsagenda in unserer Organisation und Unternehmenskultur vorantreiben?
- Wie positionieren wir uns im Wettbewerb?

---

[24] PwC, Auswahl von Schlüsselfragen zur Nachhaltigkeit auf den verschiedenen Ebenen eines fiktiven Unternehmens. In: Ebd. (Hrsg.): Unternehmerische Verantwortung praktisch umsetzten. Leitfaden zur Nachhaltigkeit. 2., überarbeitete Auflage, 2010.

- Mit wem können wir uns verbünden, um Nachhaltigkeit in unserer Wertschöpfungskette effizient umzusetzen?
- Sind unsere Kunden bereit, für „grüne Produkte" mehr zu zahlen?
- Haben wir Nachhaltigkeit in Schlüsselfunktionen wie Beschaffung, F&E, Marketing, Human Resources ausreichend integriert?
- Wie können wir Nachhaltigkeit in unsere Markenstrategie einbeziehen?
- Ist das Nachhaltigkeitsmanagement in unserer Organisation an der richtigen Stelle positioniert?

Finanzvorstand

- Was sind die Erwartungen unserer Investoren in Sachen Nachhaltigkeit?
- Welche Nachhaltigkeitsrankings und -indizes sind für uns von Bedeutung?
- Berichten wir genug über unsere nicht-finanziellen Leistungsindikatoren? Ist die Verbindung zum Shareholder Value deutlich?
- Wie messen wir die Wirkung unserer Nachhaltigkeitsleistung auf unsere Marke, unseren Umsatz und unseren Shareholder Value?
- Welche neuen Chancen am Kapitalmarkt eröffnet uns eine verbesserte Nachhaltigkeitsleistung?
- Wie machen wir unsere Nachhaltigkeitsdaten verlässlich, vergleichbar und konsistent?
- Wie messen wir unseren Carbon Footprint und unseren Product Carbon Footprint? Und welche Rückschlüsse für unsere Zukunftsfähigkeit lassen sich daraus ableiten?

CR-Manager

- Versteht unser Management die Nachhaltigkeitsagenda und die Chancen und Risiken, die sich daraus für uns ergeben?
- Ist unsere Nachhaltigkeitsstrategie angemessen? Steuern wir alle für uns wesentlichen Aspekte sicher? Sind alle relevanten Unternehmensteile integriert?
- Entspricht unser Nachhaltigkeitsreporting den erforderlichen Standards und welche sind das?
- Wie muss unsere Lieferkette ausgestaltet sein, damit Arbeitsstandards, Menschenrechte, Produktstandards etc. sicher eingehalten werden — und zwar nachweisbar?
- Sind unsere Produktkennzeichnungen — gesetzliche wie freiwillige — vollständig, richtig und unmissverständlich?
- Ist unsere interne Kommunikation zu Nachhaltigkeitsthemen erfolgreich?
- Berücksichtigen wir die Anforderungen und Interessen unserer Stakeholder ausreichend? Sprechen wir überhaupt mit den richtigen Leuten?

14 Mythen, Märchen und Marketing

Einprägsame Geschichten, Bezeichnungen und Bilder aus dem Alltag

Es war einmal vor langer, langer Zeit: So beginnen die meisten Märchen. Aber so beginnen auch viele Erzählungen gestandener Marketingleute, wenn sie auf ihr Berufsleben zurückblicken. Denn Marketing hat sich über die Jahre drastisch verändert und nur wenig ist geblieben. Von dem, was war und dem, was sein wird, soll daher an dieser Stelle berichtet werden. Es sind Geschichten, die alte Marketinghasen am liebsten am knisternden Kaminfeuer erzählen. Und da nicht jeder zu jedem Zeitpunkt immer ein „B2Bler" war, erwartet den Leser jetzt ein bunter Strauß an Anekdoten, erzählt von Praktikern für Praktiker — jenseits von thematischer Eingrenzung und frei von und politischer Korrektheit. Alle Ähnlichkeiten zu lebenden oder toten Fabelwesen der Branche sind rein zufällig und entbehren jeglicher Grundlage.

14.1 Muh-Dosen-Marketing

Thomas Becker

Es begab sich zu einer Zeit, als die Ansagerin noch die nächste Sendung ankündigte und der Vater ab 20 Uhr die Tagesschau anschaltete, als ein Marketingmännchen — ganz frisch geschlüpft von der Uni — über die nächste große Promotion für einen Süßwarenkonzern nachdachte. Der Knaller zur Belebung des Geschäfts mit der Tafelschokolade: eine Muh-Dose. Dreht man sie um, erklingt der beruhigende Sound einer Simmertaler Alpenkuh.

Wie konnte man das kostbare Werbegeschenk einer breiten Zielgruppe vorstellen? Klar, die Dose musste ins Fernsehen. Am nächsten Tag machte der aufstrebende Marketingassistent beherzt einen Termin beim Pressechef des Konzerns. Seine Botschaft: Es konnte nur den einen Sendeplatz geben, um die Kuh bestens zu platzieren — die Mutter aller Nachrichtensendungen — die Tagesschau sollte es sein.

Die Idee des begeisterten, aber leider etwas übers Ziel hinausschießenden Karrieristen: Während der Sendung sollte der Sprecher die Dose auf dem Tisch platzieren und dann bei passender Meldung flink umdrehen: MUUUUH! Oder besser BUUH! Denn kaum hatte der Marketingsprössling voller Stolz seine Idee vorgebracht, wurde er vom Kommunikationschef gefragt, ob er denn auch bereit wäre, diesem armen Tagesschausprecher bis an sein Lebensende ein Gnadenbrot zu bezahlen. „Wie meinen Sie das?", fragte der Assistent verdutzt. Na, der Sprecher würde doch sofort entlassen und würde dann das Marketingbudget bis zu seinem Tode belasten, erklärte der Pressechef voller Geduld. „Ach so — na dann eben etwas anderes. Wie wäre es denn, wenn er eine lila Uhr mit lila Kuh tragen würde?", fragte der niemals verzagte Assi leise. „Auch dann!", donnerte es ihm entgegen.

Ein kleiner Pressereferent, der diesem Dialog lauschte, fragte anschließend den Pressechef der Abteilung, ob es denn öfter solche Anfragen geben würde. Der darauf nur: „Na klar, Marketingleute können schon als Baby die Bild Zeitung lesen. Das einzige Problem, sie haben sich von diesem Niveau intellektuell leider nicht mehr weiter entwickelt. Wenn man den Kindern das Gehirn wegschießt, kommt so etwas dabei heraus." Von da an wusste der Pressereferent: Es gibt auch ein Leben jenseits des Marketinghorizonts.

14.2 Mythos „Made in Germany" – die Wirklichkeit kann Branding!

Thomas Siegner

„Made in Germany" — ist das eine Marketingstory? Ich glaube schon. Es ist sogar eine meiner Lieblingsgeschichten für ein mehrfaches Rebranding im wahrsten Sinne des Wortes. Allerdings waren hier nicht Marketingleute am Werk, sondern die Wirklichkeit. Insider und historisch Interessierte wissen natürlich, dass „Made in Germany" ursprünglich das Gegenteil von dem war, was gemeinhin heute damit verbunden wird. Bei „Made in Germany" denkt der typische Konsument sofort daran, dass dies heute und sicherlich schon immer ein Merkmal besonderer deutscher Qualität sei. Historisch ist das Gegenteil richtig. Und das Gegenteil vom Gegenteil. Und davon das Gegenteil.

Der Geschichte erster Teil: In der zweiten Hälfte des 19. Jahrhunderts begannen billige deutsche Waren, darunter sehr viele Plagiate, den britischen Markt zu überschwemmen. Um die qualitativ guten britischen Produkte von den in jeder Hinsicht billigen, aber als solche nicht erkennbaren deutschen Plagiaten zu unterscheiden, schrieb die britische Gesetzgebung im August 1887 mit dem Merchandize Mark Act vor, dass die Herkunft von Waren auf diesen klar zu kennzeichnen sei. Nach dem Madrider Abkommen von 1891 wurde die Pflicht zur Kennzeichnung der Herkunft von vielen Ländern übernommen. Das war ein Branding im ursprünglichsten und engsten Sinne des Wortes, nur dass die Kennzeichnung nicht unbedingt in Form ein Brandzeichens erfolgte.

Der Geschichte zweiter Teil: Wie so oft war die Wirklichkeit der Gesetzgebung weit voraus. Schon bevor der vermeintliche Schutz der britischen Qualität zu geltendem Recht wurde, war der Anlass dafür schon obsolet. Zunächst in der damaligen Kernindustrie Maschinenbau, dann auch in anderen Industrien, hatte die deutsche Qualität zur britischen aufgeholt und überholte sie dann in der Folge. Aus der Jury der Weltausstellung in London wurden von einem Briten die deutschen Maschinen als „very good indeed" bezeichnet, auf der Weltausstellung in Paris räumten deutsche Produkten Goldmedaillen ab. Einen Höhepunkt erreichte „Made in Germany" in der Nachkriegszeit, galt „Made in Germany" doch als Garant des deutschen Wirtschaftswunders.

Zwischengeschichte: Die Zeit des Wirtschaftswunders war auch die Zeit des Kalten Krieges und damit geriet „Made in Germany" in ein Dilemma. Auch Waren aus der DDR durften die Kennzeichnung „Made in Germany" tragen. Alle Versuche, dies juristisch zu unterbinden, scheiterten als dem politischen Paradigma, die deutsche Teilung rechtlich nicht zu akzeptieren und die DDR nicht als Staat anzuerkennen. Daraus folgte zwingend, dass Waren aus der DDR natürlich „Made in Germany" waren. In dieser Zeit wurde übrigens „Made in Honkong" zum geflügelten Wort. Die Geschichte wiederholte sich spiegelbildlich, denn „Made in Hongkong" wurde zur Floskel für Billigwaren, unabhängig davon, ob sie aus Hongkong oder sonst woher kamen.

Und das vorläufige Ende der Geschichte? Heute erfreut sich „Made in Germany" ungebrochener Beliebtheit. So lange ist es nicht her, dass Interbrand den dritten Deutschen Marken Summit unter die Überschrift „Made in Germany" stellte. Tatsächlich hat sich der Inhalt von „Made in Germany" ein weiteres Mal in sein Gegenteil verkehrt. Aber keineswegs so, dass „Made in Hongkong" das neue „Made in Germany" sei. Die erneute Verkehrung in das Gegenteil hat nicht mit „Germany" zu tun, sondern mit „Made". Es ist nämlich nicht mehr wichtig, wo etwas gemacht, sondern wo etwas gedacht wird. Das war übrigens schon immer so, nur dass vor der Globalisierung gemacht und gedacht zwangsläufig zusammenfiel. Heute liegt zwischen gedacht und gemacht die halbe Erdkugel. Auch und gerade starke Marken sind „Made in China, Bangladesch, Vietnam" usw. usw. Aber wo wurden sie entwickelt? Apple zum Beispiel hat aus dieser Not eine Tugend gemacht. Auf Apple-Produkten, die eine Rückseite haben, steht auf dieser Rückseite „Designed by Apple in California Assembled in China". Inzwischen wird auch in China etc. nicht nur gemacht, was andere gedacht haben, die denken selber.

Obwohl in der wechselvollen Geschichte von „Made in Germany" Marketing gar nicht vorkommt, so ist sie doch eine schöne Marketinggeschichte.

14.3 Skurriles

Christian Stengl

Ich habe einmal (als Dienstleister) für einen großen IT-Beratungsdienstleister gemeinsam mit einem Art Director ein Corporate Book entworfen. Wir haben dabei alle Vorgaben des Brandings und des Styleguides berücksichtigt. Damit ein Top Ergebnis herauskommt, wurden ein Top-Designer und ein Top-Fotograf engagiert.

Die Freude, den Pitch gewonnen zu haben, wich allmählich, als ich die Redaktionssitzungen mit dem gesamten Vorstand abhielt. Tatsächlich hatten sechs Vorstände alle 150 Seiten des Buchs durchgelesen. Und als es um die Abnahme des Buchs ging, stand plötzlich alles Spitz auf Knopf, als der Vice President sagte: „Ich habe meine Tochter gefragt, wie sie das Buch findet, die fotografiert nämlich". Stille, dramatischer Pulsanstieg beim Art Director, ein stilles Stoßgebet von mir. Mein Stoßgebet wurde erhört: „Und sie fand die Fotos ganz gut!"

Ja, liebe Leserin und lieber Leser, so ist das: Am Ende entscheidet ein 15-jähriges Familienmitglied eines Vorstands über die Publikation und Qualität eines hochdotierten und -dekorierten Fotografen über Wohl und Wehe eines Projekts, das in meinen Annalen als Blut-Schweiß-und-Tränen-Projekt verbucht ist.

In meiner neuen Rolle als Auftraggeber für Agenturen bin ich wiederum froh, mir Spezialwissen einkaufen zu können. Agenturen und Dienstleister im Allgemeinen, die ihr Handwerk besser verstehen als die Auftraggeber (CMOs), sind ein Segen. Warum? Weil sie einen retten können, weil sie Spezialwissen mitbringen, welches das eigene Unternehmen nicht hat. Der Deal ist simpel: Einfach mal ein bisschen Ego wegstecken, lieber steuern als selbst machen und die Agentur gebrauchen, ohne sie zu missbrauchen.

14.4 Drum prüfe, wer sich ewig bindet – Erklärungsversuch einer Symbiose

Carola Grimminger

Eine Symbiose ist die Bezeichnung für jegliches Zusammenleben von artverschiedenen Organismen. Der Marketer und die Zielgruppe — außerhalb von Flora und Fauna gibt es kaum innigere Arten des gegenseitigen Nutzens bzw. der gegenseitigen Abhängigkeit. Dabei sind die Grenzen zwischen „Nützling" und „Schädling" für den Außenstehenden oft kaum wahrnehmbar. Die Symbiose zwischen Marketer und Zielgruppe kann manchmal locker oder regelmäßig sein. Von Zeit zu Zeit ist diese Beziehung aber auch lebensnotwendig, insbesondere, wenn der Wirt bzw. der Marketer mit Massenmailings und Promotions nicht mehr genügend Aufmerksamkeit erregt.

Ein großer Teil der Marketer lebt in symbiotischen Systemen mit den Zielgruppen. So ist eine Vielzahl der Unternehmen auf die Interaktion mit Kunden, potenziellen Kunden, Presse, Aktionären und anderen Stakeholdern angewiesen. Nur so kann die Verbindung Früchte tragen und Gewinne hervorbringen, während sich die Aktionäre an der Dividende laben.

Es gibt aber auch umgekehrte Beispiele, bei denen die Symbiose Schutz vor Fressfeinden bietet. So können gute Pressekontakte den Marketer vor allzu negativer Berichterstattung bewahren. Im Gegenzug lassen sich Redakteure von Zeit zu Zeit gerne von Unternehmen hofieren.

Es gab Zeiten, da genügten dem Marketer ein paar äußere Merkmale, um die eine perfekte Zielgruppe zu definieren und deren Bedarf abzuleiten.

So verhielt es sich in den USA Ende der 1950er-Jahre, als Leonard Goldenson, ehemaliger Chef des Fernsehsenders ABC, seinen Sender besser gegenüber den quotenstärkeren Konkurrenten CBS und NBC positionieren wollte. Seine Strategen ermittelten damals bei den 18- bis 49-Jährigen die besten Einschaltquoten und erklärten diese Menschen fortan zur optimalen Zielgruppe für erfolgreiches Marketing. Diese sogenannte werberelevante Zielgruppe dient noch heute als Grundlage für die Abrechnung von Fernsehwerbung.

Freilich schön wäre es, wenn sich B2B-Zielgruppen auf äußere Merkmale wie Unternehmen und Unternehmensgröße, Abteilung oder Position beschränken lassen würden: Große Unternehmen machen große Projekte für viel Geld, kleine Unternehmen investieren nur kleines Budget. Heute sind auch Konzerne Sparzwängen unterlegen und der Mittelstand boomt. Dasselbe gilt für die anderen äußerlich sichtbaren Merkmale, denn von ihnen lässt sich nicht mehr auf Wünsche, Erwartungen und Anforderungen schließen. Da nun die Daseinsberechtigung des Marketings aber auf der Symbiose mit den Zielgruppen beruht, müssen Marketer insbesondere im elektronischen Kommunikationszeitalter mehr und mehr zur Analysekeule greifen, um den Bedürfnissen der Zielgruppen gerecht werden zu können.

Dem Marketer ergeht es somit ähnlich wie den meisten Organismen auf unserem Planeten: Sie gehen eine Verbindung ein, die für beide Partner in der Regel von Nutzen ist und häufig zu dauerhaften Lebensgemeinschaften führt, denn die meisten Symbiosen stehen in direktem Zusammenhang mit Ernährung, Schutz vor Feinden oder Fortpflanzung. Die Übertragung in die Geschäftswelt soll an dieser Stelle Ihnen als Leser überlassen bleiben. Und so lebt der Marketer mit seinen Zielgruppen bis an das Ende aller Marketingstrategien.

14.5 Mythos Ratio – „It's the human being, stupid."

Frank Braun

Ein Unternehmen hatte ein erfolgreiches Klebeband weiterentwickelt. Die Tests bewiesen eindeutig, dass das neue Produkt seine Aufgabe, zwei Folien zu verbinden, sehr viel besser erfüllte als die Klebebänder des Wettbewerbs. Die Erwartungen der Produktmanager waren hoch, weil es ein überlegenes Produkt mit einer sehr guten Marge war. Die Markteinführung wurde selbstverständlich mit professioneller Kommunikation begleitet, die deutlich intensiver war als bisher. Der Erfolg schien programmiert.

Doch dann passierte das Unfassbare. Auch nach Wochen der Markteinführung lagen die Absatzzahlen des neuen Klebebands unter den hohen Erwartungen. Um ehrlich zu sein, verkaufte sich das Produkt nicht gut, sogar signifikant schlechter als das Vorgängerprodukt. Woran lag es? Eine Analyse zeigte, dass es am Wettbewerb nicht gelegen haben konnte. Dieser hatte weder sein Angebot verändert, noch seine Kommunikation forciert. Das Serienprodukt wurde noch einmal umfangreich getestet und kontrolliert. Auch diese Ergebnisse waren eindeutig: Es lieferte herausragende Produkteigenschaften und verband die Folien deutlich besser als der Vorgänger.

Im nächsten Schritt befragte der Vertrieb die Kunden, vorwiegend professionelle Verarbeiter wie Dachdecker und Zimmerleute. Hier hatte das neue Klebeband den Ruf, nicht gut zu kleben. Die Verantwortlichen waren überrascht, die Erklärung war ebenso einfach wie einleuchtend: Die Handwerker hatten an ihren Fingern getestet, wie gut das Band klebt. Die Wirkung des neuen Produkts war allerdings schlecht fühlbar. Es klebte nicht auf der Hand, dafür umso besser auf der Folie. Das zählte in diesem Moment jedoch nicht. So entstand der rein subjektive Eindruck, dass das neue Produkt schlechter war. Die Klebkraft war gefühlt niedriger als früher und schlechter als bei der Konkurrenz. Und das zählte.

Das Marketing hatte in diesem Fall versagt, weil es sich bei der Einschätzung der Klebkraft auf das objektive Urteil der Ingenieure aus der Produktentwicklung verlassen hatte. Es hatte auch den Analysen geglaubt und versäumt, die Leistung aus der subjektiven Kundensicht zu beurteilen. Es muss erlebbar, fühlbar und spürbar sein. Das zählt. Das neue Smartphone mag hochwertig sein, es muss sich auch so anfühlen. Die Verarbeitung der Autos mag erstklassig sein, der Klang beim Schließen der Türen zählt. Die Äpfel mögen gesund sein, sie müssen auch so riechen. Die Liste ließe sich fortsetzen.

Menschen haben Sinne, sie fühlen und riechen. Ihre Entscheidungen sind nicht immer rational, aber erklärbar. Daniel Kahneman hat das selbst für Experten nachgewiesen: Mere-Exposure-Effekte, Anker-Effekt, Framing-Effekt, Gorilla-Tests und vieles andere mehr wirkt bei jedem von uns. Denn, obwohl sie einen hin und wieder hinters Licht führen — wie in unserem Klebeband-Beispiel —, traut man doch seinen eigenen Sinnen mehr als den Angaben von irgendwelchen Marketingabteilungen.

Die Moral von der Geschichte? Bei aller Professionalisierung, Digitalisierung, Virtualisierung und Spezialisierung: Kunden sind — zumindest heute noch — Menschen. Es geht also um Menschen. Und Menschen wollen wie Menschen behandelt werden. Wer könnte in einem Unternehmen ihr Anwalt sein? Finanzen, Controlling, Produktentwicklung … ? Auch der Vertrieb hat in der Regel individuelle Vertriebsziele und scheidet daher aus. Liebe Marketingentscheider, bitte beherzigen: Marke, Vermarktung, Kommunikation und immer an den Menschen denken.

14.6 Der Mythos: Konzerne killen Kreativität oder der Einzelne kann nichts bewegen

Meinrad Much

Wir Marketing Manager der IBM trafen uns mal wieder — wie jeden Monat — bei unserem Marketing Board. Dort wurden alle möglichen Themen besprochen und in den Kaffeepausen tauschten wir uns über die neuesten Trends aus. Irgendjemand sagte „Mensch, ich muss Euch was zeigen, kennt Ihr schon den Todesstern Stuttgart?". Großes Gelächter. Die Anspielung auf den Krieg der Sterne war klar, aber es wußte keiner so recht, worum es ging. Alle waren ziemlich neugierig, was denn jetzt wohl kommen würde. Der Kollege klappte seinen Laptop auf und ließ ein Video auf YouTube ablaufen. Wir standen mit offenen Mündern davor. Die Art, mit schwäbischem Dialekt einen Filmspot nachzusynchronisieren, war einfach umwerfend, aber das wirklich Besondere war, dass wir uns und unser eigenes Marketing Board quasi im Spiegel sahen. Wir amüsierten uns köstlich.

Kurz darauf hörte ich witzigerweise — ich war damals Marketingleiter für Mittelstandskunden — den Macher des Clips bei einem Vortrag, den er bei einer Agenturveranstaltung hielt. Was er erzählte, fand ich sehr inspirierend und unterhaltsam. Ein paar Tage später fragte mich eine meiner Mitarbeiterinnen, ob ich denn eine Idee hätte, welchen interessanten Sprecher man zu einer Geschäftspartnerveranstaltung einladen könne. Sofort kam mir Dodokay in den Sinn. Wir luden ihn als launigen Unterhalter ein, da seine Vorträge durchaus auch als Comedian-Beiträge durchgehen können.

Das Feedback der Geschäftspartner zu seinem Vortrag war überwältigend. Daher sprach mich der verantwortliche Vertriebsleiter nach der Veranstaltung an, ob wir denn nicht eine Marketingaktivität mit Dodokay machen könnten. Zunächst sah ich wenig Chancen: Konzernrichtlinien, langwierige Genehmigungsprozesse und die Erfahrung, wie tolle Ideen sterben können, wenn man alle nach ihrer Meinung fragt. Aber irgendetwas in mir ließ nicht locker. Was könnte die Aktivität sein? Wer könnte mitmachen? Wer würde davon profitieren? Und: Wie setzen wir das um, ohne uns selbst ein Bein zu stellen? In kleiner Runde mit dem Vertriebsleiter, einigen Geschäftspartnern und mir machten wir einen Plan. Und dann legten wir los, frei nach dem Motto: Wenn's klappt, prima, wenn nicht, dann gibt es immer noch den Mantel des Schweigens, den man über die Idee würde breiten können.

Und so geschah es. Wir luden Dodokay ein und baten ihn um eine Idee für eine virale Kampagne, die irgendwie mit IBM zu tun haben sollte. Er präsentierte uns dann innerhalb kürzester Zeit mehrere tolle Konzepte, ein Vorschlag war herausragend, die Torwand.

Bei diesem Treffen erzählte er uns, dass er schon viele tolle Ideen mit Projektteams **fast** realisiert hätte — wenn da nicht die letzte Präsentation in der Vorstandssitzung gewesen wäre. Dort seien viele gescheitert. Das Problem konnten wir umgehen: Wir wollten nicht von unseren hohen Herren gelobt werden, noch bevor sich der Erfolg eingestellt hatte. Wir waren einfach nur begeistert, überzeugt von der Wirkung der Idee und starteten durch, ohne Rückdeckung von oben.

Innerhalb weniger Wochen erreichte der Spot **„LANball High Tech Wunder"** mehr als 100.000 Klicks — sensationell für ein B2B-Video. Sogar die Wissenschaftssendung Galileo mit ihrer Rubrik „Fake Check" wurde auf diesen Spot aufmerksam. Galileo kontaktierte das IBM Entwicklungslabor, um zu dort zu erfragen, ob die im Video gezeigte und bei dem Fußball angewandte Technologie tatsächlich realistisch sei. Der Pressesprecher des Labors wurde um ein Interview gebeten, um die Technologie zu erläutern. Er hatte logischerweise von der Sache noch nie gehört und startete einen Rundruf bei den Marketingleitern. Jetzt war es an der Zeit, Farbe zu bekennen.

Ich ging zu unserem CMO und fragte ihn, ob er für ein Fernsehinterview zur Verfügung stünde: kostenlos und noch dazu zur besten Fernsehzeit. Jetzt interessierte er sich natürlich für die Hintergründe, die ich ihm gern erläuterte. Er übergab dann das Interview bereitwillig an den Laborleiter, der so zwar spät in unser Projekt einstieg, aber durch seinen Beitrag bei Pro7 zur Primetime dem Video nochmals zu einer signifikanten Erhöhung der Klicks verhalf.

Und die Moral von der Geschicht: Frag' nicht um Erlaubnis, im Zweifelsfall entschuldig' Dich.

Die Autoren

Kurzvita der Autoren (in alphabetischer Reihenfolge)

Markus Altvater, Bereichsleiter Marketing, Vertrieb und Mittelstand, **BITKOM**

Markus Altvater verantwortet als Bereichsleiter für Marketing, Vertrieb und Mittelstand alle Gremien und Projekte dieser Bereiche im BITKOM e.V. Zuvor entwickelte er als Senior Consultant bei der Kommunikations- und Strategieberatung Johanssen + Kretschmer integrierte Kampagnen für Konzerne verschiedener Branchen und begleitete deren Umsetzung. Nach dem BWL-Studium in Nürnberg und Berlin mit Fokussierung auf Marketing und Internationales Management startete er seine Laufbahn in verschiedenen Agenturen, als Projektmanager beim Art Directors Club für Deutschland und als Leiter Marketing und Vertrieb eines mittelständischen Luftfahrtunternehmens.

Thomas Becker, Director Marketing & Communications, **A.T. Kearney**

Thomas Becker ist seit 2011 Director Marketing & Communications bei der Unternehmensberatung A.T. Kearney in Düsseldorf. Der gebürtige Bremer hatte zuvor MarCom & Business Development beim indischen IT-Dienstleister HCL Technologies geleitet und war über eine Dekade lang als Marketingdirektor bei der Unternehmens- und IT-Beratung Capgemini tätig. Seine Karriere begonnen hatte der Diplomkaufmann beim Lebensmittelkonzern Kraft Jacobs Suchard, wo er zum Schluss die Presse- und Öffentlichkeitsarbeit verantwortete. Auf der Medienseite arbeitete Becker bei den TV-Sendern SAT.1 und Super RTL sowie als freier Medienberater für Hugo Boss, Philip Morris, Danone und Vox.

Frank Braun, Marketing Director bei der M&A- und Unternehmensberatung **goetzpartners**

Frank Braun ist Marketing Director bei der M&A- und Unternehmensberatung goetzpartners. Er war während seines Studiums der Geschichte und Politikwissenschaft in Heidelberg und Florenz zunächst journalistisch tätig. Nach Stationen in der Marketing- und Unternehmenskommunikation von MLP Finanzdienstleistungen und beim Dämmstoff-Hersteller Saint-Gobain Isover hat sich Frank Braun auf das Marketing von Beratungsunternehmen spezialisiert. Unter anderem war er Marketingleiter der axentiv AG und der J&M Management Consulting AG. Sein Interesse gilt insbesondere dem Markenmanagement, dem Einsatz moderner Web-2.0-Technologien in der B2B-Kommunikation sowie den Positionierungsstrategien von Professional Service Firms und deren Umsetzung in die Praxis.

Birgit Eckmüller, Director Corporate Communications & Marketing, **Steria Mummert Consulting**

Birgit Eckmüller begann ihre Karriere 1996 als Referentin Marketing und Kommunikation beim Unterhaltungselektronik-Hersteller Grundig. Im Jahr 2000 wechselte die Diplom-Wirtschaftsingenieurin zu Bull und hatte dort verschiedene Positionen inne; unter anderem als Marketing Managerin für den Geschäftsbereich Telecommunications. Nach dem Zusammenschluss des Bull-Servicegeschäfts mit Steria zeichnete sie ab 2002 für die Bereiche Marketing und Kommunikation zunächst in Deutschland, später in Zentraleuropa verantwortlich. Mit der Übernahme der Mummert Consulting AG durch Steria im Jahr 2005 übernahm Birgit Eckmüller die Leitung Corporate Communications für das neue Unternehmen in Deutschland und Österreich und 2008 die Gesamtverantwortung für Corporate Communications & Marketing.

Monika Friedrich, Managerin Fairs & Events, **Microsoft Deutschland GmbH**

Monika Friedrich ist seit 1. Juli 2010 verantwortlich für Messen und Veranstaltungen für die Microsoft Deutschland GmbH. Sie betreut die unterschiedlichsten Messen und Veranstaltungen, an denen das Unternehmen beteiligt ist, und ist hierfür die zuständige Ansprechpartnerin im Hause Microsoft. Zuvor war Monika Friedrich im Bereich Support tätig. Seit 2006 ist sie gewähltes Mitglied im Vorstand des BITKOM Arbeitskreises Messen und Veranstaltungen. Monika Friedrich ist seit 1992 im Unternehmen und war vorher bei der Siemens AG Erlangen und dem Amt für Jugendarbeit beschäftigt.

Carola Grimminger, Marketing Manager, **Eurofins Genomics**

Carola Grimminger ist Kommunikationsprofi und Marketing-Expertin, die frühzeitig auf Themen wie Online-Marketing, Social-Media-Strategie und Digital Public Affairs gesetzt hat. Sie studierte Informationsmanagement an der Hochschule der Medien sowie Electronic Marketing an der Bayerischen Akademie für Werbung und Marketing. Sie arbeitete in verschiedenen IT-Unternehmen und entwickelte maßgeblich den Bereich Online-Marketing. Seit 2008 ist Carola Grimminger in einem globalen Biotech-Unternehmen als Marketing Manager tätig und setzt sich dort für die integrierte Kommunikation mit Unterstützung von Web-2.0-Technologien und sozialen Medien ein. Darüber hinaus engagiert sich die zweifache Mutter seit 2011 ehrenamtlich bei der Online-Dialogplattform managerfragen.org, die sie mitgegründet hat.

Thomas Lünendonk, Senior Adviser, **Lünendonk GmbH**

Thomas Lünendonk ist gelernter Journalist, Marktanalyst und Unternehmensberater. Seit Mitte der 1990er-Jahre ist er für Unternehmen im europäischen Raum tätig. Im Laufe der Jahre hat er Führungskräfte in großen und mittelständischen IT-, Beratungs- und Dienstleistungsunternehmen persönlich beraten. Lünendonk ist Gründer und Gesellschafter der Lünendonk GmbH, Gesellschaft für Information und Kommunikation mit Sitz in Kaufbeuren, und seit 1983 Herausgeber von Markt-Rankings- und -Studien, den sogenannten Lünendonk®-Listen und -Studien. Diese gelten sowohl in Deutschland als auch in den Nachbarländern als Standard und Marktbarometer. 2011 wurde Lünendonk von der Redaktion der führenden Branchenzeitung „Computerwoche" auf Platz 37 in die Top 100 der bedeutendsten Persönlichkeiten in der deutschen IT gewählt.

Regina Mehler, Gründerin und CEO, **Women Speaker Foundation**

Regina Mehler verfügt über mehr als 20 Jahre Marketing-Know-how. Sie entwickelte ihre Marketingkarriere innerhalb der IT-Branche bei Stationen wie Avid, Siebel, Software AG und Adobe. Als Mitglied des Führungsstabes und Vice President Strategic Marketing verantwortete sie bei der Software AG ein weltweites Rebranding sowie die Restrukturierung des Marketings. Anschließend übernahm Regina Mehler den Bereich Marketing bei Adobe Systems und verantwortet die Marketingstrategie für Central Europe. Sie ist Buchautorin des Innovationsbuches „Der Phönix-Effekt — Vom Suchen und Finden: Innovationsmanagement und -marketing durch Querdenken". 2010 hat sie die Women Speaker Foundation gegründet, eine internationale Initiative mit dem Zweck, Frauen, die etwas zu sagen haben, auf die Bühnen zu empfehlen und sie entsprechend auf dem Weg zu unterstützen. Ihre Erfahrungen aus dem Bereich des multikulturellen Marketings und Innovationsmanagement teilt Regina Mehler in Keynotes und Einzelcoachings Marketingtalenten und innovationsinteressierten Managern mit.

Meinrad Much, Leiter Marketing und Kommunikation, **IBM Deutschland GmbH**

Meinrad Much ist seit über 20 Jahren bei IBM in Deutschland tätig und seit dem 1. Januar 2012 verantwortlich für Marketing- und Kommunikation für IBM Speichersysteme in Europa. Zu Beginn seiner Karriere füllte er als Wirtschaftsinformatiker bei IBM verschiedene Funktionen in den Bereichen Finanzen und Geschäftssteuerung aus, bis er schließlich 1999 seine Leidenschaft für das Marketing entdeckte. Dort verantwortete er bei IBM Deutschland verschiedene hochkarätige Funktionen, wie unter anderem die Leitung des Mittelstandsmarketing der IBM in Deutschland, Market Management für die Dienstleistungssparte der IBM sowie die Leitung des Marketingbereichs „Strategische Allianzen" in der IBM Europazentrale in Paris. Von 1998 bis 2001 absolvierte Meinrad Much zeitgleich zu seinen herausfordernden Leitungsfunktionen ein MBA-Studium an der Open University Business School (Milton Keynes).

Sabine Reuss, Vice President Marketing & Communications, **Capgemini Deutschland Holding GmbH**

Sabine Reuss verantwortet seit 2010 den Bereich Marketing & Communications für Capgemini in DACH. In ihrer Rolle ist sie regelmäßig auch in globale Aktivitäten involviert. Daneben hat sie bei Capgemini in Deutschland das Freiwilligenengagement aufgebaut und ist Mitglied in dem neu gegründeten Corporate Responsibility & Sustainability Board. Zuvor verantwortete sie über acht Jahre bei KPMG in Deutschland das Marketing. Darüber hinaus hat sie nach ihrem BWL-Studium in Köln in verschiedenen Unternehmen gearbeitet. Seit 2012 ist sie Dozentin an der SRH Hochschule Berlin für Online-Marketing, Social Media und Corporate Responsibility.

Thomas Siegner, heute freier Berater für Meaningful Branding

Nach einem interessanten, aber brotlosen Studium der Sozialwissenschaften verschlug es Thomas Siegner in die IT, die damals noch EDV hieß. Die Welt der EDV betrat er durch den Lieferanteneingang: Als Operator bei NCR. Nach einer Ausbildung zum Programmierer entdeckte er Nixdorf und Nixdorf entdeckte ihn. Nach einem Zwischenstopp bei einem Start-up in der Anfang der 1980er frisch aufblühenden Berliner Gründerszene führte ihn das Berufsleben für ein knappes Jahrzehnt nach Hamburg zu Digital Equipment, gefolgt von drei Jahren Dell. Schließlich war er eineinhalb Jahrzehnte lang in der Geschäftsleitung von Softlab (später Cirquent, später NTT Data) verantwortlich für Markenführung und Kommunikation. Thomas Siegner ist heute freier Berater für Unternehmensidentität.

Christian Stengl, Leitung Digital Business, **Spotlight Verlag GmbH**

Christian Stengl ist ein erfahrener Medien- und Internetmanager. Seit 1999 bei der Verlagsgruppe Georg von Holtzbrinck GmbH, war er in mehreren Führungspositionen bei verschiedenen Tochterunternehmen tätig: Für die Verlagsgruppe Handelsblatt als Verlagsleiter und Chefredakteur des IT-Medienhauses H&T Verlag sowie als Niederlassungsleiter München von corps, dem Corporate-Publishing-Spezialisten in der Verlagsgruppe. Seit 2008 leitet der gebürtige Münchner die Abteilung Digital Business des Spotlight Verlags. Dort verantwortet er das Video-Sprachlernportal www.dalango.de. Stengls Expertise kommt auch in internationalen Projekten zum Einsatz, wie beim brasilianischen Start-up www.englishup.com, einem Englisch-

Onlinekurs von Macmillan/London. Seine Ausbildung zum Literaturwissenschaftler mit Schwerpunkt Neue Medien absolvierte er in Hamburg, Lissabon, New York City, Oxford und Maputo.

Dr. Sonja Sulzmaier, Managing Partner, **Navispace AG**

Sonja Sulzmaier verfügt über mehr als 20 Jahre Marketingerfahrung im High-Tech-Umfeld. Seit 2013 ist sie Managing Partner der Navispace AG. Von 2003 bis 2013 leitete sie das Corporate Marketing der ESG GmbH, einem der führenden Systeminte-grations- und Engineering-Dienstleistungsunternehmen in Deutschland. Von 2001 bis 2003 war sie bei der Boston Consulting Group als Beraterin in internationalen Projekten in der IT-, Energie- und Pharmabranche tätig. Zuvor lehrte sie als Dozentin für Strategisches Marketing und Online-Marketing an der Universität Witten/Herdecke und der Universität der Künste, Berlin. Für ihre Dissertation über Airport Business Designs erhielt sie den Universitätspreis für die beste Promotion des Jahres 1999. Zu den Themen Business Development, Strategisches Marketing, Online-Marketing und Innovationsmarketing hat sie zahlreiche Publikationen verfasst.

Corinna Voges, Vice President International Marketing,
T-Systems International GmbH

Corinna Voges verantwortet seit 2008 das internationale Marketing von T-Systems. In dieser Funktion hat sie ein internationales Marketingnetzwerk in über 20 Ländern aufgebaut, mit dem sie die Marketingstrategie des Unternehmens steuert. Zuvor war Corinna Voges als Director Global Marketing Communications für die Implementierung einer weltweiten Automotive-Marketingstrategie bei T-Systems verantwortlich. Diese Position folgte 2007 ihrer Tätigkeit als Group Director Marketing & PR bei der gedas AG, die sie seit 1999 inne hatte. 1989 begann Corinna Voges ihre berufliche Tätigkeit bei der damaligen Volkswagentochter VW-GEDAS, wo sie 1991 die Marketingleitung übernahm. Zwischen 1994 und 1999 war die Diplom-Kauffrau als selbstständige Beraterin tätig. Neben ihrer beruflichen Tätigkeit ist Corinna Voges Gründungsmitglied des Marketing Benchmark Circles. Sie gehört dem MTP Alumni sowie dem Kyritzer Kreis an und ist Mitglied im Lions Club.

Stichwortverzeichnis